电工技术新起点丛书

安装电工入门

乔长君　张鸿峰　编

国防工业出版社

·北京·

内容简介

本书是根据新技术发展对电气安装人员的新要求编写的，全书共分6章，包括建筑电气图的识读、常用工具仪表、电工学基本知识、触电救护；室内配线知识、导线连接与封端知识；电缆敷设知识；10kV以下架空线路安装知识；电气设备安装知识；防雷与接地工程等，内容来源于安装实践。全书内容翔实新颖，图文并茂，具有先进性、系统性和较高的实用价值。

本书适合初中以上文化程度，初学电气安装工程的电工阅读，也可作为专业人员的参考工具书，还可作为职业技术类学校相关专业的辅助教材。

图书在版编目(CIP)数据

安装电工入门/乔长君，张鸿峰编. —北京：国防工业出版社，2011.9
(电工技术新起点丛书)
ISBN 978-7-118-07456-7

Ⅰ.①安... Ⅱ.①乔... ②张... Ⅲ.①建筑安装工程-电工-基本知识 Ⅳ.①TU85

中国版本图书馆CIP数据核字(2011)第178485号

※

国防工業出版社出版发行
(北京市海淀区紫竹院南路23号 邮政编码100048)
天利华印刷装订有限公司印刷
新华书店经售

*

开本880×1230 1/32 印张10⅛ 字数333千字
2011年9月第1版第1次印刷 印数1—4000册 定价25.00元

国防书店：(010)68428422 发行邮购：(010)68414474
发行传真：(010)68411535 发行业务：(010)68472764

前　言

随着城乡一体化进程的不断加快,大批农村劳动力涌入城市,开始了择业、就业、开创美好新生活的步伐。学什么、做什么,怎样才能快捷掌握一门技术,并快速应用于生产实践,成为当务之急。为适应新形势的需要,在仔细调查研究基础上,我们精心组织编写了"电工技术新起点丛书"。

本丛书在编写时充分考虑了电工技术知识性、实践性和专业性都比较强的特点,选择了近年来中小型企业电工紧缺岗位从业人员必备的几个技能重点,以一个无专业基础的人零起步学习电工技术的角度,将初学电工的必备知识和技能进行归类、整理和提炼,用通俗的语言、大量的图片来讲解,剔除了一些实用性不强的理论阐述,以使初学者通过直观、快捷的方式学习电工技术,为今后进一步学习打下良好基础。

本丛书注重实际操作,突出实践,图文表相结合。其中涉及的器件或实际操作方法,大部分是根据实际情况现场拍摄的实物实景图或标准图改绘的线条图,方便读者的想象和理解。所有的一切都希望能帮助读者快速学习新知识,快速掌握新技术,学以致用。

本丛书旨在满足农村劳动力进城就业和社会上广大新工人学习和掌握电工基础知识和基本操作技能的需要,尽快提高操作人员的技术素质,从而增强企业的竞争力,促进农村劳动力转移、新生劳动力和转岗就业人员实现就业。

本丛书暂定为《电机修理入门》、《维修电工入门》、《安装电工入门》、《水电工入门》、《农电工操作技能入门》、《弧焊机维修入门》、《电工识图入门》。以后还将根据读者需要陆续出版其它图书。

本书是《安装电工入门》。

全书共分为6章:第1章是电工基本知识,通过这部分的学习,可以掌握必要的建筑电气图的识读知识、常用工具仪表知识、电工学基本知识、触电救护知识;第2章是室内配线知识,通过这部分的学习,可以掌握室内配线的种类与技术要求、硬质塑料管暗敷设、钢管明配线、室内明配线、线槽配线、导线连接与封端知识；第 3 章是电缆敷设知识，通过这部分学习，可以掌握电缆的选择与敷设方法、电缆明敷设知识、电缆沟（隧道）内敷设知识、电缆桥架工程知识、电缆头制作知识；第 4 章是 10kV 以下架空线路安装知识，通过这部分学习可以掌握架空线路的结构、架空线路的施工方法、低压进户装置的安装；第 5 章是电气设备安装，通过这部分学习，可以掌握盘（柜）安装知识、低压电器安装知识、电气照明设备的安装知识；第 6 章是防雷与接地工程，通过这部分学习，可以掌握接地工程知识、室内接地干线安装方法、引下线工程、防雷装置安装方法。

本书在内容上力求简明扼要，贴近实际，充分考虑到新世纪电气安装人员必备的实际技能，具有以下特点：

（1）根据电气安装人员实际需要，内容从电工基本知识开始，逐渐深入，条理清晰，通俗易懂，便于实践与自学。

（2）从电气安装实际出发，详细介绍了电气设备选用、线路安装、设备安装、防雷接地等方面的知识，突出实用性，强化实践性。

（3）内容安排按照安装工序展开，有利于拓展读者的思维空间。

（4）采用大量图片，这些图片都由标准图册改编，直观生动，方便学习。

参加本书编写的还有马军、申玉有、朱家敏、于蕾、武振忠、杨春林等。全书由张永吉审核。

由于编者水平有限，不足之处在所难免，敬请读者批评指正。

编　者

目　录

第1章 电工基本知识

1.1 建筑电气图的识读

1.1.1 概述

1. 电气图制图规则

(1)图纸格式:绘制图样时,如图1-1所示优先采用表1-1中规定的幅面尺寸,必要时可沿长边加长。A0、A2、A4幅面的加长量应按A0幅面长边的1/8的倍数增加,A1、A3幅面的加长量应按A0幅面短边的1/4的倍数增加,A0及A1幅面也允许同时加长两边。

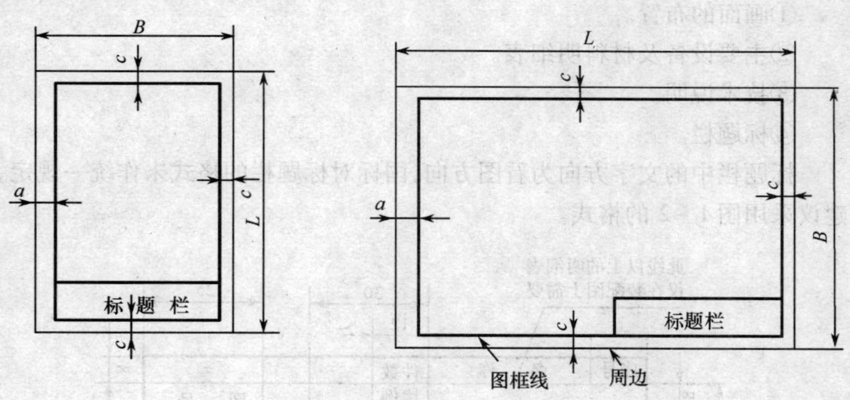

图1-1 需要装订的图框格式

当图样不需要装订时,只要将图1-1中的尺寸 a 和 c 都改成 e 即可。图框线用粗实线绘制。

(2)布局的要求:

①排列均匀、间隔适当、美观清晰,为计划补充的内容留出必要的空白,但又要避免图面出现过大的空白。

②有利于识别能量、信息、逻辑、功能这四种物理量的流向,保证信息流

表 1-1　图纸幅面尺寸　　单位:mm

幅面代号	A0	A1	A2	A3	A4	A5
$B \times L$	841×1189	594×841	420×594	297×420	210×297	148×210
a	25					
c	10			5		
e	20		10			

及功能流从左到右、从上到下的流向(反馈流相反),而非电过程流向与信息流向相互垂直。

③电气元件按工作顺序或功能关系排列。引入、引出线多在边框附近,导线、信号通路、连接线应少交叉、折弯,且在交叉时不得折弯。

④紧凑、均衡,留足插写文字、标注和注释的位置。

(3)整个画面的布局:

①画面的布置。

②主要设备及材料明细表。

③技术说明。

④标题栏。

标题栏中的文字方向为看图方向,国标对标题栏的格式未作统一规定,建议采用图 1-2 的格式。

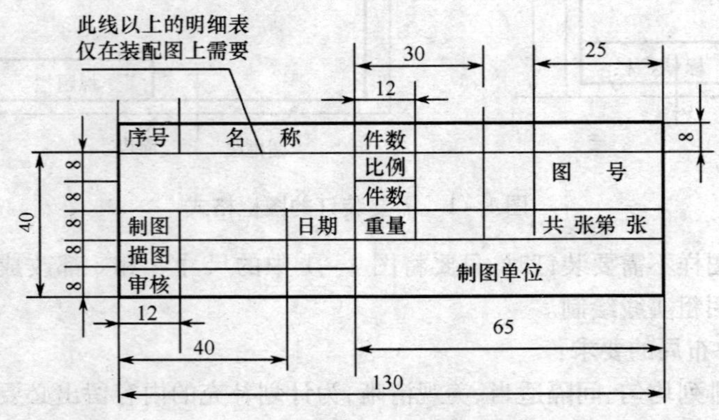

图 1-2　标题栏的格式和尺寸

2. 图线及其他

1)图线

(1)图线的选择:绘制图样时,应采用表1-2中规定的图线,其他用途可查阅国标。

图线分为粗、细两种。粗线的宽度 b 应按图的大小和复杂长度,在0.5mm~2mm之间选择,细线的宽度约为 $b/3$。

图线宽度的推荐系列:0.18mm、0.25mm、0.35mm、0.5mm、0.7mm、1.0mm、1.4mm、2.0mm。

表1-2 图线及其应用　　单位:mm

图线名称	图线形式	图线宽度	主要用途
粗实线		b=0.5~2	可见轮廓线
细实线		约 $b/3$	尺寸线、尺寸界线、剖面线、引出线
波浪线		约 $b/3$	断裂处的边界线,视图和剖视的分界线
双折线		约 $b/3$	断裂处的边界线
虚线	1 4	约 $b/3$	不可见轮廓线
细点划线	3 15	约 $b/3$	轴线、对称中心线
粗点划线		约 b	有特殊要求的表面表示线
双点划线	5 15	约 $b/3$	假想投影轮廓线、中断线

(2)指引线的用法:指引线用于指示注释的对象,其末端指向被注释处,并在某末端加注以下标记:若指在轮廓线内,用一黑点表示,见图1-3(a);若指在轮廓线上,用一箭头表示,见图1-3(b);若指在电气线路上,用一短线表示,见图1-3(c),图中指明导线分别为3×10mm和2×2.5mm。

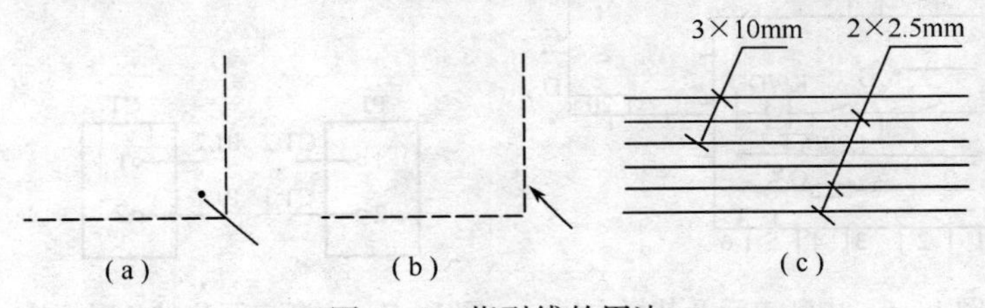

图1-3 指引线的用法

(3)图线的连续表示法及其标志：连接线可用多线或单线表示，为了避免线条太多，以保持图面的清晰，对于多条去向相同的连接线，常采用单线表示法，如图 1-4 所示。

当导线汇入用单线表示的一组平行连接线时，在汇入处应折向导线走向，而且每根导线两端应采用相同的标记号，如图 1-5 所示。

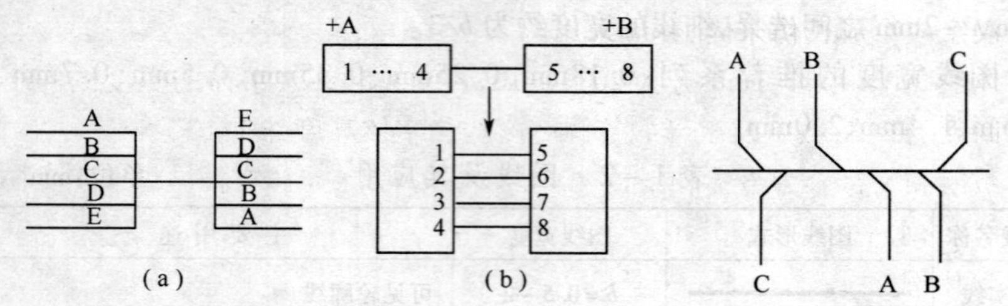

图 1-4　连接线点表示法　　图 1-5　汇入导线表示法

连续表示法中导线的两端应采用相同的标记号。

(4)图线的中断表示法及其标志：为了简化线路图或使多张图采用相同的连接表示，连接线一般采用中断表示法。

在同张图中断处的两端给出相同的标记号，并给出导线连接线去向的箭号，如图 1-6 中的 G 标记号。对于不同张的图，应在中断处采用相对标记法，即中断处标记名相同，并标注“图序号/图区位置”，见图 1-6。图中断点 L 标记名，在第 20 号图纸上标有“L3/C4”，它表示 L 中断处与第 3 号图纸的 C 行 4 列处的 L 断点连接；而在第 3 号图纸上标有“L20/A4”，它表示 L 中断处与第 20 号图纸的 A 行 4 列处的 L 断点相连。

对于接线图，中断表示法的标注采用相对标注法，即在本元件的出线端标注去连接的对方元件的端子号。如图 1-7 所示，PJ 元件的 1 号端子与

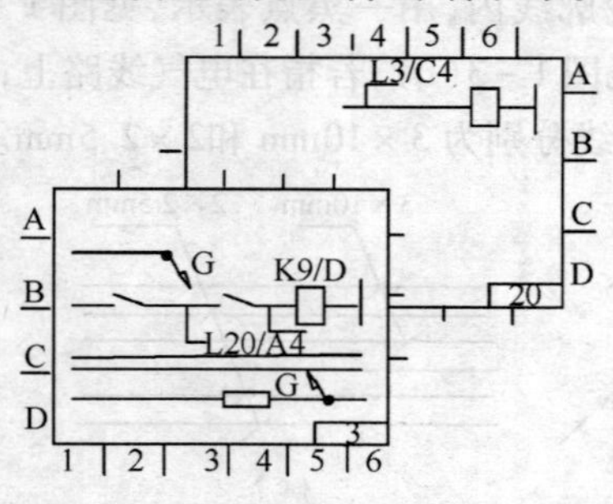

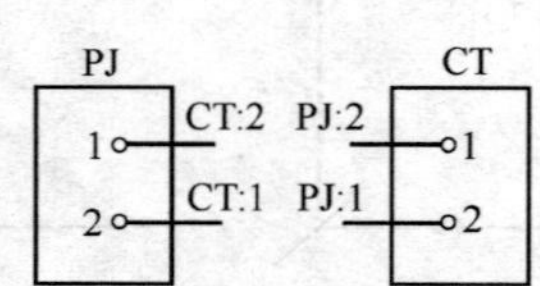

图 1-6　中断表示及其标志　　图 1-7　中断表示法的相对标注

CT 元件的 2 号端子相连接，而 PJ 元件的 2 号端子与 CT 元件的 1 号端子相连接。

2）字体

在图样中书写的字体必须做到：字体端正、笔画清楚、排列整齐、间隔均匀。

汉字应写成长仿宋体，并应采用国家正式公布的简化字。字体的号数，即字体的高度（单位：mm）分为 20、14、10、7、5、3.5、2.5，字体的宽度约等于字体高度的 2/3，数字及字母的笔画宽度约为字体高度的 1/10。

数字和字母分为直体和斜体两种，字母常用的是斜体，斜体的字字头向右倾斜，约水平线约成 75°角。

3）比例

绘制图样时一般应采用表 1－3 所列的比例。

表 1－3　绘图的比例

与实物相同	1:1
缩小的比例	1:1.5, 1:2, 1:3, 1:4, 1:5, $1:10^n$ $1:1.5\times10^n$, $1:2\times10^n$, $1:2.5\times10^n$, $1:5\times10^n$
放大的比例	2:1, 2.5:1, 4:1, 5:1, $10^n:1$
注：n 为正整数	

1.1.2　建筑电气图的识读

1. 建筑电气图用图形符号

建筑电气平面图中各种电气设备的图形符号主要提供电气设备在建筑物内的安装位置、供电布线、安装方法等信息，以及建筑物内用电设备的编号、型号、规格和容量等有关参数，为安装施工、运行、维护管理等提供相应的技术资料。常用建筑电气图形符号见表 1－4。

2. 建筑安装图的标注方法及其应用

1）用电设备的标注

一般形式为

$$\frac{a}{b} \quad 或 \quad \frac{a}{b}+\frac{c}{d}$$

其中：a 为设备编号；b 为额定功率（kW）；c 为线路首端熔断片或自动开关释放器的电流（A）；d 为标高（m）。

表 1-4 建筑电气图形符号

新图形符号	名称或含义	旧图形符号	新图形符号	名称或含义	旧图形符号
	架空线路			插座一般符号	
	管道线路			电力或电力—照明配电箱	
6	6孔管道线路			信号板信号箱(屏)	
	地下线路			照明配电箱(屏)	
	有接头的地下线路			事故照明配电箱(屏)	
	水下线路			多种电源配电箱(屏)	
	防雨罩(一般符号)			直流配电盘(屏)	
	中性线			交流配电盘(屏)	
	保护线			电缆交接间	
	保护和中性共用线			架空交接箱	
	向上配线			壁龛交接箱	
	向下配线			室内分线盒	
	垂直通过配线			分线箱	
	带中性线和保护线线路			壁龛分线箱	
	盒、箱(一般符号)			电源自动切换箱(屏)	
	连接盒或接线盒			自动开关箱	
	熔断器箱			带熔断器的刀开关箱	

（续）

新图形符号	名称或含义	旧图形符号	新图形符号	名称或含义	旧图形符号
	密闭（防水）			三极开关明装	
	密闭（防爆）			三极开关暗装	
3	单线表示的三相插座			按钮	
	带保护极的单相插座			带指示灯按钮	
	带保护极单相插座暗装			灯（一般符号）	
	密闭（防水）单相插座			荧光灯（一般符号）	
	防爆单相插座		3	三管荧光灯单线表示	
	带保护极的密闭（防水）单相插座			投光灯（一般符号）	
	带保护极三相插座一般符号			聚光灯	
	带接地插孔密闭（防水）三相插座			泛光灯	
	开关（一般符号）			广照型灯	
	带指示灯的开关			防水防尘灯	
	单极拉线开关			局部照明灯	●
t	单极现时开关			安全灯	
	双极开关			防爆灯	
	多位单极开关			弯灯	
	单极双控开关			专用线路的应急照明灯	
	单极双控拉线开关			自带电源的应急照明灯	

例如，$\frac{P101A}{7.5}+\frac{30}{1.5}$表示电动机编号为 P101A、功率为 7.5kW、熔丝电流为 30A、标高为 1.5m。

2）电力和照明设备的标注

一般形式为

$$a\frac{b}{c} \quad 或 \quad a-b-c$$

其中：a 为设备编号；b 为设备型号；c 为设备功率（kW）。

例如，P101A $\frac{Y200L-4}{30}$或 P101A－（Y200L－4）－30 表示电动机编号为 P101A、型号为 Y200L－4、功率为 30kW。

当需要标注引入线时的形式为

$$a\frac{b-c}{d(e\times f)-g}$$

其中：d 为导线型号；e 为导线根数；f 为导线截面（mm^2）；g 为导线敷设方式及部位。

例如，P101A $\frac{(Y200L-4)-30}{BL(3\times35)G40-DA}$表示电动机编号为 P101A、型号为 Y200L－4、功率为 30kW、3 根 35mm^2 的橡套铝芯电缆、穿管直径为 40mm、水煤气钢管沿地板暗敷设引入电源负荷线。

电气工程图中表达导线敷设方式和部位的标注代号见表 1－5 和表 1－6。

3）配电线路的标注

一般形式为

$$a-b(c\times d+n\times h)e-f$$

其中：a 为线路编号；b 为导线型号；c 为导线根数；d 为导线截面（mm^2）；n 为中性线（保护性）根数；h 为中性线（保护性）截面（mm^2）；e 为导线敷设方式；f 为导线敷设部位。

例如，24－BV（3×70＋1×50）G70－DA，表示这条线路在系统编号为 24、聚氯乙烯绝缘铜芯导线、3 根 70mm^2 导线、1 根 50mm^2 中性线、穿水煤气钢管直径为 70mm、沿地板暗敷设。

表1-5　电气工程图中表达导线敷设方式的标注代号

敷设方式	标注代号	
	英文代号	汉语拼音代号
用轨型护套线敷设		
用塑制线槽敷设	PR	XC
用硬质塑料管敷设	PC	VG
用半硬质塑料管敷设	FEC	SG
用可挠型塑制管敷设		RG
用薄电线管敷设	TC	DG
用厚电线管敷设		
用水煤气钢管敷设	SC	G
用金属线槽敷设	SR	GC
用电缆桥架(或托盘)敷设	CT	
用瓷夹敷设	PL	CJ
用塑制夹敷设	PCL	VT
用蛇皮管敷设	CP	
用瓷瓶式或瓷柱式绝缘子敷设	K	CP

表1-6　电气工程图中表达导线敷设部位的标注代号

敷设部位	标注代号	
	英文代号	汉语拼音代号
沿钢索敷设	SR	S
沿屋架或屋架下弦敷设	BE	LM
沿柱敷设	CLE	ZM
沿墙敷设	WE	QM
沿天棚敷设	CE	PM
在能进入的吊顶内敷设	ACE	PNM
在梁内暗敷设	BC	LA
在柱内暗敷设	CLC	ZA
在屋面内或顶板内暗敷设	CC	PA
在地面内或地板内暗敷设	FC	DA
在不能进人的吊顶内暗敷设	AC	PNA
在墙内暗敷设	WC	QA

4)照明灯具的标注

一般形式为

$$a-b\,\frac{c\times d\times L}{e}f$$

其中:a 为灯数;b 为型号或编号;c 为每盏灯具的灯泡数;d 为灯泡容量(W);e 为灯泡安装高度(m);f 为安装方式;L 为光源种类。

例如,$8-\mathrm{YZ40RR}\,\frac{2\times 40}{2.5}\mathrm{L}$ 表示这个房间或某一区域安装 8 只型号为 YZ40RR 的荧光灯、每只灯 2 根 40W 灯管、吊链安装、吊高 2.5m。光源种类 L 主要指白炽灯(IN)、荧光灯(FL)、荧光高压汞灯(Hg)、高压钠灯(Na)、碘钨灯(I)、氙灯(Xe)、弧光灯(ARC)及上述光源组成的混光灯、红外线灯(IR)、紫外线灯(UV)等。光源种类一般不标出,因为灯具型号已示出光源的种类。如需要,则在光源种类处标出代表光源种类的字母。

如果安装方式为吸顶安装时,f不标,此时e用"—"表示。

照明灯具安装方式标注的代号及其意义见表1-7。

表1-7 电气工程图中表达照明灯具安装方式的标注代号

安装方式	标注代号		安装方式	标注代号	
	英文代号	汉语拼音代号		英文代号	汉语拼音代号
线吊式	CP		嵌入(不可进人的顶棚)式	R	R
自在器线吊式	CP	X	嵌入(可进人的顶棚)式	CR	DR
固定线吊式	CP1	X1	墙壁内安装	WR	BR
防水线吊式	CP2	X2	台上安装	T	T
吊线器式	CP3	X3	支架上安装	SP	J
链吊式	Ch	L	壁装式	W	B
管吊式	P	G	柱上安装	CL	Z
吸顶式或直附式	S	D	座装	HM	ZH

5)开关及熔断器的标注

一般形式为

$$a\frac{b}{c/i} \quad 或 \quad a-b-c/i$$

其中:a为设备编号;b为设备型号;c为额定电流(A);i为整定电流(A)。

例如,$m_1\dfrac{DZ20Y-200}{200/200}$或$m_1-(DZ20Y-200)-200/200$表示开关编号为$m_1$、开关型号为DZ20Y-200、额定电流为200A、开关的整定值为200A。

当需要标注引入线时的形式为

$$a\frac{b-c/i}{d(e\times f)-g}$$

其中:d为导线型号;e为导线根数;f为导线截面(mm^2);g为导线敷设方式。

6)电缆的标注

电缆的标注形式与配电线路标注方式基本相同,但当电缆与其他设施交叉时,标注方式为

$$\frac{a-b-c-d}{e-f}$$

其中：a 为保护管根数；b 为保护管直径（mm）；c 为保护管长（m）；d 为地面标高（m）；e 为保护管埋设深度（m）；f 为交叉点坐标。

例如，$\frac{4-100-8-1.0}{0.8-f}$表示有 4 根保护管，直径为 100mm、管长为 8m、标高为 1.0m、埋设深度为 0.8m。交叉点 f 一般用文字标注，如与 × × 管道交叉，× × 管应见管道平面布置图。

7）其他标注

其他电气设备及线路的标注方法见表 1－8。

表 1－8 其他电气设备及线路的标注方法

标注名称	标注方式	说明
最低照度	⑮	示出 15lx
照明照度检查点	① ●a ② ●$\frac{a-b}{c}$	①a：水平照度 ②a－b：双侧垂直照度（lx） c：水平照度（lx）
安装或敷设标高	① ±0.000（符号） ② ±0.000（符号）	①用于室内平面、剖面图 ②用于总剖面图上的室外地面
导线规格型号或敷设方式的改变	① $\frac{3\times16}{}\times\frac{3\times10}{}$ ② 0 $—\times\frac{\phi2\frac{1}{2}}{}''$	①3 ×16mm 导线改为 3 ×10mm ②无穿管敷设改为穿管 $\phi2\frac{1}{2}$in′敷设

1.1.3 常用照明线路

1. 白炽灯线路[②]

1）一只单联开关控制一盏灯的线路

如图 1－8 所示，这是安装中最简单、最基本、应用最多的一种接法。安装时要注意开关应安装在相线上，以确保使用安全。

2）一只单联开关控制一盏灯并另接一插座的线路

如图 1－9 所示，该线路是在图 1－8 的基础上加装一只插座而成。加装的插座应并接在电源上，要不经开关的控制而直接与电源并联。

---

① in = 0.0254m；

② 所有线路也同样适用于其他型照明灯的线路。

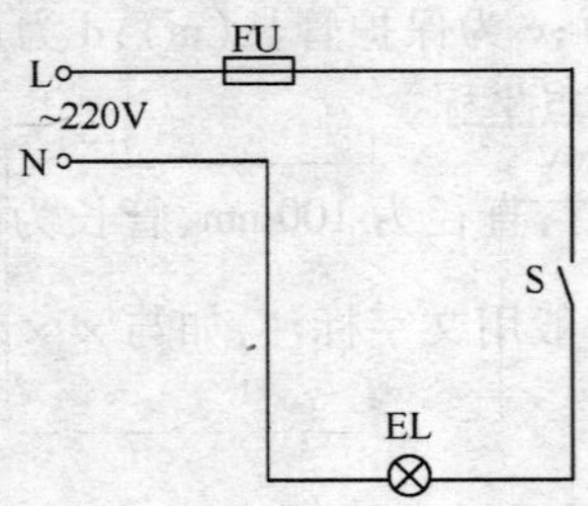

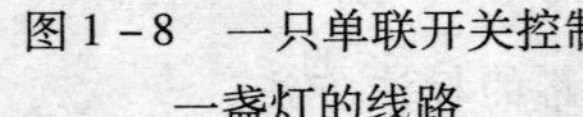
图 1－8　一只单联开关控制一盏灯的线路

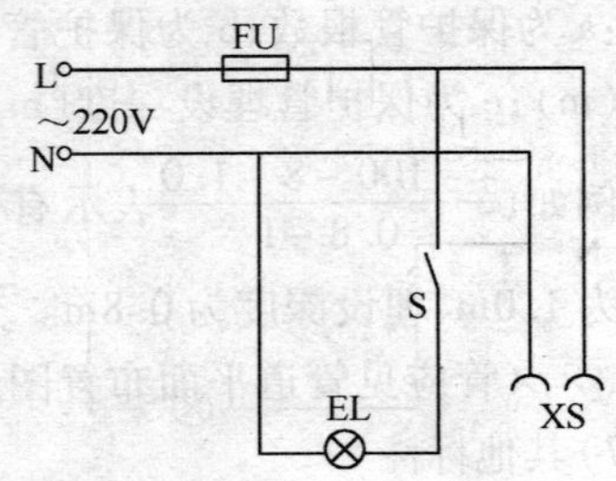

图 1－9　一只单联开关控制一盏灯并另接一插座的线路

3)一只单联开关控制两盏灯的线路

如图 1－10 所示,若要一只单联开关控制两盏或多盏灯,应注意所接的总电流值要在开关和线路的额定电流允许范围内,否则将产生过载故障。

4)两只单联开关控制两盏灯的线路

如图 1－11 所示,如果要求更多开关控制更多的灯,则可参照该线路在后面添加,但要选择合适的熔断器容量。

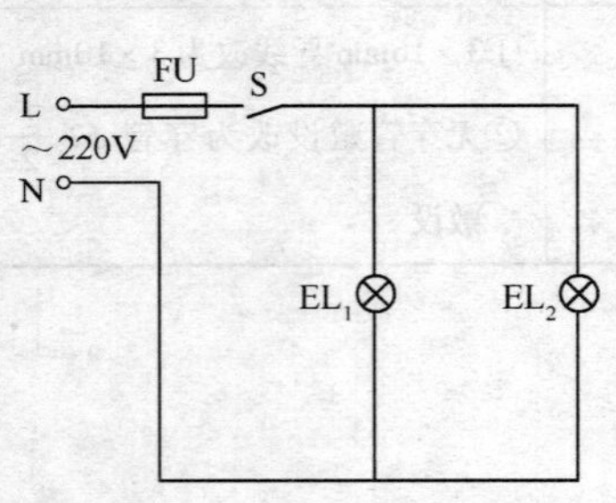

图 1－10　一只单联开关控制两盏灯的线路

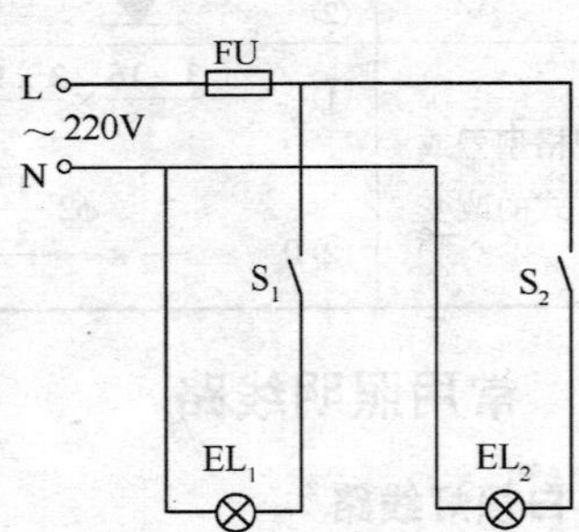

图 1－11　两只单联开关控制两盏灯的线路

5)两只双联开关在两地控制一盏灯的线路

如图 1－12 所示,如果要在楼梯、走道等地方需要能在两地均能同时控制一盏灯,则可按此线路接线。

6)三只开关控制一盏灯的线路

如图 1－13 所示,有时为了方便,需要上、下楼梯均能开、关灯,这就需要一灯多控,本图就是一例。

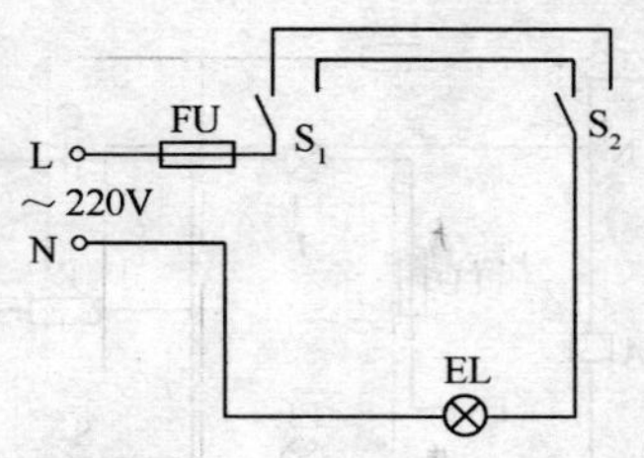

图 1－12　两只双联开关在两地控制一盏灯的线路

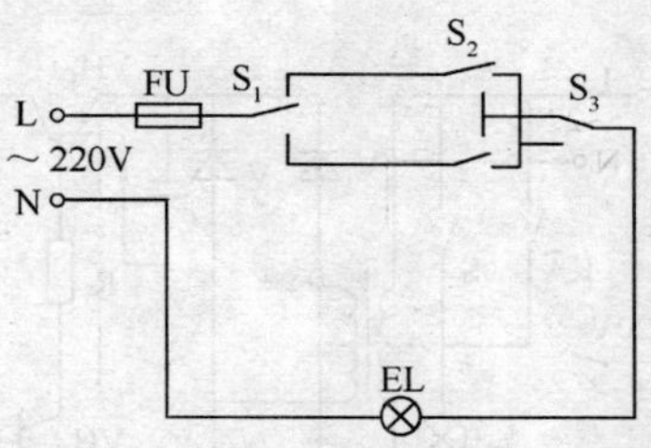

图 1－13　三只开关控制一盏灯的线路

7）简易调光灯的线路

如图 1－14 所示，该灯光线的调节是经由四挡开关来进行的，S 在零位时电源断开灯不亮；当 S 在位置 1 时灯泡在额定电压下工作亮度最强，经过位置 2、3 时灯光依次减弱。

8）晶闸管延时开关控制的线路

如图 1－15 所示，这个线路能在灯泡接通后，经过预定的时间自动切断电源，将灯泡熄灭。常用于楼梯间、走道等地方，启动自动关灯节约用电的目的。

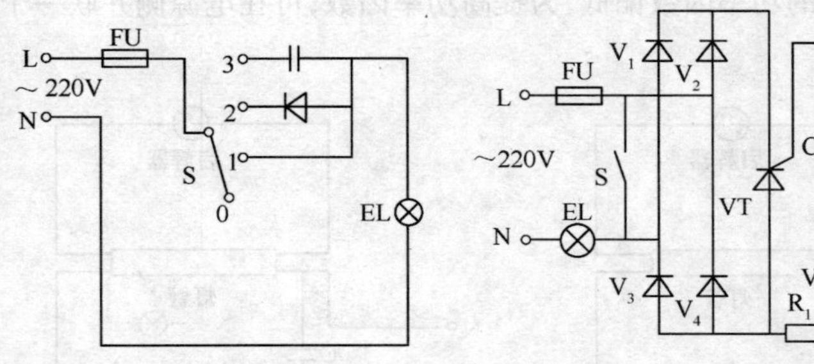

图 1－14　简易调光灯的线路　　图 1－15　晶闸管延时开关控制的线路

9）触摸开关控制线路

如图 1－16 所示，当用手触摸 b 时，由于人体感应，VH_1、VH_2 导通，VH_3 截止，继电器 KA 线圈得电吸合，其常开触点 KA 闭合，灯泡 EL 亮；当手触摸 a 时，人体感应电压使 VH_3 导通，VH_1、VH_2 截止，灯泡熄灭。

10）电容调压节电线路

如图 1－17 所示，电容降压后，灯泡两端的电压降降低，从而达到节电的目的，如果要用到不同的亮度，可增加几个不同的调压线路。

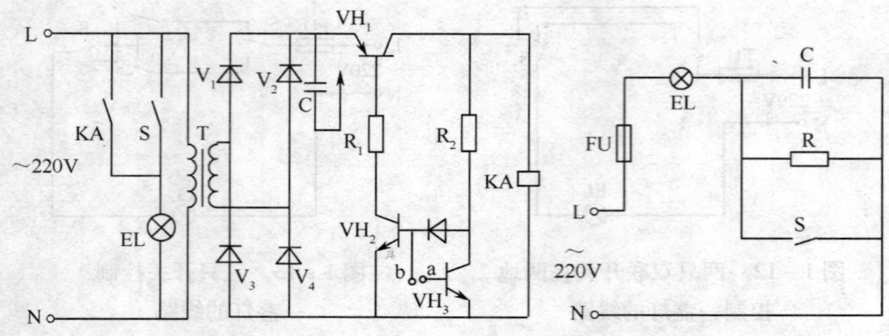

图 1－16　触摸开关控制的线路　　　　　图 1－17　电容调压节电线路

2. 荧光灯线路

1)通用荧光灯线路

如图 1－18 所示,零线直接接入灯管,实践证明可以延长灯管的使用寿命。

2)具有无功补偿的荧光灯线路

如图 1－19 所示,由于镇流器为感性负载,要消耗一定的无功功率,致使整个荧光灯装置的功率因数偏低,为提高功率因数,可在电源侧并联一个电容。

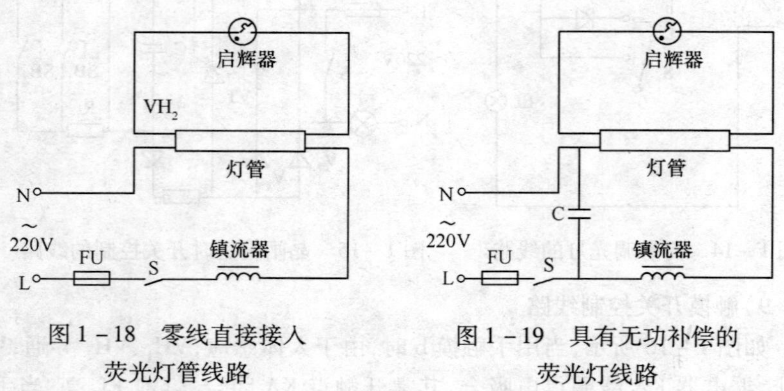

图 1－18　零线直接接入荧光灯管线路　　　　图 1－19　具有无功补偿的荧光灯线路

3)带按钮开关的二极管低温启动线路

如图 1－20 所示,当启辉器接通时,二极管将交流整为脉动直流,因而镇流器的阻抗减小,使流过灯丝的瞬时电流增大,增加了电子发射能力,同时启辉器断开瞬间自感电动势也较高,故易点燃。

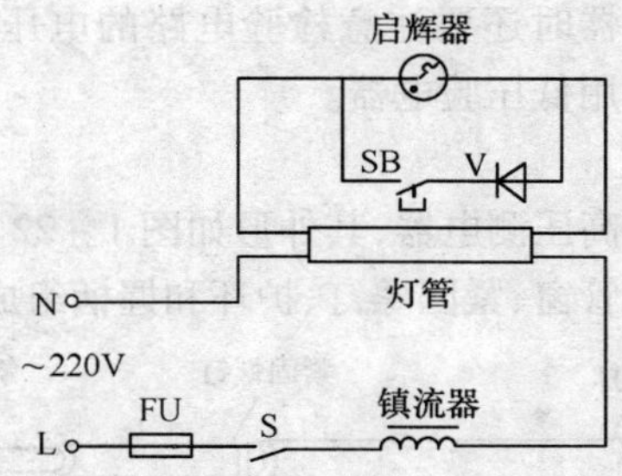

图 1－20　带按钮开关的二极管低温启动线路

1.2　常用工具仪表

1.2.1　常用工具

1. 验电器

验电器是检验电路是否带电的最简单的检测工具。分为低压验电器和高压验电器两种。

1）低压验电器

低压验电器简称电笔，有氖泡笔式、氖泡改锥式和感应（电子）笔式等。其外形如图 1－21 所示。

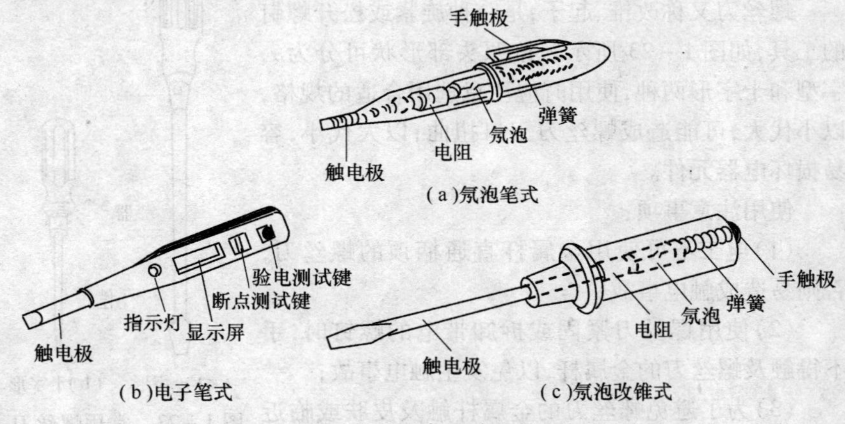

图 1－21　常用验电笔

氖泡式验电器使用时应注意手指不要靠近笔的触电极，以免通过触电极与带电体接触造成触电。

在使用低压验电器时还要注意检验电路的电压等级，只有在500V以下的电路中才可以使用低压验电器。

2）高压验电器

高压验电器又称高压测电器，其外形如图1－22所示。10kV高压验电器由金属钩、氖管、氖管窗、紧固螺钉、护环和握柄组成。

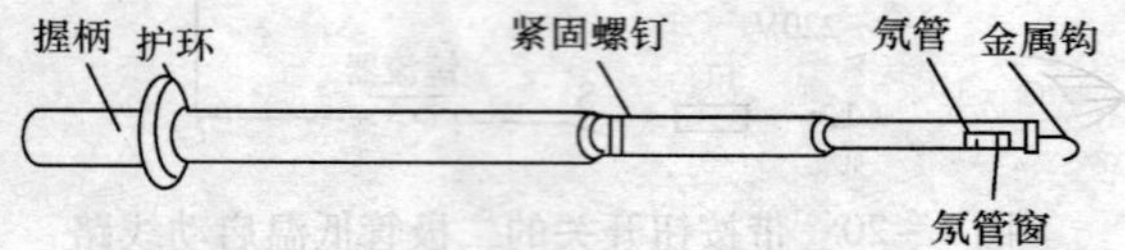

图1－22　10kV高压验电器

使用时用手握住护环，金属钩钩住带电体，有电时氖管发光。

使用注意事项：

①在雨、雪、雾或湿度较大的天气，不允许在户外使用，以免发生危险；

②验电器在使用前，要检查确认其性能是否良好；

③人体与带电体之间要有0.7m以上距离，检测时要小心防止发生相间短路或对地短路事故；

④验电时，必须佩戴符合要求的绝缘手套，要有专人在旁边监护，切不可单独操作。

2. 螺丝刀

螺丝刀又称改锥、起子，是一种旋紧或松开螺钉的工具，如图1－23所示。按照头部形状可分为一字型和十字形两种，使用时应注意选用合适的规格，以小代大，可能造成螺丝刀刃口扭曲；以大代小，容易损坏电器元件。

使用注意事项：

（1）电工不可使用金属杆直通柄顶的螺丝刀，否则易造成触电事故；

（2）使用螺丝刀紧固或拆卸带电的螺钉时，手不得触及螺丝刀的金属杆，以免发生触电事故；

（3）为了避免螺丝刀的金属杆触及皮肤或临近带电体，应在金属杆上穿套绝缘管。

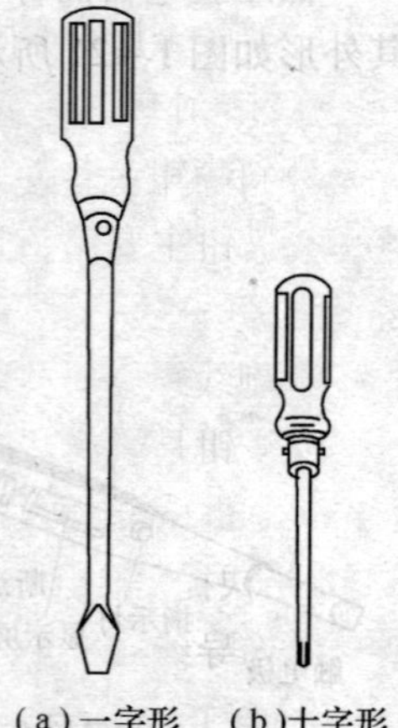

（a）一字形　（b）十字形

图1－23　常用螺丝刀

3. 钳子

钳子可分为尖嘴钳、圆嘴钳、斜嘴钳（偏口钳）、剥线钳等多种。几种钳子的外形图如图 1 – 24 所示。

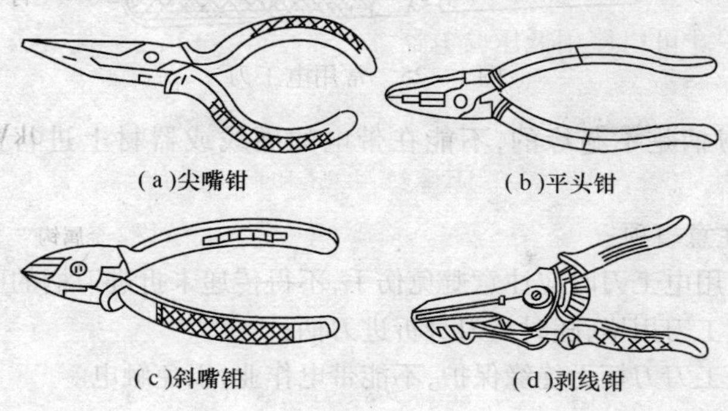

图 1 – 24　钳子

1)尖嘴钳

圆嘴钳主要用于将导线弯成标准的圆环，常用于导线与接线螺丝的连接作业中，用圆嘴钳不同的部位可做出不同直径的圆环。尖嘴钳则主要用于夹持或弯折较小较细的元件或金属丝等，特别是较适用于狭窄区域的作业。

2)钢丝钳

钢丝钳可用于夹持或弯折薄片形、圆柱形金属件及切断金属丝。对于较粗较硬的金属丝，可用其轧口切断。使用钢丝钳(包括其他钳子)不要用力过猛，否则有可能将其手柄压断。

3)斜嘴钳

斜嘴钳主要用于切断较细的导线，特别适用于清除接线后多余的线头和飞刺等。

4)剥线钳

剥线钳是剥离较细绝缘导线绝缘外皮的专用工具，一般适用于线径在 0.6mm ~ 2.2mm 的塑料和橡皮绝缘导线。其主要优点是不伤导线、切口整齐、方便快捷。使用时注意选择其铡口大小，应与被剥导线线径相当，若小则会损伤导线。

4. 电工刀

电工刀是用来剖削电线外皮和切割电工器材的常用工具，其外形如图 1 – 25 所示。

使用电工刀进行剖削时，刀口应朝外，用毕应立即把刀身折入刀柄内。

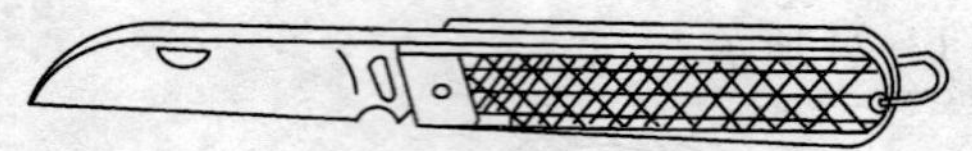

图1－25　常用电工刀

电工刀的刀柄是不绝缘的，不能在带电的导线或器材上进行剖削，以防触电。

使用注意事项：

(1)使用电工刀时应注意避免伤手，不得传递未折进刀柄的电工刀；

(2)电工刀用毕，随时将刀身折进刀柄；

(3)电工刀刀柄无绝缘保护，不能带电作业，以免触电。

5. 电烙铁

外形如图1－26所示。电烙铁的规格是以其消耗的电功率来表示的，通常在20W～500W之间。一般在焊接较细的电线时，用50W左右的；焊接铜板等板材时，可选用300W以上的电烙铁。

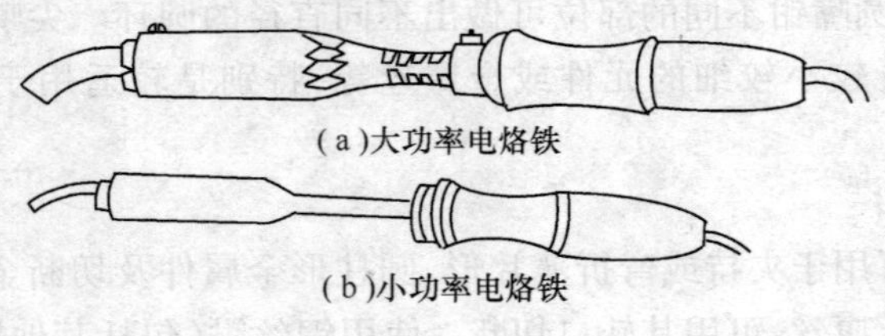

(a)大功率电烙铁

(b)小功率电烙铁

图1－26　电烙铁

电烙铁用于锡焊时在焊接表面必须涂焊剂，才能进行焊接。常用的焊剂中，松香液适用于铜及铜合金焊件，焊锡膏适用于小焊件。氯化锌溶液可用于薄钢板焊件。

焊接前应用砂布或锉刀等对焊接表面进行清洁处理，除去上面的脏物和氧化层，然后涂以焊剂。烙铁加热后，可分别在两焊点上涂上一层锡，再进行对焊。

6. 扳手

扳手又称扳子，分活扳手和死扳手(又称呆扳手或傻扳手)两大类，死扳手又分单头扳手、双头扳手、梅花(眼镜)扳手、内六角扳手、外六角扳手多种，如图1－27所示。

使用死扳手最应注意的是扳手口径应与被旋螺母(或螺杆等)的规格尺寸一致，对外六角螺母、螺帽等，小则不能用，大则容易损坏螺帽的棱角，

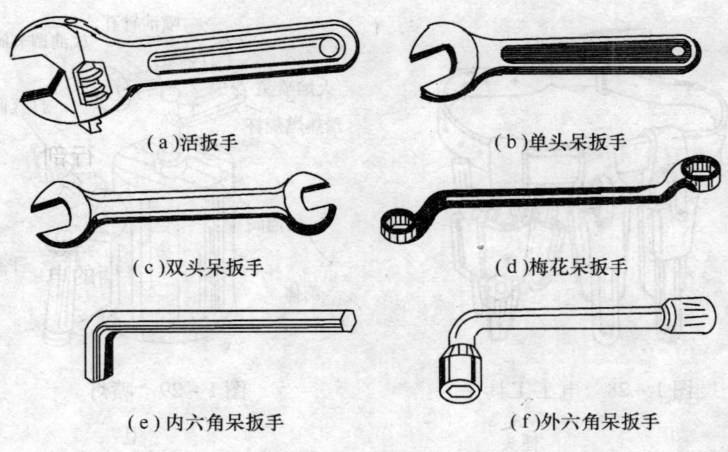

图 1－27　常用电工扳手

使螺母变圆而无法使用。内六角呆扳手则刚好相反。

使用活扳手旋动较小螺丝时，应用拇指推紧扳手的调节涡轮，防止卡口变大打滑。

使用扳手应注意用力适当，防止用力过猛，紧固时应适可而止，否则可造成螺丝的损伤，严重时会使其螺纹损坏而失去压紧作用。

7. 电工工具夹

用来插装螺丝刀、电工刀、验电器、钢丝钳和活络扳手等电工常用工具，分有插装三件、五件工具等各种规格，是电工操作的必备用品，如图 1－28 所示。

8. 喷灯

喷灯是火焰钎焊的热源，用来焊接较大铜线鼻子大截面铜导线连接处的加固焊锡，以及其他电连接表面的防氧化镀锡等，如图 1－29 所示。按使用燃料的不同，喷灯分为煤油喷灯和汽油喷灯两种。

使用时，先将燃料加入预热燃烧杯点燃，然后压动打气筒给筒体打气加压至一定压力，在火焰喷头达到预热温度后，旋动放油调节阀喷油，根据所需火焰大小调节放油调节阀到适当程度，就可以焊接了。

使用时注意打气压力不得过高，防止火焰烧伤人员和工件，周围的易燃物要清理干净，在有易燃易爆物品的周围不准使用喷灯。

9. 电工手锤

手锤由锤头、木柄和楔子组成，如图 1－30 所示。是电工常用的敲击工具。

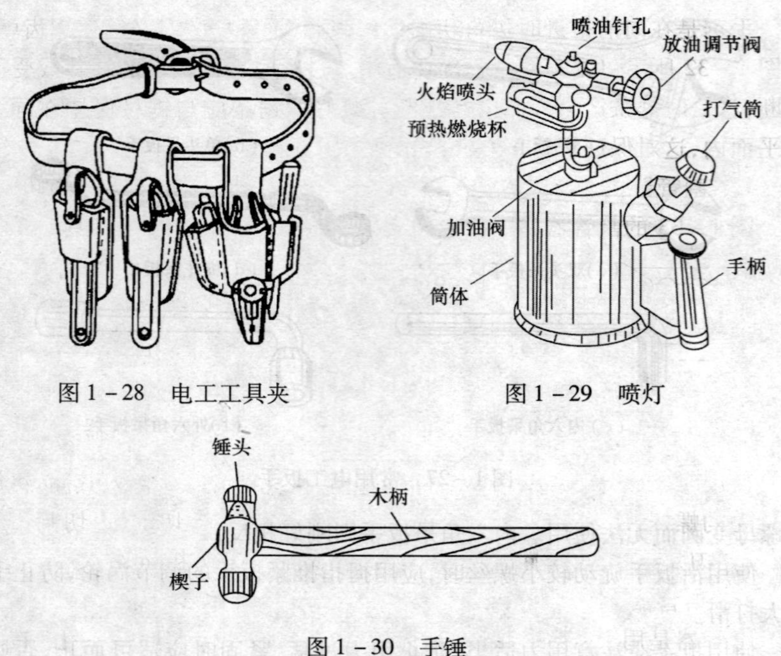

图 1－28　电工工具夹

图 1－29　喷灯

图 1－30　手锤

10. 电工凿

电工凿有麻线凿、小扁凿和长凿等，其外形如图 1－31 所示。

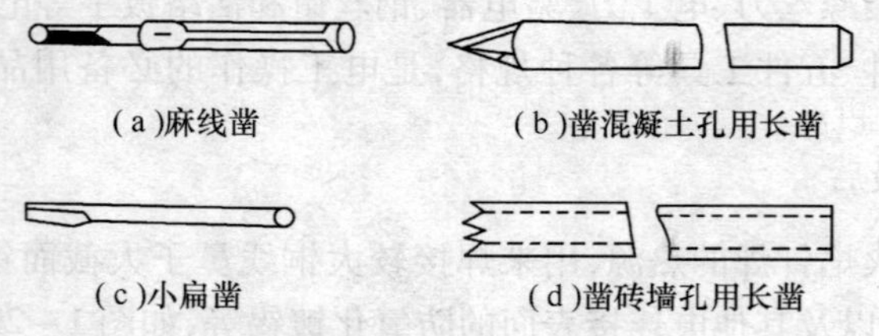

(a)麻线凿　(b)凿混凝土孔用长凿

(c)小扁凿　(d)凿砖墙孔用长凿

图 1－31　电工凿

麻线凿用来打混凝土结构建筑物的木榫孔；小扁凿用来凿砖墙上的方形木榫孔；长凿是用来凿打穿墙孔的。

11. 手锯

手锯由锯弓和锯条两部分组成。通常的锯条规格为 300mm，其他还有 200mm、250mm 两种。锯条的锯齿有粗细之分，目前使用的齿距有 0.8mm、1.0mm、1.4mm、1.8mm 等几种。齿距小的细齿锯条适于加工硬材料和小尺寸工件以及薄壁钢管等。

手锯是在向前推进时进行切削的。为此，锯条安装时必须使锯齿朝前，如图 1－32 所示。锯条绷紧程度要适中。过紧时会因极小的倾斜或受阻而绷断；过松时锯条产生弯曲也易折断。装好的锯条应与锯弓保持在同一中心平面内，这对保证锯缝正直和防止锯条折断都是必要的。

12. 割管器

图 1－33 的割管器是一种专门用来切割各种金属管子的工具。

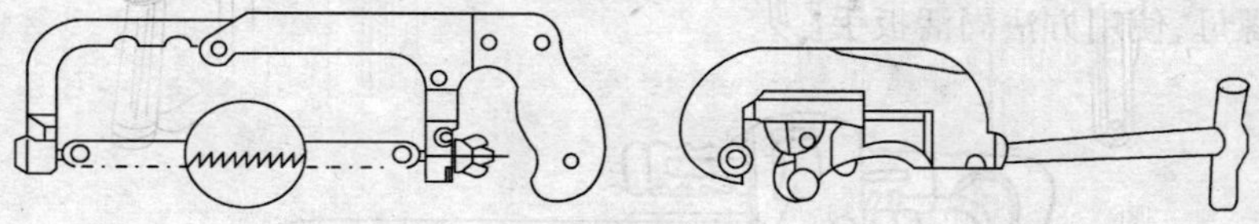

图 1－32　锯条的安装方向　　　　图 1－33　割管器

使用时先旋开刀片与滚轮之间的距离，将待割的管子卡入其间，再旋动手柄上的螺杆，使刀片切入钢管，然后作圆周运动进行切割，边切割边调整螺杆，使刀片在管子上的切口不断加深，直至把管子切断。

13. 弯管器

弯管器是用于管路配线中将管路弯曲成型的专用工具。常用的有管弯管器和滑轮弯管器两种。

1）管弯管器

由铸铁弯头和钢管手柄组成。

使用方法：操作者用脚踏住管子，手适当用力扳动管弯管器手柄，使管子稍有弯曲，再逐点移动弯头，每移动一个位置，扳弯一个弧度，如图 1－34（a）所示。最后将管子弯成所需的形状。

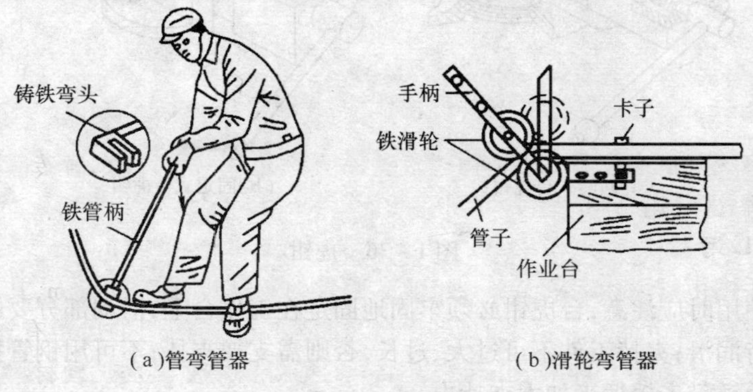

（a）管弯管器　　　　（b）滑轮弯管器

图 1－34　弯管器

2)滑轮弯管器

由手柄、铁滑轮、卡子和作业台组成,如图 1-34(b)所示。

滑轮弯管器适于弯曲批量曲率半径相同、直径为 50mm~100mm 的金属管路。

14. 管子钳

管子钳的外形如图 1-35 所示。用来拧紧或松散电线管子上的束节或管螺母,使用方法同活扳手。

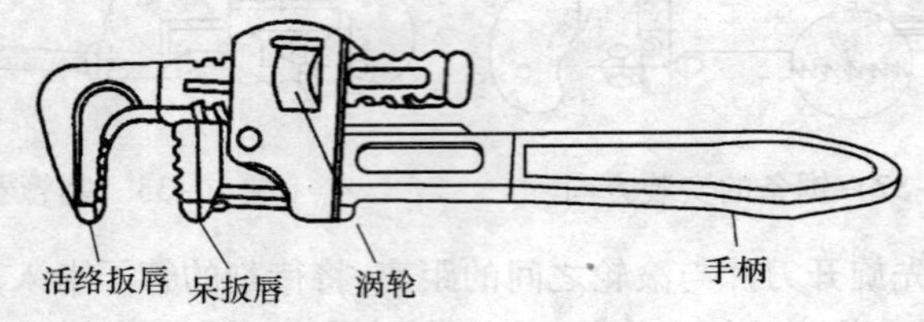

图 1-35　管子钳

15. 台虎钳

台虎钳又称虎钳或台钳,是常用的夹持工具,用于配合锯割、锉削等工作。台虎钳分为固定式和回转式两种,如图 1-36 所示。

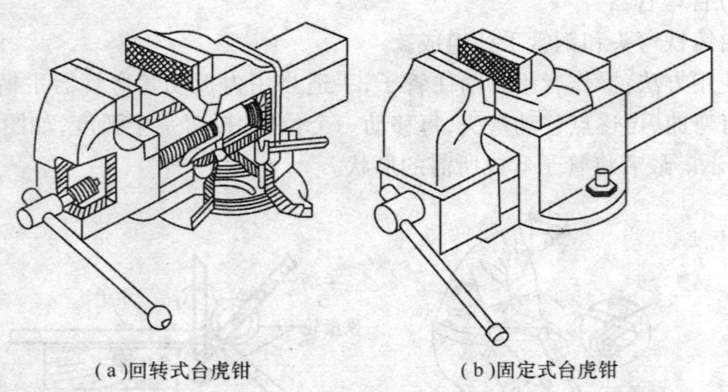

(a)回转式台虎钳　(b)固定式台虎钳

图 1-36　虎钳

使用时应注意,台虎钳必须牢固地固定在工作台上,活动部分要经常加油保持润滑;夹持工件不可过大、过长,否则需支架支持;不可用钢管接长柄或用手锤敲击摇柄来加大夹持力。

16. 压接钳

压接钳是将导线与连接管压接在一起的专用工具。常用压接钳如图1－37所示。

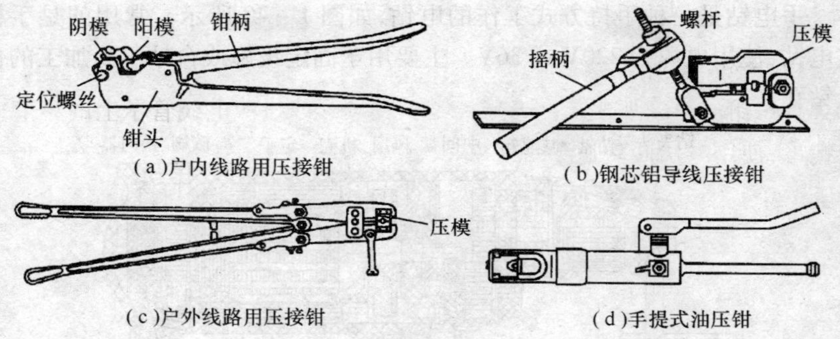

图1－37 导线压接钳

17. 钢板尺

钢板尺有150mm、300mm、500mm、1000mm等规格，刻度为1mm如图1－38所示，用于测量精度要求不高的场合。

图1－38 钢板尺

18. 游标卡尺

游标卡尺的测量范围有0～125mm、0～200mm、0～500mm三种规格。主尺上刻度间距为1mm，副尺（游标）有读数值为0.1mm、0.05mm、0.02mm三种，如图1－39所示。

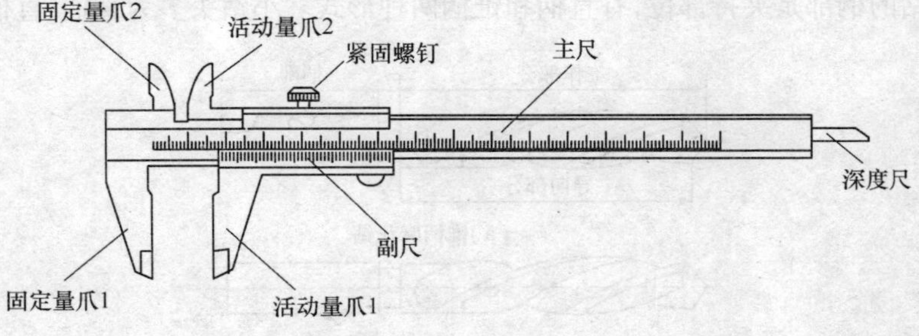

图1－39 游标卡尺

1.2.2 电动工具

1. 手电钻

手电钻是一种手持方式工作的电钻，如图 1－40 所示。常用的是手枪式电钻，使用电源为 220V 或 36V。主要用于固定设施或台钻不易加工的位置钻孔。

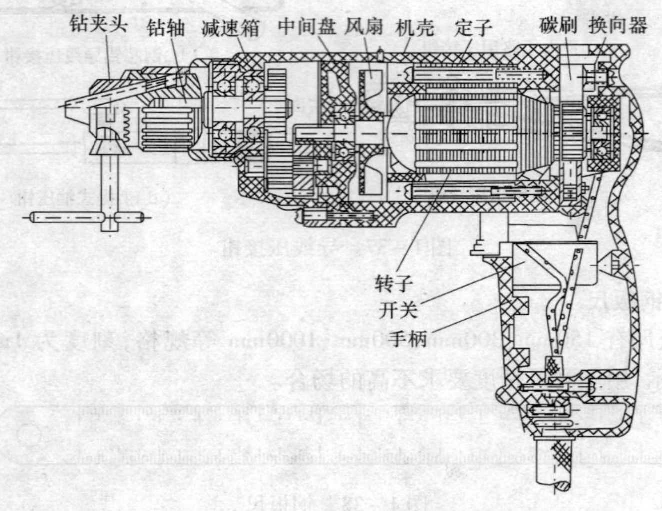

图 1－40 电钻基本结构

使用时要特别注意安全。使用前要检查外壳接地是否可靠，通电后要检查外壳是否带电，并使用漏电保护器，以防触电。

电钻使用的钻头种类很多，其中最常见的是麻花钻如图 1－41 所示，麻花钻的柄部是夹持部位，有直柄和锥柄两种形式。小钻头多为直柄，直柄传

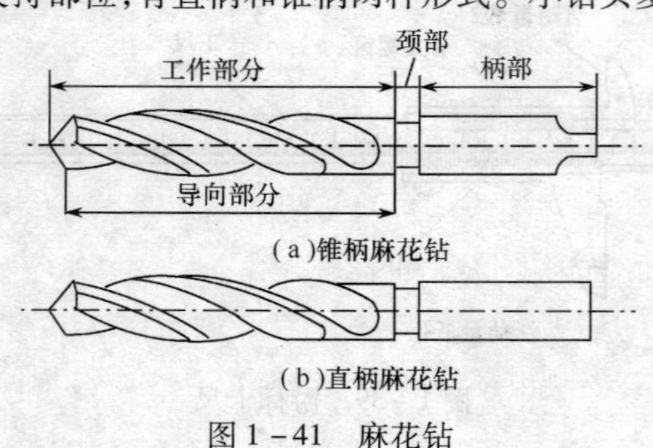

(a)锥柄麻花钻

(b)直柄麻花钻

图 1－41 麻花钻

递扭矩较小；12mm 以上的钻头多为锥柄，可传递较大的扭矩。

钻头通过夹具与钻床或手电钻等相连接，一般钻头的夹具是钻夹头和钻头套。钻夹头用来装夹 13mm 以下的直柄钻头，如图 1 - 40 所示。

在钻孔前，通常在划好线的孔的中心位置上，用样冲冲出一锥形定位坑，以保证孔的位置要求。定位坑的直径应大于麻花钻横刃的长度。给小工件钻孔时，可装夹在台钳或平口钳上加工。

钻孔时，工件要装夹牢靠。通孔将穿时，要减小进给量，以防工件卡住钻头。不准戴手套操作，以防切屑勾住手套发生事故。钻孔时可添加适当的切屑液，以降低切屑温度和改善润滑状况。常用的切削液有机油、乳化液等。

2. 电锤

电锤由电动机、齿轮减速器、曲柄连杆冲击机构、转钎机构、过载保护装置、电源开关及电源连结装置等组成，如图 1 - 42 所示。

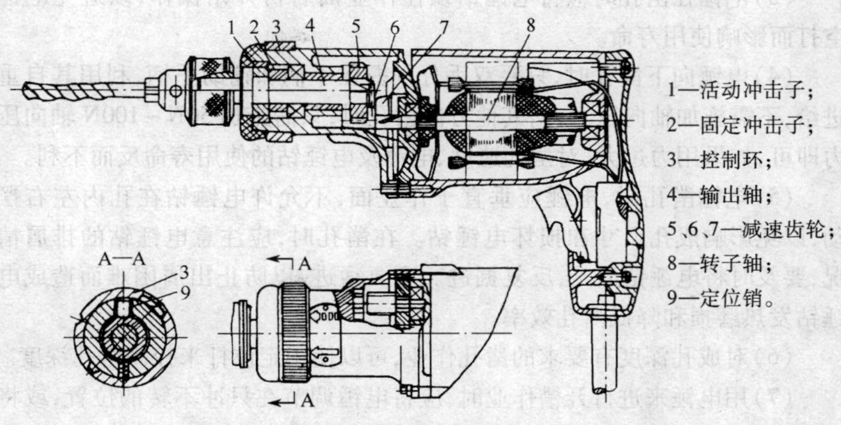

图 1 - 42　齿形冲击电钻结构

电锤钻有三种型式，如图 1 - 43 所示。A 型为双键结构，适用于小规格电锤；B、C 型为直花键、六方结构，适用于较大规格电锤。

使用注意事项：

(1) 电锤是冲击类工具，工作过程中振动较大，负载较重。因此，使用前应检查各连接部紧固可靠性后才能操作作业。

(2) 电锤在凿孔前，必须探查凿孔的作业处内部是否有钢筋，在确认无钢筋后才能凿孔，以避免电锤钻的硬质合金刀片在凿孔中冲撞钢筋而崩裂刃口。

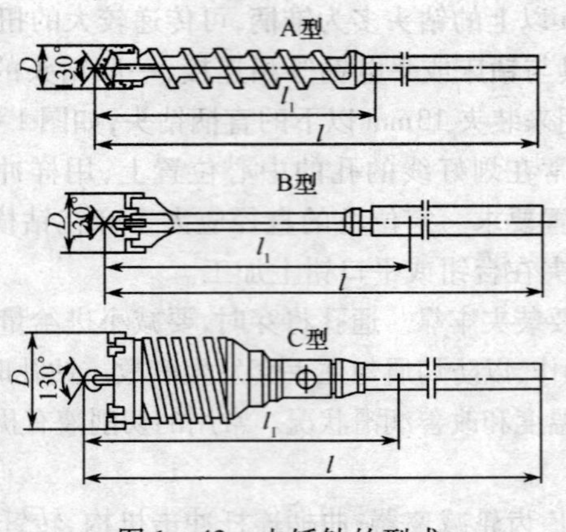

图 1-43　电锤钻的型式

(3)电锤在凿孔时应将电锤钻顶住作业面后再开始操作,以避免电锤空打而影响使用寿命。

(4)电锤向下凿孔时,只要双手分别握住手柄和辅助手柄,利用其自重进给,不需施加轴向压力;向其他方向凿孔时,只需施加 50N ~ 100N 轴向压力即可,如果用力过大,对凿孔速度、电锤及电锤钻的使用寿命反而不利。

(5)电锤凿孔时,电锤应垂直于作业面,不允许电锤钻在孔内左右摆动,以免影响成孔尺寸和损坏电锤钻。在凿孔时,应注意电锤钻的排屑情况,要及时将电锤钻退出,反复掘进。不要猛进,以防止出屑困难而造成电锤钻发热磨损和降低凿孔效率。

(6)对成孔深度有要求的凿孔作业,可以使用定位杆来控制凿孔深度。

(7)用电锤来进行开槽作业时,应将电锤调节在只冲不转的位置,或将六方钻杆的电锤调换成圆柱直柄电锤钻。操作中应尽量避免用作业工具扳撬。如果要扳撬时,则不应用力过猛。

(8)电锤装上扩孔钻进行扩孔作业时,应将电锤调节在只转不冲的位置,然后才能进行扩孔作业。

(9)电锤在凿孔时,尤其在由下向上和向侧面凿孔时必须戴防护眼镜和防尘面罩。

(10)电锤是运用电锤钻的高速冲击与旋转的复合运动来实现凿孔的,活塞转套和活塞之间摩擦面大,配合间隙小,如果没有供给足够的润滑油则会产生高温和磨损,将严重影响电锤的使用寿命和性能,所以电锤每工作4h,至少加油一次。

(11)电锤使用一定时间后，由于灰尘和磨损的金属屑等与油污混杂会卡住冲击活塞，产生不冲击现象或其他故障，因此，需定期将机械部分拆开清洗。重新装配时，活塞、转套等配合面要加润滑油，并须注意不要将冲击活塞揿压到压气活塞的底部，否则会造成排气困难，电锤将不能工作。

3. 电动角向磨光机

电动角向磨光机由电动机、齿轮箱、手柄、电源开关砂轮片、砂轮夹紧装置组成，如图1-44所示。

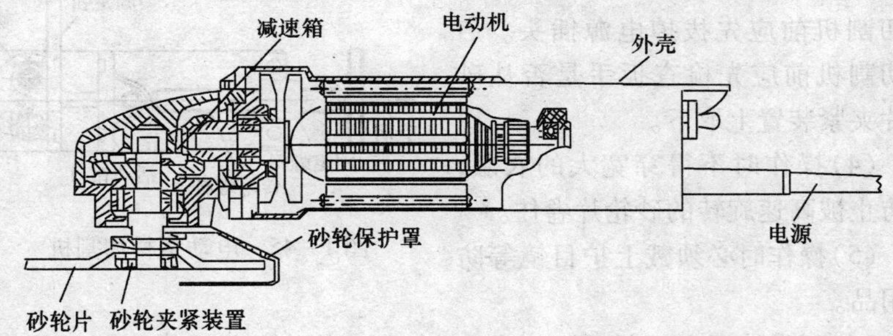

图1-44 电动角向磨光机结构

电动角向磨光机用于切割不锈钢、合金钢、普通碳素钢的型材、管材或修磨工件的飞边、毛刺、焊缝。

使用注意事项：

(1)使用前要检查拨形砂轮，薄厚应一致，砂粒分布应均匀，内孔偏差为0.11mm～0.13mm；外圆与内孔的不同轴度应较小，一般应为0.15mm～0.20mm。用木槌轻击砂轮应无破裂声。

(2)在启动电动角向磨光机进行磨削或切割前，应先检查砂轮的旋转方向与齿轮箱头部标记的旋转方向的箭头方向是否相符，如一致才能进行作业。

(3)使用前必须检查拨形砂轮的安全线速度，不能低于80m/s。

(4)操作电动角向磨光机不要用力过猛或冲撞工件，以免拨形砂轮受冲击使砂轮爆裂而引起伤亡事故。

4. 电动型材切割机

电动型材切割机由电动机、支架、支架底座、可转夹钳、增强树脂砂轮片和砂轮保护罩、操作手柄、电源开关及电源连接装置件等组成，如图1-45

所示。

使用注意事项：

(1)禁止在含有易燃和腐蚀性气体及潮湿或受雨淋的场所使用。要保证操作场所光线充足。

(2)保持底盘工作台面的整洁，不乱堆物品，防止引起事故。

(3)在调换砂轮片或检查电动型材切割机前应先拔掉电源插头。启动切割机前应先检查扳手是否从砂轮片夹紧装置上取下。

(4)操作时不得穿宽大的衣服，以防止被高速旋转的砂轮片卷住。

(5)操作时必须戴上护目镜等防护用品。

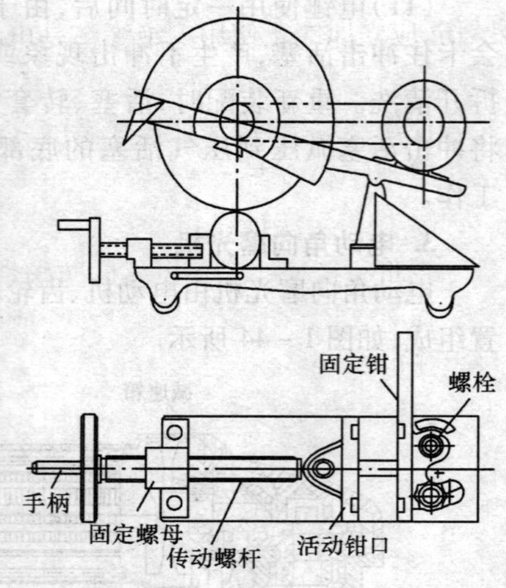

图1-45　电动型材切割机

(6)不得使用大于所用的电动型材切割机规格的最大允许尺寸的砂轮片。必须采用增强树脂砂轮片，其安全线速度不能低于80 m/s。

(7)不允许拆除保护罩及传动带罩壳进行操作。

(8)电动型材切割机操作时，无关人员应与切割机保持一定距离，不要靠近。

(9)操作电动型材切割机时，姿势要正确，身体要始终保持平衡。切勿站立在切割机底盘台面上，以防无意识地接通电源而发生伤害事故。

(10)电源线不得与砂轮片接触。

(11)电动型材切割机使用时必须进行可靠地保护接地。

(12)操作者不要在无人看管电动型材切割机的情况下离开现场。如果要离开，则必须切断切割机电源，完全停机后才能离开。

1.2.3　电气安全用具

1. 绝缘手套、绝缘靴和绝缘垫

绝缘手套、绝缘靴和绝缘垫用于可能具有触电危险的场合，它们都是特殊的具有绝缘性能的橡胶制品。绝缘手套和绝缘靴不得挪作他用，也不可将一般橡胶手套和雨靴充当绝缘手套和绝缘靴使用。绝缘手套和绝缘靴应妥善保管和存放，使用前必须进行仔细检查，若发现破裂、刺穿、脱胶或其他损伤,应立即停止使用。绝缘垫是电工用作脚垫来操作高压电气设备的防护用具。电气设备的外壳或操作手柄等可能由于漏电或感应而带电,因此,必须使用绝缘垫,以保证操作者的人身安全。绝缘垫应放置在阴凉处,并经常注意观察和检查。

2. 携带型接地线

携带型接地线是最可靠的防护性安全用具,它可防止在已停电的设备上工作时突然送电所带来的危险,或者由于临近高压线路感应而产生的感应电压的危险。

携带型接地线有夹头、绝缘柄和多股裸软铜线组成,如图 1－46 所示。

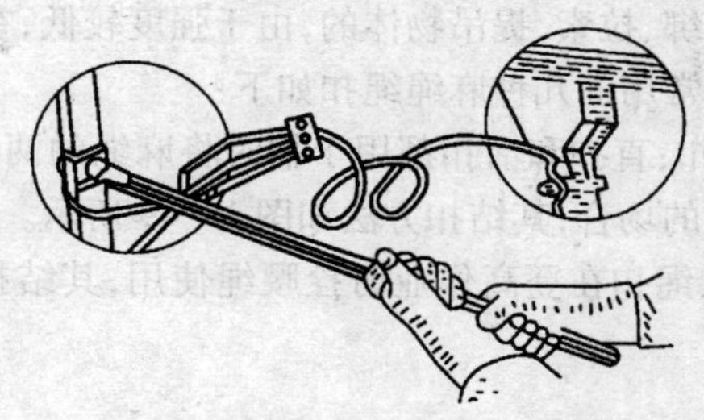

图 1－46　携带型接地线

使用接地线必须验明设备确实无电后才能进行,否则将产生严重的短路事故。装设接地线时应先装接地线端,然后再装接三根相线端;拆卸时应先拆三根相线端,后拆接地线端。必须戴上绝缘手套进行操作,以防万一。只有确认地线全部拆除后方可送电。

接地线应固定地点存放,如有多组接地线,则必须分别编号,只有在存入处清点无误后才可送电。

3. 绝缘棒

绝缘棒主要是用来闭合或断开高压隔离开关、跌落保险以及用于进行测量和试验工作,绝缘棒由工作部分、绝缘部分和手柄部分组成,如图 1－47 所示。

使用前应确定绝缘棒是否符合设备额定电压,是否在试验有效期限内,检查有无损伤、油漆有无损坏等。操作时应配合使用绝缘手套、绝缘靴等辅助安全用具。

4. 绝缘夹钳

绝缘夹钳主要用于拆除熔断器等。绝缘夹钳由钳口、钳身、钳把组成,如图 1－48 所示。

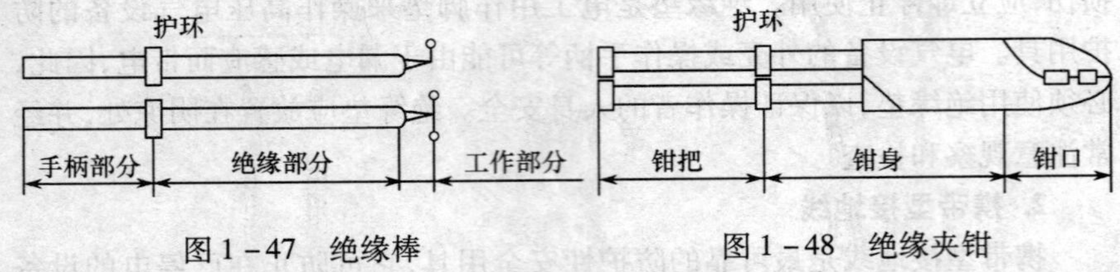

图 1－47　绝缘棒　　　　图 1－48　绝缘夹钳

使用前，对绝缘夹钳应进行安全检查，使用时配合辅助安全用具。

5. 麻绳和钢丝绳

1）麻绳

麻绳是用来捆绑、拉索、提吊物体的，由于强度较低，在机械启动的起重机械中严禁使用。常用的几种麻绳绳扣如下：

（1）直扣和活扣：直扣和活扣都用于临时将麻绳的两端结在一起，而活扣用于需迅速解开的场合，其结扣方法如图 1－49 所示。

（2）腰绳扣：腰绳扣在登高作业时拴腰绳使用，其结扣方法如图 1－50 所示。

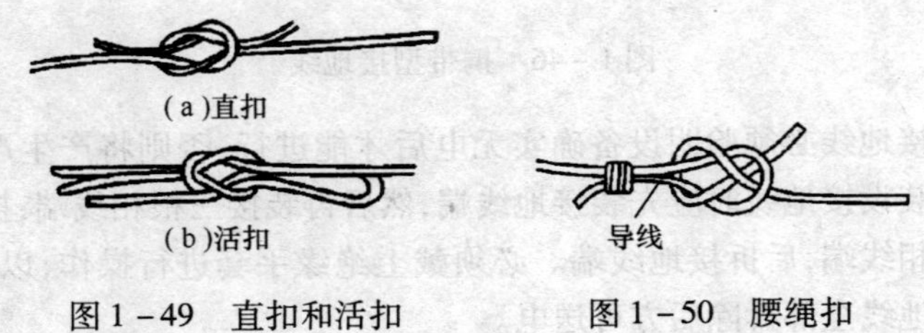

图 1－49　直扣和活扣　　　　图 1－50　腰绳扣

（3）猪蹄扣和倒扣：猪蹄扣在抱杆顶部等处绑绳时使用，如图 1－51（a）所示。倒扣在抱杆上或电杆立起时的临时拉线锚桩上固定时使用，通常用三个倒扣结紧，再用细铁丝把绳头绑好，如图 1－51（b）所示。

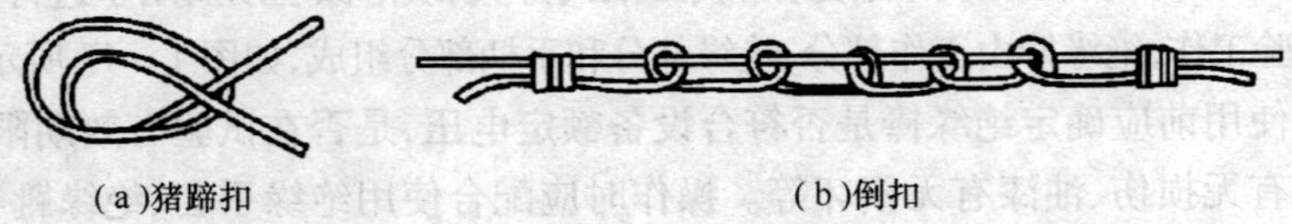

图 1－51　猪蹄扣和倒扣

（4）抬扣：抬扣又称杠杆扣，用来抬重物。其扣结、调整和解扣都较方便，扣结步骤如图 1－52 所示。

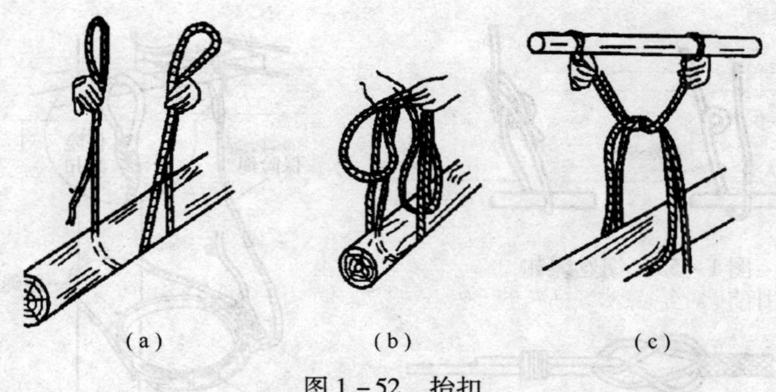
(a)　(b)　(c)

图 1－52　抬扣

(5)吊物扣和倒背扣:吊物扣用来挂吊工具或绝缘子等物品,其扣结方法如图 1－53 所示。倒背扣用来拖动较重且较长的物品,可以防止物体转动,其扣结方法如图 1－54 所示。

图 1－53　吊物扣

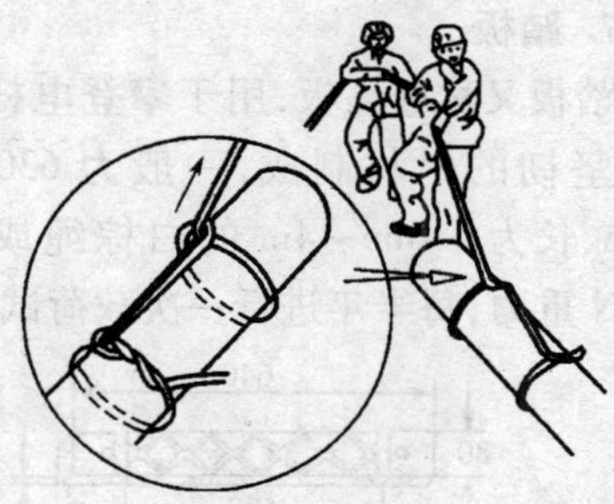
图 1－54　倒背扣

2)钢丝绳

钢丝绳用于各种起重、提升和牵引设备中。根据拧绞的方式不同,可以分为平行拧绞钢丝绳和交互拧绞钢丝绳两种。通常使用交互拧绞绳扣,如图 1－55、图 1－56 所示。

6. 安全带

安全带是腰带、保险绳和腰绳的总称,是用来防止发生空中坠落事故的,如图 1－57 所示。腰带是用来系挂保险绳、腰绳和吊物绳的,系在腰部以下,臀部以上的部位,不应系在腰间。保险绳是用来防止失足时人体坠落到地面上的,其一端系在腰带上,另一端用保险绳挂钩系在横担、抱箍或其他固定物。使用时将腰绳系在电杆横担或抱箍的下方,防止腰绳窜出电杆顶部,造成事故。

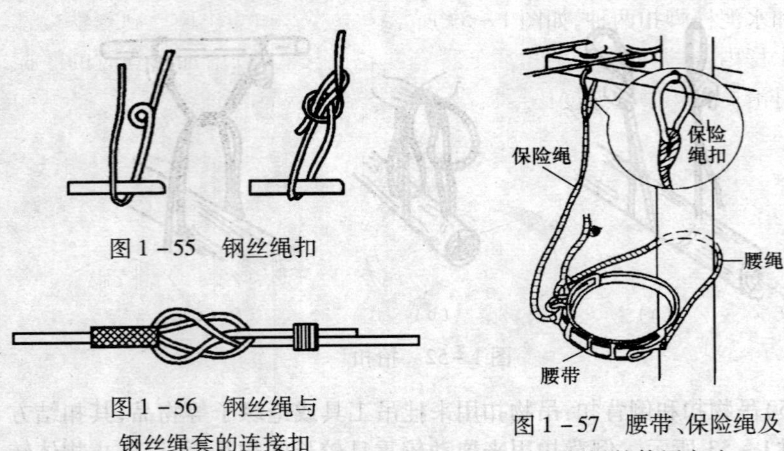

图 1－55　钢丝绳扣

图 1－56　钢丝绳与钢丝绳套的连接扣

图 1－57　腰带、保险绳及腰绳的使用方法

7. 踏板

踏板又称登高板，用于攀登电杆，由板、绳、钩组成，如图 1－58 所示。板由坚韧的木材制成，一般为 630mm × 75mm × 25mm。绳索是直径为 16mm、长为 2.6m ~ 4m 的白棕绳或尼龙绳。踏板和白棕绳均应能承受 3000N 重力，每半年进行一次载荷试验。

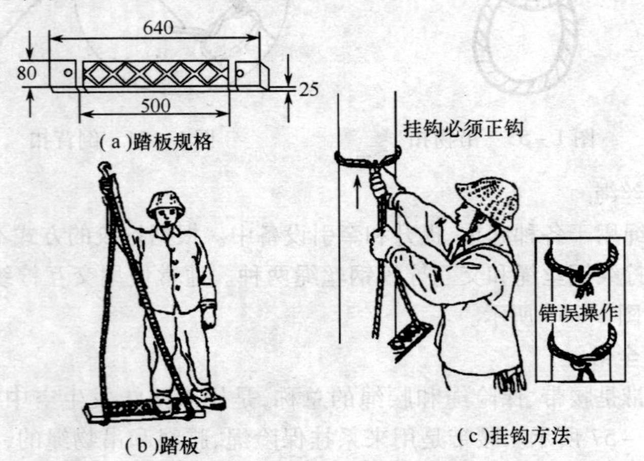

图 1－58　踏板的使用方法

8. 脚扣

脚扣也是用来攀登电杆的工具，主要由弧形扣环、脚套组成，分为木杆

脚扣和水泥杆脚扣两种,如图 1 - 59 所示。木杆脚扣的扣环上制有铁齿,以咬入木杆内,水泥杆脚扣的扣环上裹有扎花橡胶套,以增加攀登时的摩擦,防止打滑。脚扣攀登速度比踏板快,但没有踏板灵活舒适。

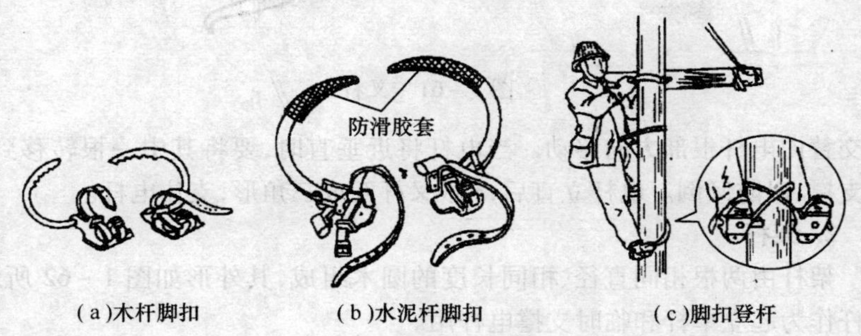

(a)木杆脚扣　(b)水泥杆脚扣　(c)脚扣登杆

图 1 - 59　使用脚扣的登杆方法

9. 梯子

梯子是常用的登高工具之一,分单梯、人字梯(合页梯)、升降梯等几种,用毛竹、硬质木材、铝合金等材料制成,如图 1 - 60 所示。

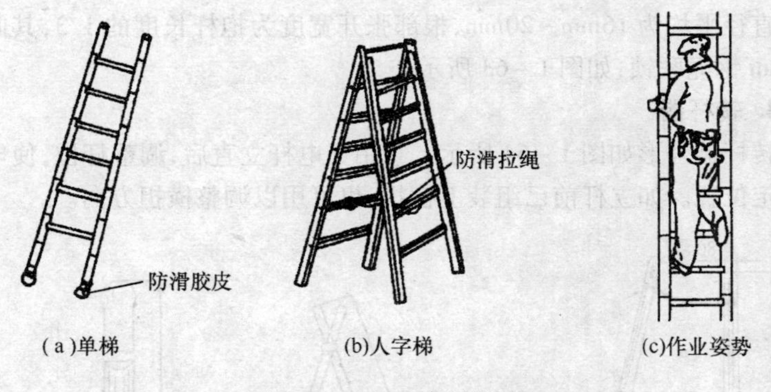

(a)单梯　(b)人字梯　(c)作业姿势

图 1 - 60　电工常用梯子

1.2.4　架线工具

1. 叉杆

叉杆由 U 形铁叉和撑杆组成,外形如图 1 - 61 所示。在立杆过程中,叉杆可作临时支撑电杆用,也可用来起立 9m 以下的木杆。

在立起电杆时,应先用一根叉杆将电杆头部支起,再陆续增加到 3 根,

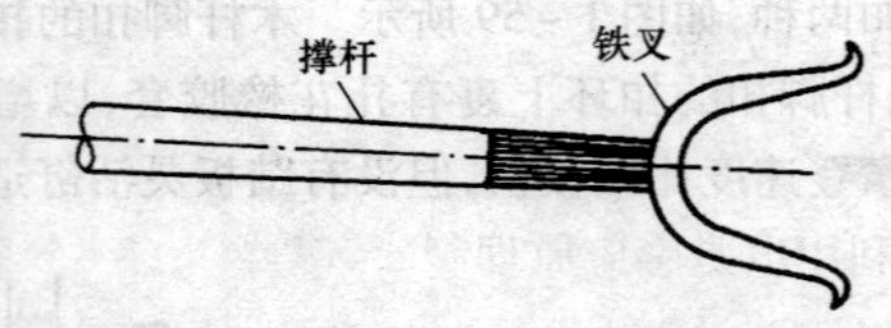

图 1 - 61　叉杆

并交替向电杆根部方向移动。当电杆将近垂直时，要将其中一根转移到对面支撑，以防倾倒。电杆立直后，3 根叉杆互成三角形，支住电杆。

2. 架杆

架杆由两根相同直径、相同长度的圆木组成，其外形如图 1 - 62 所示。架杆作为起立单杆和临时支撑电杆用。

使用时，要两副架杆交替向电杆根部移动，并注意配合拉绳的使用，确保施工安全。

3. 抱杆

抱杆有单抱杆和人字抱杆两种。人字抱杆是用两根相同的细长圆杆在顶部用钢绳交叉绑扎成一个人字形，抱杆高度按电杆高度的 1/2 来选取。抱杆直径平均为 16mm ~ 20mm，根部张开宽度为抱杆长度的 1/3，其间并以 ϕ12mm 钢绳联锁，如图 1 - 63 所示。

4. 转杆器

转杆器外形如图 1 - 64 所示。它用于电杆立直后，调整杆位，使电杆移至规定位置。如立杆前已组装上横担，也可用以调整横担方向。

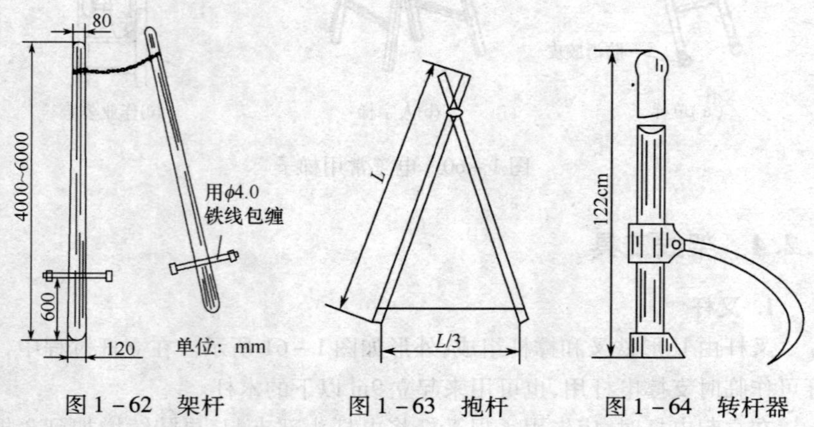

图 1 - 62　架杆　　图 1 - 63　抱杆　　图 1 - 64　转杆器

1.2.5 常用电工仪表

1. 钳形电流表

钳形电流表利用电磁感应原理制成，主要用来测量电流，有的还具有测量电压、电阻等功能。如图 1－65 所示的钳形电流表除具有测量电流功能外还具有 V 挡：电压测量；Hz 挡：测量电源的频率和谐波；W 挡：测量功率；$W_{3\phi}$挡：测量三相功率；SETUP 挡：设置；LOG 挡：采集等功能。

电流测量方法：打开钳口，将被测导线置于钳口中心位置，合上钳口即可读出被测导线的电流值。

测量较小电流时，可把被测导线在钳口多绕几匝，这时实际电流应除以缠绕匝数。

2. 万用表

万用表可用来测量直流电流、直流电压、交流电流、交流电压和直流电阻，有的还可用来测量电容、二极管通断等，数字式万用表如图 1－66 所示。万用表有多个接线柱，红表笔接＋（V·Ω）线柱，黑色表笔接－（COM）线柱，测量电流时接 mA 或 10A 接线柱。测量中应选择测量种类，然后选择量程。如果不能估计测量范围时，应先从最大量程开始，直至误差最小，以免烧坏仪表。

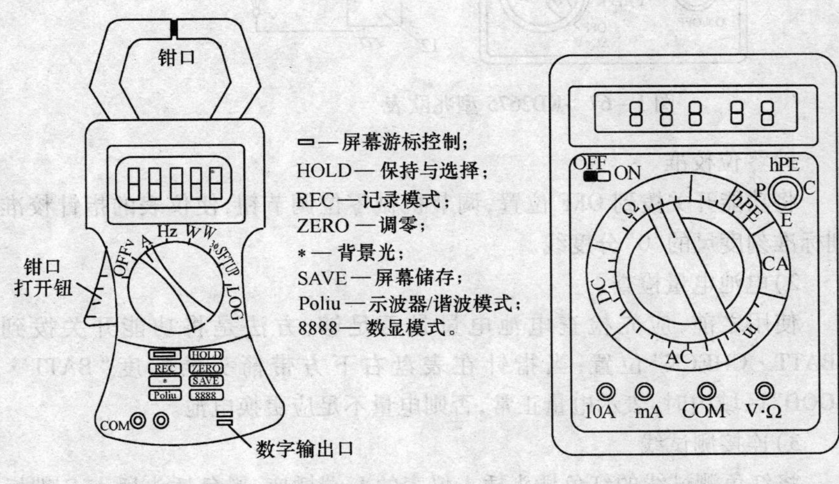

图 1－65　数字式钳形电流表外形　　　　图 1－66　数字式万用表

注意事项：测量电流时，万用表应串联在电路中；测量电压、电阻时，万用表应并联在电路中；测量电阻每换一挡，必须校零一次。测量完毕，应关闭或将转换开关置于电压最高挡。

3. 兆欧表

兆欧表俗称摇表、绝缘摇表。主要用于测量绝缘电阻，有手动和电动两种。KD2675 型兆欧表如图 1－67 所示。使用方法如下。

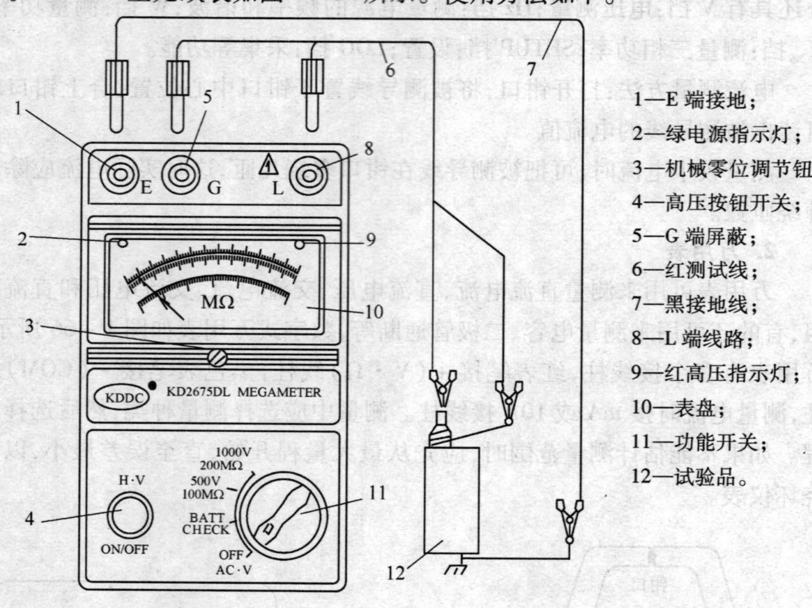

图 1－67　KD2675 型兆欧表

1）零位校准

将功能开关拨到 OFF 位置，调节机械零位调节钮，使仪表的指针校准到标准刻度尺的“0”分度线。

2）电池电量检查

使用之前，应先检查电池电量是否足够，方法是将功能开关拨到“BATT · CHECK”位置，当指针在表盘右下方带箭头的标度“BATT · GOOD”区域内时，表示电量正常，否则电量不足应更换电池。

3）连接测试线

将红色测试线的红色插头插入仪表的 L 端插座，黑色插头插入 G 端插座，将黑色接地线的插头（黑）插入 E 端插座。再将红色测试线的另一端接到被试品上，黑色测试线的另一端接到被试品的接地点上，如图 1－67 所示。

4）测试

按被试品的电压等级选择测试电压挡，并将功能开关旋至对应挡位上，此时表盘左上角“POWER”指示灯亮。按下高压按钮开关“H · V ON OFF”，表盘右上角指示灯亮，表示测试高压开启，同时电表指针将在相应的刻度尺上指示出被试品的绝缘电阻值。

5）关机

读数完毕，先按高压按钮开关，红色指示灯灭，再将功能开关旋至 OFF 位置，绿色指示灯灭说明仪表的电源已经关断。对于容性负载，还需将被试品上的残余电荷泄放完，再拆下测试线。

1.3 电工学基本知识

1.3.1 电的概念

1. 电子与电荷

电荷是物质固有的一种特性。它既不能创生，也不能消灭，只能被转移，自然界不存在脱离物质而单独存在的电荷。目前发现自然界中只有两种电荷：正电荷与负电荷。正常情况下物体所带正电荷和负电荷的数量是相等的，对外界表现为不带电。只有因某种原因，使得负电荷多于（或少于）正电荷时，这个物体才表现为带电。

两个带电荷的物体之间总存在相互的作用力，同种电荷相互排斥，异种电荷相互吸引。用电量来衡量物体携带电荷的数量，用字母 Q 表示，单位可以用电子数目来表示，但实际使用时这个单位太小，采用库仑（C）作为电量的单位。

2. 电流

导体内的自由电子或离子在电场力的作用下，有规律的流动叫做电流。人们规定正电荷移动的方向为电流的正方向。

单位时间内通过导体截面积的电量即为电流强度，习惯上简称为电流。用字母 I 表示，$I = Q/t$，单位为安培（A），实际使用中还有 kA、mA、μA。

大小和方向都不随时间变化的电流叫恒定电流，也叫直流电流，又称直流电。大小和方向都随时间变化的电流叫交流电流，也称交流电。

在单位横截面积上通过的电流大小，称为电流密度，用 J 表示，$J=I/S$，单位为安培/平方米（A/m^2）。

3. 电动势

电动势等于电源力将单位正电荷从电源负极移动到电源正极所作的功，用字母 E 表示，单位为伏特（V）。

4. 正方向

习惯上规定正电荷运动的方向（即负电荷运动的反向）为电流的方向。但在分析较为复杂的电路时往往难于事先判断某支路中电流的实际方向，为此，常可任意假定一个方向作为电流的正方向，或者称为参考方向。当电流的实际方向与其正方向一致时，则电流为正值。当电流的实际方向与其正方向相反时，则电流为负值。

电流的正方向在电路图中，一般用箭头表示，箭头的方向就是电流的正方向。也可用双下标表示，例如，I_{ab} 表示电流的正方向由 a 点指向 b 点。

电压、电动势和电流一样，也同样具有方向，电压的方向规定为由高电位端指向低电位端，也就是电位降低的方向。电源电动势的方向规定为电源内部由低电位端指向高电位端，也就是电位升高的方向。在电路分析中，电压、电动势的正方向也是可以任意规定的，正方向的表示方法与电流的正方向表示方法完全相同。

1.3.2 磁的概念

1. 磁现象

凡具有吸引铁、镍、钴等物质的性质称为磁性。而具有磁性的物体称为磁体。

在磁体的两端各有一个磁性最强的区域，这个区域叫磁极。并且同一磁体的两个磁极有着不同的性质，即磁南极（S 极）、磁北极（N 极）。在磁极之间具有“同性相斥、异性相吸”的特性。

2. 磁场与磁力线

磁体之间相互吸引或排斥的力称为磁力。把磁体周围存在磁力作用的区域称为磁场。

为了直观、形象地描述磁场的方向和强弱而引出磁力线的概念，并规定在磁体的外部，磁力线由 N 极指向 S 极；在磁体内部，磁力线由 S 极指向 N 极，使磁力线在磁体内外形成一条条闭合的曲线。在曲线上任何一点的切线方向就表示该点的磁力线方向，也就是小磁针在磁力作用下静止时 N 极所指的方向。通常用磁力线方向来表示磁场方向。用磁力线的疏密程度表示磁场的强弱。磁力线越密,磁场越强。磁力线越疏,磁场越弱。

3. 磁通

垂直穿过磁场中某一截面的磁力线条数,反映了磁场中这一截面上磁场的强弱。把垂直穿过磁场中某一截面的磁力线条数叫磁通或磁通量,用字母 Φ 表示,单位为韦伯(Wb)。

4. 磁感应强度

单位面积上垂直穿过的磁力线条数,称为磁通密度,也叫磁感应强度,用字母 B 表示,$B=\Phi/S$,单位为特斯拉(T)。

磁感应强度不仅有大小,而且有方向。磁感应强度的方向就是磁场的方向,也就是小磁针北极在该点的指向。

5. 磁导率

磁导率是一个用来表示物质磁性的物理量,也就是用来衡量物质导磁能力的物理量,用字母 μ 表示,单位为亨利/米(H/m)。

真空磁导率 $\mu_0=4\pi\times10^{-7}$H/m。

任何一种物质的磁导率与真空的磁导率的比值,称为该物质的相对磁导率,用字母 μ_r 表示。

6. 磁场强度

磁场中磁感应强度的大小不仅与产生磁场的电流有关,还与磁场中的介质有关,为了使计算简便,通常用磁场强度来表示磁场,用字母 H 表示,$H=B/\mu$,单位为安培/米(A/m)。

磁场强度的大小与磁场中的介质无关,方向和所在点的磁感应强度方向一致。

1.3.3 电与磁

1. 电场

带电体周围存在着一种特殊的物理场叫电场。

电荷在电场中要受到电场力的作用而发生运动,因此我们可以认为电荷在电场中具有电位能。单位正电荷在电场中某点所具有的电位能叫做这一点的电位,单位为伏特(V)。

电场中任意两点之间的电位之差叫做电位差,也叫电压,用字母 U 表示,单位为伏特(V)。

2. 电流的磁场

在电流的周围存在着磁场，这种现象称为电流的磁效应。通电导体周围产生的磁场方向可以用安培定则来判断。

直导线周围磁场的方向由右手安培定则判定：用右手握住通电导体，让拇指指向电流方向，则弯曲四指的指向就是直导线周围的磁场方向，如图1－68所示。

螺旋管内部磁场的方向由右手螺旋定则判定：用右手握住通电线圈，让弯曲四指指向线圈电流方向，则拇指所指方向就是线圈内部的磁场方向，如图1－69 所示。

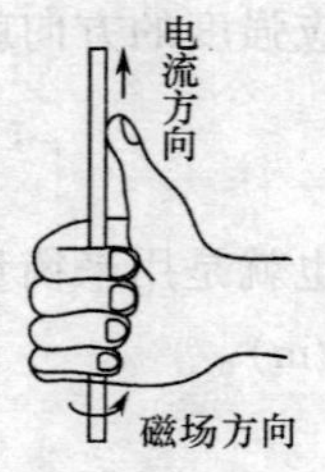

图1－68　安培定则

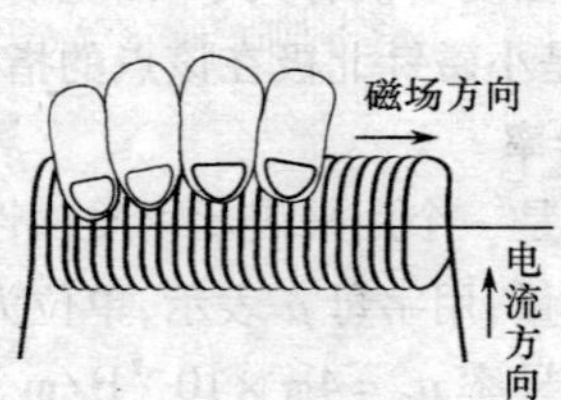

图1－69　右手螺旋定则

3. 电磁感应

当穿过闭合回路所包围的面积中的磁通量发生变化时，回路中就会产生电流，这种现象叫电磁感应现象。回路中所产生的电流叫感应电流。另一种现象是：当闭合回路中的一段导线在磁场中运动，并切割磁力线时，导体中也会产生电流。

直线导体与磁场相对运动而产生的感应电动势 e 的大小与导体切割磁力线的速度 v、导体的长度 L 和导体所处空间的磁感应强度 B 有关，若导体运动方向与磁力线之间的夹角为 α，则感应电动势 $e = BLv\sin\alpha$。

直线导体感应电动势的方向可用右手定则来判定：伸开右手，让拇指与其余四指垂直并在一个平面内，使磁力线穿过掌心，拇指指向切割磁力线的运动方向，四指的指向就是感应电动势的方向。如图1－70所示。

线圈中磁通变化而产生的感应电动势 e 的大小与穿过线圈的磁通变化率有关，若线圈的匝数为 N，则感应电动势 $e = \left| N\frac{\Delta\Phi}{\Delta t} \right|$。

线圈中感应电动势的方向由楞次定律来判定：感应电流产生的磁通总是阻碍原磁通的变化。也就是说当线圈中的磁通增大时，感应电流产生的磁通与原磁通方向相反。而当线圈中的磁通减少时，感应电流产生的磁通与原磁通方向相同。

4. 磁场对电流的作用

处在磁场中的通电导体会受到力的作用，这种作用称为电磁力。用字母 F 表示，$F = BIL\sin\alpha$。

电磁力的方向由左手定则判定：伸开左手，让拇指与其余四指垂直并在同一平面内，让磁力线穿过手心，四指指向电流方向，拇指所指方向就是通电导体所受到的电磁力的方向，如图 1-71 所示。

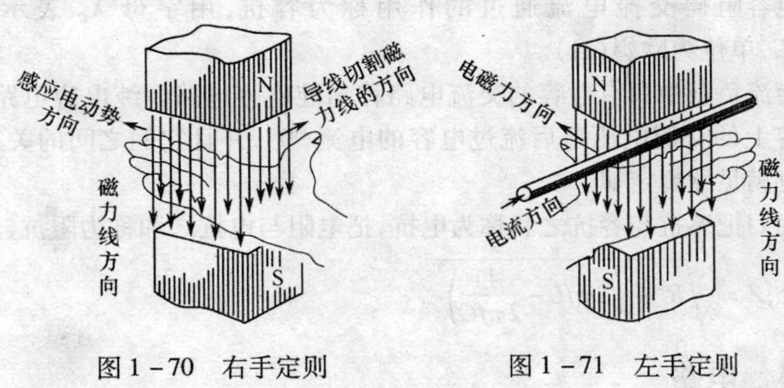

图 1-70 右手定则　　图 1-71 左手定则

5. 电感

当交流电流流过线圈时，交变的电流将在线圈中产生变化的磁场，这一变化的磁场同时又在线圈自身产生感应电动势，这一现象叫做自感现象。

穿过线圈的磁通与产生磁通的电流之间的比值，叫做线圈的自感系数，简称自感，用字母 L 表示，单位为亨利(H)。

当两个线圈相互靠近，其中一个线圈的电流变化，引起穿过另一个线圈所包围的磁通量跟着变化，而在另一个线圈中产生感应电动势的现象，叫做互感现象。由第一个线圈的电流所产生而与第二个线圈相关联的磁通，同该电流的比值，叫做第一个线圈对第二个线圈的互感系数，简称互感，用字母 M 表示，单位为亨利(H)。

通常把自感和互感统称为电感。

当电感线圈两端加上交流电压时，就有交流电流通过，电感线圈中将产生自感电动势，从而阻碍电流的变化，所以电感线圈中交流电流的变化总是滞后交流电压的变化。电感阻碍交流电流通过的这种作用称为感抗，用字母 X_L 表示，$X_L = 2\pi fL$，单位为欧姆(Ω)。

交流负载中只有电感的交流电路称为纯电感电路。纯电感电路中，加在电感上的交流电压超前流过电感的电流90°，并且它们之间的关系在数值上也满足欧姆定律。

6. 电容器

电容器是存储电荷的容器。由用绝缘介质隔开而又相互邻近的两块金属板或金属片构成。电容器存储电荷的能力用电容量来表示，简称电容。电容用字母 C 表示，单位为法拉（F），实际应用中还有微法（μF）和皮法（pF）。

电容阻碍交流电流通过的作用称为容抗，用字母 X_C 表示，$X_C = 1/2\pi fC$，单位为欧姆（Ω）。

交流负载中只有电容的交流电路称为纯电容电路。纯电容电路中，加在电容上的交流电压滞后流过电容的电流90°，并且它们之间的关系在数值上也满足欧姆定律。

我们把感抗与容抗之和称为电抗，把电阻与电抗之和称为阻抗，用字母 Z 表示，$Z = \sqrt{R^2 + \left(2\pi fL - \frac{1}{2\pi fC}\right)^2}$。

1.3.4 电路

1. 电路

电流通过的路径，称为电路。一个完整的电路由电源、负载、输电导线和控制设备组成。对电源来讲，负载、输电导线和控制设备等称为外电路。电源内部的一段称为内电路。

电路的工作状态分为通路、断（开）路、和短路三种。

2. 电阻及其连接

导体能导电，同时对电流有阻力作用，这种阻碍电流通过的能力称为电阻，用字母 R 或 r 表示，单位为欧姆（Ω）。

当温度一定时导体的电阻不仅与它的长度和横截面积有关，而且与导体材料自身的电阻率有关。电阻率又称为电阻系数，是衡量物体导电性能好坏的一个物理量，用字母 ρ 表示，单位为欧·米（Ω·m）。其数值是指导体的长度为1m、截面积为1mm^2 的均匀导体在温度为20℃时所具有的电阻值，可见 $R = \rho L/S$。

表示物质的电阻率随温度而变化的物理量，称为电阻的温度系数。其数值等于温度每升高1℃时，电阻率的变化量与原来的电阻率的比值，用字

母 d 表示，单位为 1/℃。

1）电阻串联

将两个以上的电阻元件顺序地连接在一起，构成一条无分支的电路，称为串联电阻电路，如图 1－72 所示。

在串联电阻电路中有以下特点：

（1）串联电阻电路中的等效电阻等于各个串联电阻之和，即

$$R = R_1 + R_2$$

（2）串联电阻电路中流过每个电阻的电流都是相等的，并且等于总电流，即

$$I = I_1 = I_2$$

（3）串联电阻电路的总电压等于各个串联电阻两端电压之和，即

$$U = U_1 + U_2$$

（4）串联电阻电路中的各个电阻上所分配的电压与各自的电阻值成正比，即

$$\frac{U}{R} = \frac{U_1}{R_1} = \frac{U_2}{R_2}$$

2）电阻并联

将两个以上的电阻元件都连接在两个共同端点之间，构成一条多分支的电路，称为并联电阻电路。如图 1－73 所示。

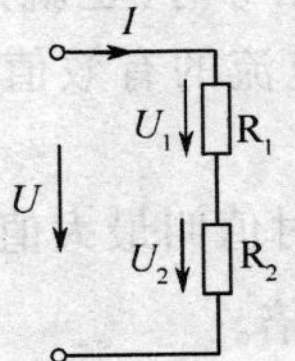

图 1－72　串联电阻电路

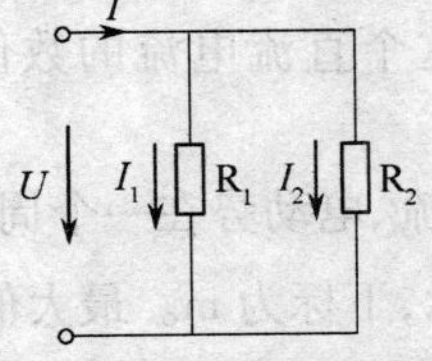

图 1－73　并联电阻电路

在并联电阻电路中有以下特点：

（1）并联电阻电路中各个电阻两端的电压都是相等的，并且等于总电压，即

$$U = U_1 = U_2$$

（2）并联电阻电路的总电流等于各个并联电阻两端电流之和，即

$$I = I_1 + I_2$$

(3)并联电阻电路中的等效电阻的倒数等于各个并联电阻的倒数之和，即

$$\frac{1}{R}=\frac{1}{R_1}=\frac{1}{R_2}$$

(4)并联电阻电路中的各个电阻上所分配的电流与各自的电阻值成反比，即

$$IR=I_1R_1= I_2R_2$$

3. 欧姆定律

在一段电路中，流过该段的电流与电路两端的电压成正比，与该段电路的电阻成反比。表示为 $I=U/R$。

欧姆定律是不含电源的电路情况，在实际工作中电源 E 的内电阻 r_0 有时是不可忽略的，这时欧姆定律可以写为 $I=\frac{E}{R+r_0}$。

我们把这个公式称为全电路欧姆定律。

4. 单相交流电

交流电的大小和方向都是随时间变化的，我们把按正弦规律变化的交流电称为正弦交流电。通常所说的交流电都是指正弦交流电。

交流电流在 1s 内电流方向改变的次数称为频率，用字母 f 表示，单位为赫兹(Hz)。我国工频交流电的频率为 50Hz。

如果某一交流电流 i 通过一个纯电阻 R，在一个周期内，所发出的热量与某一直流电流 I 在同一电阻内所发出的热量相等时(也就是两者发热效应等效)，则这个直流电流的数值就是该交流电流的有效值，用大写字母表示。

电压、电流、电动势在一个周期内的最大瞬时值叫最大值或振幅值，用大写字母表示，下标为 m。最大值是有效值的$\sqrt{2}$倍。

正弦交流电可以用正弦函数表示，例如电压 $u=U_{\mathrm{m}}\sin(\omega t+\psi)$，$\omega$ 是圆频率，$\omega=2\pi f$；ψ 是初相角。

频率为基波频率倍数的正弦波叫谐波。非正弦波可以看作是一系列谐波之和。

5. 单相电功与电功率

电流通过用电器所做的功，叫电功，用 W 表示，单位是焦耳(J)。常用的单位还有千瓦·时(kW·h)，也就是常说的度，$1\mathrm{kW\cdot h}=3.6\times10^6\mathrm{J}$。

单位时间内电流通过用电器所做的功称为电功率。

单位时间内电流通过纯电阻负载所做的功称为有功功率，用 P 表示，$P = W/t = UI$，单位是瓦（W）。

交流电通过阻抗性负载时并不完全用来做有用功，我们把这时电流与电压的乘积称为视在功率，用 S 表示，$S = UI$。这时的有功功率可以表示为 $P = UI\cos\phi$，ϕ 为电阻与电抗之间的夹角，$\cos\phi$ 称为功率因数。而把 $UI\sin\phi$ 称为无功功率，用 Q 表示。

能量在转换或传递的过程中总要消耗一部分，即输出小于输入，输出能量与输入能量的比值称为效率，用字母 η 表示。

6. 三相对称正弦交流电路

如果把 L_1 相电压初相定义为零，则三相对称正弦电压的函数表达式为

$$u_1 = U_m \sin\omega t$$

$$u_2 = U_m \sin(\omega t - 120°)$$

$$u_3 = U_m \sin(\omega t + 120°)$$

我们把三个电器的末端连接在一起而形成的连接方法，称为星接（Y接），如图 1－74 所示。末端的共同点称为星点，此时相与线的关系为

$$U_L = \sqrt{3}U_P$$

$$I_L = I_P$$

而把三个电器的每个首端分别与另一个的末端连接在一起而形成的连接方法，称为角接（△接），如图 1－75 所示。此时相与线的关系为

$$U_L = U_P$$

$$I_L = \sqrt{3}I_P$$

三相电路的视在功率为

$$S = \sqrt{3}U_L I_L = 3U_P I_P$$

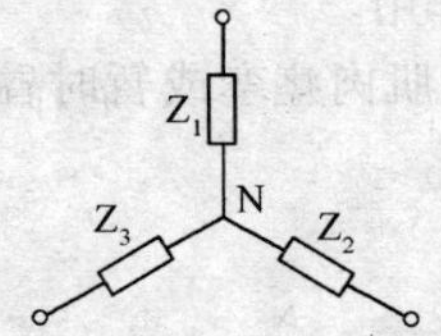

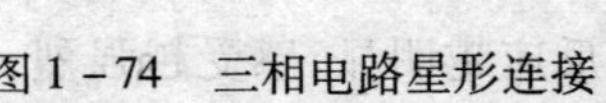
图 1－74　三相电路星形连接

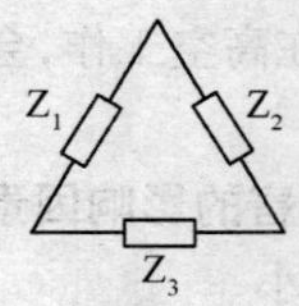

图 1－75　三相电路角形连接

1.4 触电救护

1.4.1 触电

1. 触电及电流对人体的危害

1)触电的定义

触电是指有电流流过人体，当流过人体的电流达到安全电流以上时，引起一系列生理的变化，就会对人体各个部分或器官造成伤害，如肌肉痉挛、心跳停止、休克等，甚至危及生命。同时由于电流发热、电弧灼烧等，也会造成人体外伤。

触电分为直接触电和间接触电。直接触电是指人直接触及带电体，例如触及带电的裸导线或电器的裸露部分。直接触电一般是由工作失误所致。间接触电是指人触及在故障情况下才带电的物体，例如电气设备外壳和与之相连的金属构件，在正常情况下是不带电的，但当设备绝缘损坏而漏电时则带电，人若触及就会触电。间接触电是无法预测的，所以间接触电的危险性并不低于直接触电。触电事故多发生在600V以下的低压系统。

2)触电电流对人体的危害

(1)当一定强度的电流流过人体心脏时，会导致心肌痉挛、心跳停止，在很短时间内就会使人死亡。

(2)当一定强度的电流流过人体的四肢肌肉时，会导致肌肉痉挛、抽搐、发抖。

(3)当一定强度的电流流过人体的神经或神经中枢时，会导致神经麻痹，感觉头晕、乏力、神经衰弱或身体失去知觉。

(4)由于电流和电弧的热效应，会造成电灼伤。

(5)电流的化学效应会造成电烙印和皮肤金属化。

(6)电流产生的磁场也对人体有辐射作用。

(7)若人在高空工作，会造成触电后因肌肉痉挛或暂时昏迷而从高空跌落摔伤。

2. 触电危害的影响因素

1)电流大小

通过人体的电流越大，人体的生理反应越明显，感受越强烈，引起心室颤动或窒息的时间越短，致命的危险性越大，因而伤害也越严重。一般来说，通过人体的交流电(50Hz)超过10mA、直流电超过50mA时，触电者自己难以摆脱电源，这时就有生命危险。表1-9为工频电流对人体的影响，表1-10为通过人体电流大小与人体伤害程度的关系。

表1-9 工频电流对人体的影响

电流范围/mA	通电时间	人体生理反应
0~0.5	连续通电	没有感觉
0.5~5	连续通电	开始有感觉，手指、手腕等处有痛感，没有痉挛，可以摆脱带电体
5~30	数分钟以内	痉挛，不能摆脱带电体，呼吸困难，血压升高，是可以忍受的极限
30~50	数秒到数分钟	心脏跳动不规则，昏迷，血压升高，强烈痉挛，时间过长即可引起心室颤动
50~数百	短于心脏搏动周期	受强烈冲击，但未发生心室颤动
	长于心脏搏动周期	昏迷，心室颤动，接触部位留有电流通过的痕迹
超过数百	短于心脏搏动周期	发生心室颤动，昏迷，接触部位留有电流通过的痕迹
	长于心脏搏动周期	心脏跳动停止，昏迷，可能致命

表1-10 通过人体电流大小与人体伤害程度的关系 单位:mA

名称	定义	对成年男性		对成年女性
感知电流	引起人有感觉的最小电流	工频	1.1	0.7
		直流	5.2	3.5
摆脱电流	人体触电后能自主地摆脱电源的最大电流	工频	16	10.5
		直流	76	51
致命电流	在较短时间内危及生命的最小电流	工频	30~50	
		直流	1300(0.3s)、50(3s)	

从表1-9、表1-10可看出，感知电流一般不会对人体造成伤害，但当电流增大时，感觉增强，反应加大；摆脱电流是人体可以承受的最大电流，因而一般不致造成不良后果。

2）人体电阻

通过人体电流的大小，决定于人体的外部电阻和内部电阻以及人体所承受电压的大小。

人体的外部电阻是指人体在接触带电设备时，接触部分表皮与带电体之间的电阻，以及电流通过人体流入大地时人体与大地接触点之间的电阻。这两个电阻与触电者当时所穿的衣服、鞋袜以及身体的潮湿情况有关。

人体的内部电阻是不稳定的。不同的人，生理条件不同，其内部的电阻也不一样。就是同一个人，由于工作环境的不同，劳动量不同，以及触电时接触部位的不同，电阻值也不完全相同。

人体电阻不是固定不变的，它的数值随着接触电压的升高而下降，又随条件不同而在很大范围内变化，例如皮肤潮湿、多处有损伤、遇有导电性粉尘，以及电极与皮肤的接触电面积加大、接触压力增加等情况下，人体电阻都会降低。不同类型的人人体电阻也不同，一般认为人体电阻为1000Ω～2000Ω（不计皮肤角质层电阻）。

3）通电时间长短

电流对人体的伤害与电流作用于人体的时间长短有密切关系。通电时间越长，人体电阻逐渐下降，流过人体的电流也就逐渐加大，后果越严重。电击能量（触电电流大小与触电时间的乘积，通常用它来反应触电危害程度）超过50mA·s时，人就有生命危险。

4）电流频率

电流频率不同，对人体伤害程度也不同。一般来说，常用的50Hz～60Hz工频交流电对人体的伤害最为严重，交流电的频率偏离工频越远，对人体伤害的危险性越低。即50Hz～60Hz的电流最危险；小于或大于50Hz～60Hz的电流，危险性降低，在直流和高频情况下，人体可以耐受较大的电流值。

一般男性对电流的抵抗能力普遍较女性为高。对摆脱电流的能力，工频电流男性约为16mA，女性约为10.5mA（平均值）；直流电流男性约为76mA，女性约为51mA（平均值）。

5）电压高低

一般来说，当人体电阻一定时，人体接触的电压越高，通过人体的电流就越大。实际上，通过人体的电流与作用在人体上的电压不成正比。这是因为随着作用于人体电压的升高，皮肤会破裂，人体电阻急剧下降，电流会迅速增加。当人体接近高压时，还有感应电流的影响，也是很危险的。

6）电流途径

电流通过人体的途径不同，对人体的伤害程度也不同。电流通过心脏会引起心室颤动，较大的电流还会使心脏停止跳动，这两者都会使血液循环中断而导致死亡；电流通过电枢神经系统，会引起中枢神经强烈失调而导致死亡。

7）人体状况

人体本身的状况与触电对人体的伤害程度有着密切关系。

（1）性别：女性对电的敏感性比男性的高，女性的感知电流和摆脱电流约比男性的低1/3，因此在同等的触电电流下女性比男性更难以摆脱。

（2）年龄：在遭受电击后，小孩的伤害程度要比成年人重。

（3）健康状况：凡患有心脏病、神经系统疾病、肺病等严重疾病或体弱多病者，由于自身抵抗能力较差，故比健康人更易受电击伤害。

（4）心理、精神状态：有无思想准备，对电的敏感程度是有差异的，酒醉、疲劳过度、心情欠佳等情况会增加触电伤害程度。

3. 安全电流和安全电压

1）安全电流概念

（1）一般情况下，可以把摆脱电流看作是人体允许的电流。要求流过人体的电流小于摆脱电流，即可把摆脱电流认为是安全电流。

（2）以大小不同的电流作用到人体，根据人体表现出的不同特征来确定安全电流。这些特征是通过科学实验和事故分析得出的，如表1－11所列。

表1－11　电流作用下人体表现的特征

电流/mA	交流电（50Hz～60Hz）	直流电
0.6～1.5	手指开始感觉麻刺	无感觉
2～3	手指感觉强烈麻刺	无感觉
5～7	手指感觉肌肉痉挛	感到灼热和刺痛
8～10	手指关节与手掌感觉痛，手已难于脱电源，但仍能脱离电源	灼热增加
20～25	手指感觉剧痛、迅速麻痹、不能摆脱电源，呼吸困难	灼热更增，手的肌肉开始痉挛

（续）

电流/mA	交流电(50Hz～60Hz)	直 流 电
50～80	呼吸麻痹,心室开始震颤	强烈灼痛,手的肌肉痉挛、呼吸困难
90～100	呼吸麻痹,持续3s或更长时间后心脏麻痹或心房停止跳动	呼吸麻痹
>500	延续1s以上有死亡危险	呼吸麻痹,心室震颤,停止跳动

2)安全电流值

从表1－11可以看出,作用于人体的电流,交流为50Hz～60Hz、10mA,直流50mA时,人手仍能脱离电源,无生命危险,故可把交流50Hz～60Hz、10mA及直流50mA确定为人体的安全电流值。当通过人体的电流低于这个数值时,一般人体是不会受伤害的。但是,如果电流长时间流过人体,再加上其他的不利因素,那么人体也有可能受伤。

从表1－11也可以看出100mA(工频)的电流通过人体3s,就可能使心跳和呼吸停止。在进行电力作业时,若人体误触碰运行中带电的电气设备,通过人体的电流会高达人体安全电流值的几百、几千倍。因此,电力工作人员在操作时一定要高度警惕,千万不要直接接触带电设备,以防发生触电事故。

3)安全电压

(1)定义:在各种不同环境条件下,当人体接触到有一定电压的带电体后,其各部分组织(如皮肤、心脏、呼吸器官和神经系统等)不发生任何损害,该电压称为安全电压。它是为了防止触电事故而采用的由特定电源供电的电压系列,是制定安全措施的依据。

(2)确定安全电压的依据:安全电压是以人体允许通过的电流与人体电阻的乘积来表示的。一般情况下人体的允许电流可以看成是受电击后能摆脱带电体而解除触电危险的电流。人体电阻随条件不同而在很大范围内变化:人体接触电压时,随着电压的升高,人体电阻会下降;人体接触高压时,皮肤因击穿而破裂,人体电阻也会急剧下降。通常,低于40V的对地电压可视为安全电压。国际电工委员会规定接触电压的限定值(相当于安全电压)为50V,并规定在25V以下时不需考虑防止电击的安全措施。接触电压的限定值50V就是根据30mA的人体允许电流和1700Ω人体电阻的条件确定的。也就是说,安全电压系列的上限值决定了在正常工作或故障情况下，两导体间或任一导体与地之间的电压均不得超过交流（50Hz～60Hz）有效值50V。

（3）安全电压等级：根据我国具体条件和环境，我国规定的安全电压等级是42V、36V、24V、12V、6V五个等级。当电气设备的额定电压超过24V安全电压等级时，应采取防止直接接触带电体的保护措施。

（4）安全电压的选用：电气设备的安全电压应根据使用场所、操作人员条件、使用方式、供电方式和线路状况等多种因素选用，我国对此还无具体规定，一般可结合实际情况选用。目前，我国采用的安全电压以36V和12V较多。发电厂生产场所及变电所等处使用的行灯电压一般为36V，在比较危险的地方或工作地点狭窄、周围有大面积接地体、环境湿热场所（如电缆沟、煤斗、油箱等地），所用行灯的电压不准超过12V，其他情况下的安全电压可参照表1－12选用。

表1－12　安全电压的等级及选用举例

安全电压（交流有效值）/V		选用举例
额定值	空载上限值	
42	50	在有触电的危险的场所使用的手持式电动工具等
36	43	在矿井、多导电粉尘等场所使用的行灯等
24 12 6	29 15 8	可供某些人体可能偶然触及带电体的设备选用

需要指出的是，不能认为这些电压就是绝对安全的，如果人体在汗湿、皮肤破裂等情况下长时间触及电源，也可能发生电击伤害。不同电压等级对人体的影响如表1－13所列。

表1－13　电压等级对人体的影响

电压/V	对人体的影响	电压/V	对人体的影响
20	湿手的安全界限	100～200	危险性急剧增大
30	干燥手的安全界限		
50	人生命无危险的界限	200～3000	人生命发生危险

4. 触电形式及危险程度

常见的触电形式及危险程度如表1－14所列。

表 1-14 常见的触电形式及危险程度

触电形式	触电情况及危险程度	图示
单相触电（变压器低压侧中性点直接接地）	电流从一根相线经过电气设备、人体再经大地流回到中性点，这时加在人体的电压是相电压，其危险程度取决于人体与地面的接触电阻	L1 L2 L3
单相触电（变压器低压侧中性点不接地）	在 1000V 以下，人碰到任何一相后，电流经电气设备，通过人体到另外两根相线对地绝缘电阻和分布电容而形成回路。如果绝缘良好，一般不会发生触电危险；如果绝缘很差，或者绝缘被破坏，就有触电危险。 6kV ~ 10kV，由于电压高，所以触电电流大，几乎是致命的，加上电弧灼伤，情况更严重	L1 L2 L3
两相触电	电流从一根相线经过人体流至另一根相线，在电流回路中只有人体电阻，在这种情况下，触电者即使穿上绝缘鞋或站在绝缘台上也起不了保护作用，所以两相触电是很危险的	L1 L2 L3
跨步电压触电	如输电线断线，则电流经过接地体向大地作半环形流散，并在接地点周围地面产生一个相当大的电场，电场强度随离断线点距离的增加而减小 距断线点 1m 范围内，约有 60% 的电压降；距断线点 2m ~ 10m 范围内，约有 24% 的电压降；距断线点 11m ~ 20m 范围内，约有 8% 的电压降	L1 L2 跨步电压 0.8m S 20m

（续）

触电形式	触电情况及危险程度	图 示
接触电压触电	当电气设备因绝缘损坏而发生接地故障时，如人体的两个部分（通常是手和脚）同时触及漏电设备的外壳和地面，人体两部分别处于不同的电位，其间的电位差即为接触电压，用 U_{j} 表示。右图所示的触电者手（电压 U_1）、脚（电压 U_2）之间的电位差 $U_{\mathrm{j}}=U_1-U_2$ 便是该触电者承受的接触电压。在电气安全技术中，是以站立在离漏电设备水平方向 0.8m 的人，手触及漏电设备外壳距地面 1.8m 处时，其手与脚两点间的电位差为接触电压计算值。由于受接触电压作用而导致的触电现象称为接触电压触电。接触电压的大小，随人体站立点的位置而异。人体距离接地极越远，受到的接触电压越高，如右图曲线 4 所示。当 2 号电动机碰壳时，离接地极（电流入地点）远的 3 号电动机的接触电压比离接地极近的 1 号电动机的接触电压高，即 $U_{\mathrm{j3}}>U_{\mathrm{j1}}$，这是因为三台电动机的外壳都等于接地极电位之故	 1—接地体；2—漏电设备；3—设备出现接地故障时，接地体附近各点电位分布曲线；4—人体距接地体位置不同时，接触电压变化曲线。
感应电压触电	由于带电设备的电磁感应和静电感应作用，将会在附近停电设备上感应出一定的电位，其数值大小，决定于带电设备的电压、几何对称度、停电设备与带电设备的位置对称性以及两者的接近程度、平行距离等因素。 在电气工作中，感应电压触电事故屡有发生，甚至可能造成死亡，尤其是随着系统电压的不断提高，感应电压触电的问题将更为突出。 由于电力线路对通信等弱电线路的危险感应，还经常造成通信设备损坏，甚至使工作人员触电伤亡，因此也必须对此引起注意	

（续）

触电形式	触电情况及危险程度	图示
剩余电荷触电	电气设备相互以及对地之间都存在着一定的电容效应，当断开电源时，由于电容具有储存电荷的特点，因此在刚断开电源的停电设备上将保留一定的电荷，就是所谓的剩余电荷。此时如人体触及停电设备，就可能遭到剩余电荷的电击。设备的电容量越大，遭受电击的程度也越重。因此对未装地线而且有较大容量的被试设备，应先行放电再做试验。 高压直流试验时，每告一段落或试验结束时，应将设备对地放电数次并短路接地，放电应三相逐相进行。对并联补偿的电力电容器，即使装有能自动进行放电的装置，工作前也还应逐相对地进行多次放电；对星形联结的电力电容器，还必须对中性点进行多次对地放电。另外，在开始工作前，将停电设备三相短路接地，就可达到将剩余电荷泄放至大地的目的	
静电危害	静电主要是由于不同物质互相摩擦产生的，摩擦速度越高、距离越长、压力越大，摩擦产生的静电越多。另外产生静电的多少还和两种物质的性质有关。 静电的危害主要是由于静电放电引起火灾或爆炸，但当静电大量积累产生很高的电压时，也会对人身造成伤害	

（续）

触电形式	触电情况及危险程度	图示
雷电触电	雷电是自然界的一种放电现象，在本质上与一般电容器的放电现象相同，所不同的是作为雷电放电的两个极板大多是两块雷云，同时雷云之间的距离要比一般电容器极板间的距离大得多，通常可达数千米。因此可以说是一种特殊的"电容器"放电现象。 除多数放电在雷云之间发生外，也有一小部分的放电发生在雷云和大地之间，即所谓落地雷。就雷电对设备和人身的危害来说，主要危险来自落地雷。 落地雷具有很大的破坏性，其电压可高达数百万到数千万伏，雷电流可高至几十千安，少数可高达数百千安。雷电的放电时间较短，只有50s～100s。雷电具有电流大，时间短、频率高电压高的特点。 人体如直接遭受雷击，其后果不堪设想。但多数雷电伤害事故，是由于反击或雷电流引入大地后，在地面产生很高的冲击电流，使人体遭受冲击跨步电压或冲击接触电压而造成电击伤害的	

1.4.2 触电救护

迅速正确地对触电者进行现场就地急救，是抢救触电人的关键。凡从事电工工作的人应熟悉并能熟练应用触电急救法。

1. 脱离电源的方法和措施

脱离电源的方法和措施要根据现场具体条件果断选择。脱离电源的方法如表1－15所列。

2. 触电人脱离电源后的抢救

触电人脱离电源后的抢救如表1－16所列。

表1-15 触电解脱电源的措施

触电现场情况	脱离电源的措施
触电者触及低压带电设备	①救护人员应设法迅速脱离电源,如拉开电源开关或刀开关或拔除电源插头等,或使用干燥的绝缘工具、干燥的木棒、木板等不导电材料解脱触电者; ②也可抓住触电者干燥而不贴身的衣服,将其拖开; ③戴绝缘手套或将手用干燥的衣物等包起绝缘后再解脱触电者; ④救护人站在绝缘垫上或干木板上,把自己绝缘后再进行救护; ⑤为使触电者与导电体解脱,最好用一只手进行; ⑥若电流通过触电者入地,并且触电者紧握电线,可设法用干木板塞到身下,与地绝缘,也可用干木把斧子或有绝缘柄的钳子等将电线剪断,剪断电线要分相,一根一根地剪断
触电者触及高压带电设备	①救护人员应迅速切断电源,或用适合电压等级的绝缘工具(如戴绝缘手套、穿绝缘靴并用绝缘棒)解脱触电者; ②救护人应注意自身与周围带电部分留有足够的安全距离
触电发生在架空杆塔上	①如系低压带电线路,若可能立即切断线路电源的,应迅速切断电源,或由救护人员迅速登杆,用绝缘钳、干燥不导电物体将触电者拉离电源; ②如系高压带电线路又不可能迅速切断电源开关的,可采用抛挂临时金属短路线的方法,使电源开关跳闸; ③救护人使触电者脱离电源时,要注意防止高处坠落和再次触及其他线路
触电者触及断落在地上的带电高压导线	①如尚未明确线路是否有电,救护人员在未做好安全措施(如穿绝缘靴或临时双脚并紧跳跃地接近触电者前),不能接近断线点周围8m~10m以内,以防跨步电压伤人; ②触电者脱离电源后,就被迅速带至8m~10m以外,开始急救

表 1－16　触电人脱离电源后的抢救

序号	触电人症状	急救方法
1	触电者神志清醒，感觉心慌，四肢发麻，全身无力	应使其就地躺平，严密观察，暂时不要使其站立或走动
2	触电者神志不清醒	应使其就地仰面躺平，且确保气道通畅，并用5s时间。呼叫伤员或轻拍其肩部，以判定是否意志丧失，禁止摇动伤员头部呼叫伤员
3	有呼吸但心脏停止跳动	采用胸外心脏挤压法
4	心脏有跳动，但呼吸停止	采用口对口人工呼吸
5	心脏和呼吸都停止	应同时采用口对口人工呼吸和胸外心脏按压

3. 口对口(鼻)人工呼吸和胸外按压

(1)口对口(鼻)人工呼吸法如表 1－17 所列。

表 1－17　口对口(鼻)人工呼吸法

步骤	图解	操作要领
(1)通畅气道	仰头抬颏法 气道通畅　气道阴塞	①触电者呼吸停止，重要的是确保气道通畅，如发现伤员口内有异物，可将其身体及头部同时偏转，并迅速用手指从口角处插入取出； ②通畅气道可采用仰头抬颏法，严禁用枕头或其他物品垫在伤员头下
(2)捏鼻掰嘴		救护人用一只手捏紧触电人的鼻孔(不要漏气)，另一只手将触电人的下颏拉向前方，使嘴张开(嘴上可盖一块纱布或薄布)

(续)

步骤	图解	操作要领
(3)贴紧吹气		救护人作深呼吸后,紧贴触电人的嘴(不要漏气)吹气,先连续大口吹气两次,每次1s~1.5s;如两次吹气后试测颈动脉仍不搏动,可判定心跳已经停止,要立即同时进行胸外按压
(4)放松换气		救护人吹气完毕准备换气时,应立即离开触电人的嘴,并放松捏紧的鼻孔;除开始大口吹气两次外,正常口对口(鼻)呼吸的吹气量不需过大,以免引起胃膨胀;吹气和放松时要注意伤员胸部应有起伏的呼吸动作。吹气时如有较大阻力,可能是头部后仰不够,应及时纠正
(5)操作频率		按以上步骤连续不断地进行操作,每分钟约吹气12次,即每5s吹一次气,吹气约2s,呼气约3s,如果触电人的牙关紧闭,不易撬开,可捏紧嘴,向鼻孔吹气

(2)胸外心脏按压法如表1-18所列。

表1-18 胸外心脏按压法操作步骤

步骤	图解	操作要领
(1)找准正确压点		正确的按压位置是保证胸外按压效果的前提,确定正确按压位置的步骤如下: ①右手的食指和中指沿触电者的右侧肋弓下缘向上,找到肋骨和胸骨接合处的中点; ②两手指并齐,中指放在切迹中点(剑突底部)食指平放在胸骨下部; ③另一只手的掌根紧挨食指上缘置于胸骨上,即为正确的按压位置

（续）

步骤	图解	操作要领
(2)正确的按压姿势		①使触电者仰面躺在平硬的地方，救护人员站立或跪在伤员一侧肩旁，两肩位于伤员胸骨正上方，两臂伸直，肘关节固定不屈，两手掌根相叠，手指翘起，不接触伤员胸壁； ②以髋关节为支点，利用上身的重量，垂直将正常成人胸骨压陷 3cm～5cm（儿童及瘦弱者酌减）； ③按压至要求程度后，立即全部放松，但放松时救护人的掌根不得离开胸壁； ④按压必须有效，其标志是按压过程中可以触摸到颈动脉搏动
(3)操作频率		胸外按压应以均匀速度进行，每分钟 80 次左右，每次按压与放松时间相等

第 2 章　室内配线

2.1 概　　述

2.1.1　室内配线的种类

室内配线就是常说的内线工程。按敷线的方式分为明配线和暗配线两种。导线沿墙壁、天花板、桁架及柱子等明敷设称为明配线。明配线方式通常有瓷(塑)夹板配线、瓷瓶配线、瓷珠(瓷柱)配线、槽板配线、钢(塑料)管配线、铅皮卡(钢精轧头)配线以及钢索配线等。导线穿管埋设在墙内、地坪内,装设在顶棚内称为暗配线。暗配线需与土建施工配合,而且与土建结构、配电箱、盘、柜的安装方式有关,如何进行室内配线,必须按设计要求进行施工。通常是明配管对应于明配电箱、盒、盘;暗配管对应于暗装箱、盘。

2.1.2　室内配线的技术要求

(1)使用导线的额定电压应大于线路的工作电压。导线的绝缘应符合线路的安装方式和敷设的环境条件。导线的截面应满足供电和机械强度的要求。

(2)导线应尽量避免有接头,因为常常由于导线接头不好而造成事故。接头必须采取压接方式和焊接方式。导线连接和分支处不应受机械力的作用。穿在管内的导线,在任何情况下,都不能有接头。必要时,尽可能将接头放在接线盒或灯头盒内。

(3)明配线路在建筑物内安装时要保持水平和垂直。水平敷设时,导线距地面不小于 2.5m;垂直敷设时,导线离地面不小于 2m。否则应将导线穿在管内,以防机械损伤。配线位置应便于检查和维修。

(4)当导线穿过楼板时,要用钢管加以保护,钢管长度应从离楼板面 2m 高处,到楼板下出口处为止。导线穿墙要加装保护套管,保护套管可采用瓷管、钢管、塑料管,保护套管两端出线口伸出墙面不小于 10mm,以防止导线和墙壁接触,避免墙壁潮湿而产生漏电等现象。当导线沿墙壁或天花板敷设时,导线与建筑物之间的距离一般不小于10mm。在通过伸缩缝的地方,导线敷设应稍微松弛,对于钢管配线,应装补偿盒,以适应建筑物的伸缩性。当导线互相交叉时,为避免碰线,在每根导线上套以塑料管或其他绝缘管,并将套管固定牢,不使其移动。

(5)为确保安全用电,室内电气管线和配电设备与其他管道、设备间以及建筑物、与地面的最小距离都有一定的规定,如表2-1~表2-6所列。

表2-1 明布线的有关距离要求

固定方式	导线截面/mm^2	固定点最大距离/m	线间最小距离/m	与地面最小距离/m	
				水平布线	垂直布线
槽板	≤4	0.5	—	2	1.3
卡钉	≤10	0.2	—	2	1.3
瓷(塑料)	≤6	0.8	25	2	1.3
夹	≤16	3	50	2	1.3(2.7)
瓷柱	16~25	3	100	2.5	1.8(2.7)
瓷瓶	≥35	6	150	2.5	1.8(2.7)
注:括号内数字指屋外敷设时的要求					

表2-2 管配线明敷时固定点的最大距离 单位:m

管子类别	管径/mm				
	≤20	25~32	40	50	65~100
钢管	1.5	2	2.5	2.5	3.5
电线管	1	1.5	2		—
硬塑料管	1	1.5	2.5	2	2
注:电线管管径指外径,其余指内径					

表2-3 绝缘导线至建筑物间的距离

布线位置	最小距离/mm
水平敷设时垂直距离:在阳台、平台上和跨越建筑屋顶	2500
在窗户上	300
在窗户下	800
垂直敷设时至阳台、窗户的水平距离	600
导线至墙壁和构件的距离(挑檐下除外)	35

表 2-4 屋内电气管线和电缆与其他管道之间的最小净距

单位:m

敷设方式	管线及设备名称	管线	电缆	绝缘导线	裸母线	滑触线	插接式母线	配电设备
平行	煤气管	0.1	0.5	1.0	1.5	1.5	1.5	1.5
	乙炔管	0.1	1.0	1.0	2.0	3.0	3.0	3.0
	氧气管	0.1	0.5	0.5	1.5	1.5	1.5	1.5
	蒸汽管	0.1/0.5	1.0/0.5	1.0/0.5	1.5	1.5	1.0/0.5	0.5
	热水管	0.3/0.2	0.05	0.3/0.2	1.5	1.5	0.3/0.2	0.1
	通风管		0.5	0.1	1.5	1.5	0.1	0.1
	上下水管	0.1	0.5	0.1	1.5	1.5	0.1	0.1
	压缩空气管		0.5	0.1	1.5	1.5	0.1	0.1
	工艺设备				1.5	1.5		
交叉	煤气管	0.1	0.3	0.3	0.5	0.5	0.5	
	乙炔管	0.1	0.5	0.5	0.5	0.5	0.5	
	氧气管	0.1	0.3	0.3	0.5	0.5	0.5	
	蒸汽管	0.3	0.3	0.3	0.5	0.5	0.3	
	热水管	0.1	0.1	0.1	0.5	0.5	0.1	
	通风管		0.1	0.1	0.5	0.5	0.1	
	上下水管		0.1	0.1	0.5	0.5	0.1	
	压缩空气管		0.1	0.1	0.5	0.5	0.1	
	工艺设备				1.5	1.5		

注：①表中的分数,分子数字为线路在管道上面时和分母数字为管道下面时的最小净距。

②电气管线与蒸汽管不能保持表中距离时,可在蒸汽管与电气管线之间加隔热层,这样平行净距可减至0.2m,交叉处只考虑施工维修方便。

③ 电气管线与热水管线不能保持表中距离时,可在热水管外包隔热层。

④ 裸母线与其他管道交叉不能保持表中距离时,应在交叉处的裸母线外面加装保护网或罩

表 2-5 室内外绝缘导线间最小距离(电压 1kV 及以下)

固定点间距/m	导线最小间距/mm		固定点间距/m	导线最小间距/mm	
	室内配线	室外配线		室内配线	室外配线
<1.5	35	100	3~6	70	100
1.5~3	50	100	>6	100	150

表 2－6　接户线的线间最小距离

电压	架设方式	档距/m	线间距离/mm
1kV 及以下电压	从电杆上引下	≤2.5	150
	沿墙敷设	≤6	100
		>6	150
6kV～10kV 高压		≤30	450

2.1.3　导线及线管的选择

室内配线安装方式和导线的选择，一般根据周围环境的特征以及安全要求等因素决定，如表 2－7 所列。

表 2－7　室内线路的安装方式及导线的选用

环境特征	配线方式	常用导线
干燥环境	瓷(塑料)夹板、铝片卡、明配线	BLV、BLW、BLXF、BLX
	绝缘子明配线	BLV、LJ、BLXF、BLX
	穿管明敷或暗敷	BLV、BLXF、BLX
潮湿和特别潮湿的环境	绝缘子明配线(敷设高度大于 3.5m)	BLV、BLXF、BLX
	穿塑料管、钢管明敷或暗敷	
多尘环境(不包括火灾及爆炸危险尘埃)	绝缘子明配线	BLV、BLVV、BLXF、BLX
	穿管明敷或暗敷	BLV、BLXF、BLX
有腐蚀性的环境	绝缘子明配线	BLV、BLX
	穿塑料管明敷或暗敷	BLV、BV、BLXF
有火灾危险的环境	绝缘子明配线	BLV、BLX
	穿钢管明敷或暗敷	
有爆炸危险的环境	穿钢管明敷或暗敷	BV、BX

根据使用场合，选择线管的种类，如表 2－8 所列。还要根据所穿导线根数选择线管的标称直径，如表 2－9、表 2－10 所列。

表 2－8　线管种类及使用场合

线管名称	使用场合	最小允许管径
白铁管(又称水煤气管和有缝钢管)	适用于潮湿和有腐蚀气体场所内明敷或埋地	最小管径应大于内径 9.5mm
电　线　管	适用于干燥场所的明敷或暗敷	最小管径应大于内径 9.5mm
硬塑料管	适用于腐蚀性较强的场所明敷或暗敷	最小管径应大于内径 10.5mm

表 2-9 导线穿白铁管的标称直径选择

导线标称截面积/mm² \ 白铁管最小标称直径/mm \ 导线根数	2	3	4	5	6	7	8	9	10
1	10	10	10	15	15	20	20	25	25
1.5	10	15	15	20	20	20	25	25	25
2	10	15	15	20	20	25	25	25	25
2.5	15	15	15	20	20	25	25	25	25
3	15	15	20	20	20	25	25	32	32
4	15	20	20	20	25	25	25	32	32
5	15	20	20	20	25	25	32	32	32
6	20	20	20	25	25	25	32	32	32
8	20	20	25	25	32	32	32	32	40
10	20	25	25	32	32	40	40	50	50
16	25	25	32	32	40	50	50	50	50
20	25	32	32	40	50	50	50	70	70
25	32	32	40	40	50	50	70	70	70
35	32	40	50	50	50	70	70	70	80
50	40	50	50	70	70	70	80	80	80
70	50	50	70	70	80	80	—	—	—
95	50	70	70	80	80	—	—	—	—
120	70	70	80	80	—	—	—	—	—
150	70	70	80	—	—	—	—	—	—
185	70	80	—	—	—	—	—	—	—

表 2－10　导线穿电线管的标称直径选择

导线标称截面积/mm² ＼ 导线根数 / 电线管标称直径/mm	2	3	4	5	6	7	8	9	10
1	12	15	15	20	20	25	25	25	25
1. 5	12	25	20	20	25	25	25	25	25
2	15	15	20	20	25	25	25	25	25
2. 5	15	15	20	25	25	25	25	25	32
3	15	15	20	25	25	25	25	32	32
4	15	20	25	25	25	25	32	32	32
5	15	20	25	25	25	25	32	32	32
6	15	20	25	25	25	32	32	32	32
8	20	25	25	32	32	32	40	40	40
10	25	25	32	32	40	40	40	50	50
16	25	32	32	40	40	50	50	50	50
20	25	32	40	40	50	50	50	70	70
25	32	40	40	50	50	70	70	70	70
35	32	40	50	50	70	70	70	70	80
50	40	50	70	70	70	70	80	80	80
70	50	50	70	70	80	80	80	—	—
95	50	70	70	80	80	—	—	—	—
120	70	70	80	80	—	—	—	—	—

2.1.4　配线的工序

配线主要包括以下内容：

(1)按施工图纸确定灯具、插座、开关、配电箱和启动设备等的位置。

(2)沿建筑物确定导线敷设的路径及穿过墙壁或楼板的位置。

(3)在土建未抹灰前，将安装线路所需的全部固定点打好孔眼，预埋木榫或膨胀螺栓的套筒。

(4)装设瓷夹板、铝夹片或电线管。

(5)敷设导线。

（6）导线连接、分支和封端，并将导线的出线端与灯具、插座、开关、配电箱等设备连接。

2.1.5 室内器具位置选择

1. 跷板（扳把）开关盒位置确定

（1）明、暗装扳把或跷板及触摸开关盒，一般距地面高度为1.3m，如安装在门旁时距门框的水平距离应为150mm～200mm。

（2）暗装开关盒在门旁时，为了使盒内立管躲开门上方预制过梁，也可在距门框边250mm处设置，但同一工程中位置应一致。开关盒的设置应先考虑门的开启方向，以方便操作。

（3）当门框旁设有混凝土柱且门旁混凝土柱的宽度为240m柱旁有墙时，应将盒设在柱外贴紧柱子处。当柱宽度为370mm时，应将86系列开关盒埋设在柱内距柱旁180mm的位置上，当柱旁无墙或柱子与墙平面不在同一直线上时，应将开关盒设在柱内中心位置上。对于146系列，只能将盒位改设在其他位置上。

（4）当门口处设有装饰贴脸时，盒边距门框边的距离应适当增加贴脸宽度的尺寸，尽量与装饰贴脸协调、美观。

（5）在确定门旁开关盒位置时，除了门的开启方向外，还应考虑与门平行的墙垛的尺寸，设置86系列盒时，墙垛尺寸不应小于370mm，设置146系列盒时，墙垛的尺寸不应小于450mm，且盒应设在墙垛中心处。如门旁墙垛尺寸大于700mm时，开关盒位就应在距门框边180mm处设置。

（6）在门旁边与开启方向相同一侧的墙垛小于370mm，且有与门垂直的墙体时，应将开关盒设在此墙上，盒边应距与门平行的墙体内侧250mm。

（7）在与门开启方向一侧墙体上无法设置盒位，而在门后有与门垂直的墙体时，开关盒应设在距与门垂直的墙体内侧1m处，可防止门开启后开关被挡在门后。

（8）当门后有拐角长为1.2m墙体时，开关盒应设在墙体门开启后的外边，当拐角墙长度小于1.2m时，开关盒设在拐角另一面的墙上，盒边距离拐角处250mm。

（9）如果两门中间墙体宽为0.37mm～1.0m，当在此墙处设有一个开关时，开关盒宜设在墙垛的中心处。如果墙体超过1.2m时，应在两门边分别设置开关盒，盒边距门180mm。

（10）楼梯间的照明灯控制开关，应设在方便使用和利于维修之处，不应设在楼梯踏步上方，当条件受限制时，开关距地高度应以楼梯踏步表面确定标高。

(11)厨房、厕所(卫生间)、洗漱室等潮湿场所的开关盒应设在房间的外墙处，必须设置在房间内时应使用防溅开关盒。

(12)走廊灯的开关盒，应在距灯位较近处设置，当开关盒距门框(或洞口)旁不远处时，也应将盒设在距门框(或洞口)边180mm或250mm处。

(13)壁灯(或起夜灯)的开关盒，应设在灯位盒的正下方，并在同一垂直线上。

(14)室外门灯、雨棚灯的开关盒不宜设在外墙处，应设在建筑物的内墙上。

2. 插座盒位置确定

(1)插座是线路中最容易发生故障的地方，插座的型式、安装高度及位置，应根据工艺和周围环境及使用功能确定，应保证安全、方便、利于维修。

(2)安装插座应使用开关盒，且与插座盖板相配套。

(3)插座盒一般应在距室内地坪1.3m处埋设，潮湿场所其安装高度应不低于1.5m。

(4)托儿所、幼儿园及小学校、儿童活动场所，应在距室内地坪不低于1.8m处埋设。

(5)在车间及实验室安装插座盒，应在距地坪不低于300mm处埋设；特殊场所一般不应低于150mm，但应首先考虑好与采暖管的距离。

(6)住宅内插座盒距地1.8m及以上时，可采用普通型插座；如使用安全插座时，安装高度可为300mm。

(7)住宅$10m^2$及以上的居室中，应在最易使用插座的两面墙上各设置一个插座位置；$10m^2$以下的居室中，可设置一个插座；过厅可设一个插座位置。

(8)旅馆客房各种插座及床头控制板用接线盒，一般装在墙上，当隔音条件要求高且条件允许时，可安装在地面上。

(9)为了方便插座的使用，在设置插座盒时应事先考虑好，插座不应被挡在门后，在跷板等开关的垂直上方或拉线开关的垂直下方，不应设置插座盒，插座盒与开关盒的水平距离不小于250mm。

(10)为使用安全，插座盒(箱)不应设在水池、水槽(盆)及散热器的上方，更不能被挡在散热器的背后。

(11)插座如设在窗口两侧时，应对照采暖图，插座盒应设在采暖立管相对应的窗口另一侧墙垛上。

(12)插座盒不应设在室内墙裙或踢脚板的上皮线上,也不应设在室内最上皮瓷砖的上口线上。

(13)插座盒不宜设在宽度小于370mm墙垛(或混凝土柱)上。如墙垛或柱宽为370mm时,应设在中心处,以求美观大方。

(14)住宅楼餐厅内只设计一个插座时,应首先考虑在能放置冰箱的位置处设置插座盒。随着厨用电器的增多,厨房内应设有多个三眼插座盒,装在橱柜上或橱柜对面墙上。

(15)住宅厨房内设置供排油烟机使用的插座盒,应设在煤气台板的侧上方。

3. 照明灯具位置的确定

(1)照明灯具安装位置,要根据房间的用途、室内采光方向以及门的位置和楼板的结构等因素确定。

(2)照明灯具安装除板孔穿线和板孔内配管,需在板孔处打洞安装灯具外,其他暗配管施工均需设置灯位盒即90mm×90mm×45mm八角盒。

(3)室外照明灯具在墙上安装时,不可低于2.5m;室内灯具一般不低于2.4m;住宅壁灯(或起夜灯)由于楼层高度的限制,灯具安装高度可用适当降低,但不低于2.2m;旅馆床头灯不低于1.5m。

4. 壁灯灯盒位置确定

(1)壁灯灯具的安装高度系指灯具中心对地而言,故在确定灯位盒时,应根据所采用灯具的式样及灯具高度,准确确定灯位盒的预埋高度。

(2)壁灯如在柱上安装灯位盒应设在柱中心位置上。

(3)壁灯灯位盒在窗间墙上设置时,应预先考虑好采暖立管的位置,防止灯位盒被采暖管挡在后面。

(4)住宅蹲便厕所(卫生间)一般宜设置壁灯,坐便厕所在有条件时也宜设壁灯,其壁灯灯位盒应躲开给、排水管及高位水箱的位置。

(5)成排埋设安装壁灯的灯位盒,应在同一直线上,高低位差不大于5mm。可防止安装灯具后超差。

5. 楼(屋)面板上灯位盒位置确定

(1)楼板上设置照明灯灯位盒,应根据楼板的结构型式及管子敷设的部位确定。

(2)现浇混凝土楼板,当室内只有一盏灯时,其灯位盒应设在纵横轴中心的交叉处。有两盏灯时,灯位盒应设在短轴线中心与长轴线1/4的交叉处。

(3)现浇混凝土楼板上设置按几何图形组成的灯位，灯位盒的位置应相互对称。

(4)预制空心楼板配管管路需沿板缝敷设时，特别是同一房间使用不同宽度的楼板时，为了在合理位置上安装管路及灯具，电工要配合安排好楼板的排列次序，以利配管方便和电气装置安装对称。

(5)预制空心楼板，室内只有一盏灯时，灯位盒应设在接近屋中心的板缝内。由于楼板宽度的限制，灯位无法在中心时，应设在略偏向窗户一侧的板缝内。如果室内设有两盏(排)灯时，两灯位之间的距离，应尽量等于墙距离的2倍。如室内有梁时灯位盒距梁侧面的距离，应与距墙的距离相同。

(6)成套(组装)吊链荧光灯灯位盒埋设，应先考虑好灯具吊链开档的距离；安装简易荧光灯的两个灯位盒中心距离应符合下列要求：

①20W荧光灯为600mm。

②30W荧光灯为900mm。

③40W荧光灯为1200mm。

(7)楼(屋)面板上设置三个及以上成排灯位盒时，应沿灯位盒中心处拉通线定灯位，成排的灯位盒应在同一条直线上，偏差不应大于5mm。

(8)公共建筑走廊照明灯，应按其顶部建筑结构不同来合理地布置灯位盒的位置，当走廊顶部无凸出楼板下部的梁时，除考虑好楼梯对应处的灯位盒外，其他灯位盒宜均匀分布；如有凸出楼板下部的梁，确定灯位盒时，应考虑到灯位与梁的位置关系，灯位盒与梁之间的距离应协调，均匀一致，力求实用美观。

(9)住宅楼厨房灯位盒，应设在厨房间本体的中心处；厕所(卫生间)吸顶灯灯位盒一般不宜设在其本体的中心处，应配合给排水、暖卫专业，确定适当位置，但应在窄面的中心处，其灯位盒及配管距预留孔边缘不小于200mm，防止管道预留孔不正而扩孔时，破坏电气管、盒。

6. 中间接线盒位置确定

(1)管敷设应尽量减少中间接线盒，只有在管较长或有弯曲时(管入盒处弯曲除外)，才允许加装接线盒或放大管径。

(2)管水平敷设时，接线点之间距离应符合下列要求：

①无弯管，不超过30m。

②两个接线点之间有一个弯时，不超过20m。

③两个接线点之间有二个弯时，不超过15m。

④两个接线点之间有三个弯时，不超过8m。

⑤暗配管两个接线点之间不允许出现4个弯。

(3)管垂直敷设时,距离要符合下列要求:

①无弯管,不超过30m。

②导线截面$50mm^2$以下为30m。

③导线截面$70mm^2$ ~ $95mm^2$为20m。

④导线截面$120mm^2$ ~ $240mm^2$为18m。

(4)管路的弯曲角度,规定为90° ~105°;当弯曲角度大于此值时,每两个120° ~150°弯折算为一个弯曲角度;管进盒处的弯曲不应按弯计算。

2.2 硬质塑料管暗敷设

2.2.1 硬质塑料管及其附件的选择

1. 无增塑钢性PVC管及附件规格尺寸

(1)无增塑钢性PVC管规格尺寸如图2-1所示。

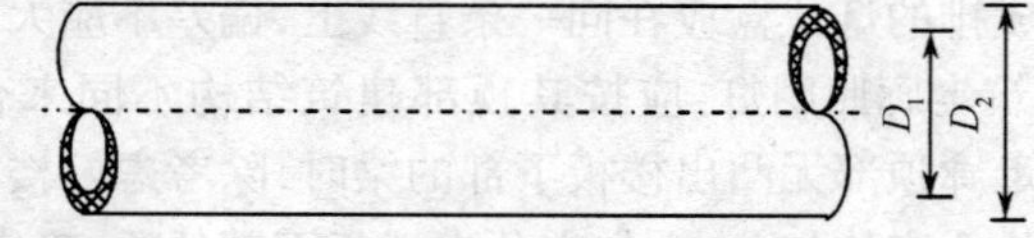

公称尺寸	D_2/mm	D_1/mm	壁厚/mm
DN16	16 ~0.3	>12.2	1.7
DN20	20 ~0.3	>15.8	1.8
DN25	25 ~0.4	>20.6	1.9
DN32	32 ~0.4	>26.6	2.5
DN40	40 ~0.4	>34.4	2.5
DN50	50 ~0.4	>43.2	3.0
DN63	63 ~0.5	>56	3.2

图2-1 无增塑钢性PVC管规格尺寸

(2)无增塑钢性PVC管接头规格尺寸如图2-2所示。

(3)无增塑钢性PVC入盒接头及入盒锁扣规格尺寸如图2-3所示。

(4)无增塑钢性PVC变径接头规格尺寸如图2-4所示。

(5)无增塑钢性PVC明/暗装圆形灯头盒盖规格尺寸如图2-5所示。

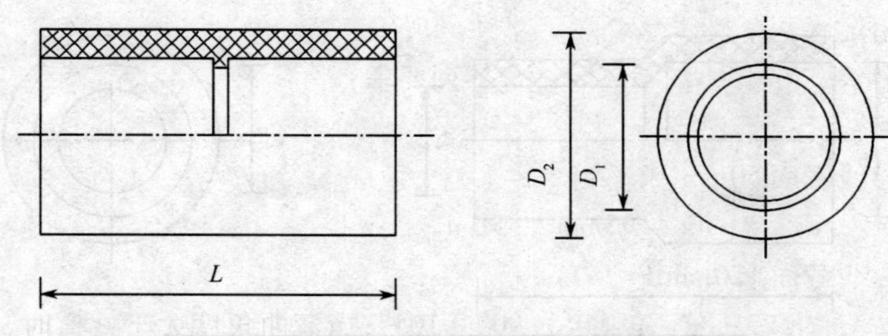

配用管径	D_1/mm	D_2/mm	L/mm
DN16	16	20	30
DN20	20	24	42
DN25	25	30	42
DN32	32	37	52
DN40	40	45	58
DN50	50	55	62
DN63	60	68	70

图 2-2　无增塑钢性 PVC 管接头规格尺寸

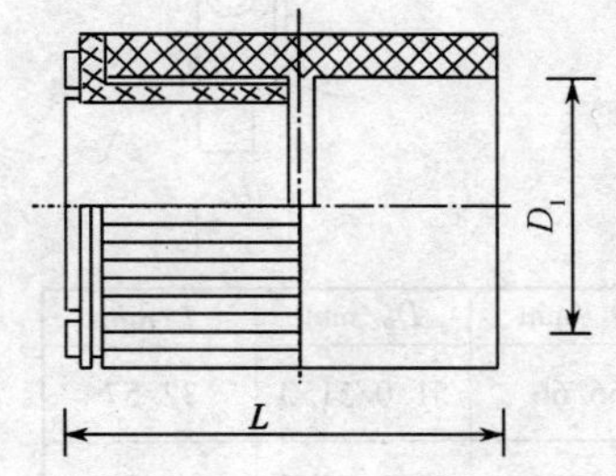

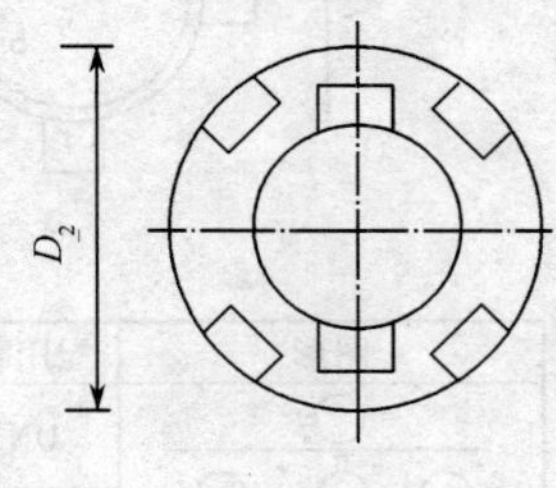

配用管径	D_1/mm	D_2/mm	L/mm
DN16	16	21	33
DN20	20	25	35
DN25	25	31	35
DN32	32	40	42
DN40	40	48	45.5
DN50	50	58	55.5
DN63	60	71	79.5

图 2-3　无增塑钢性 PVC 入盒接头及入盒锁扣规格尺寸

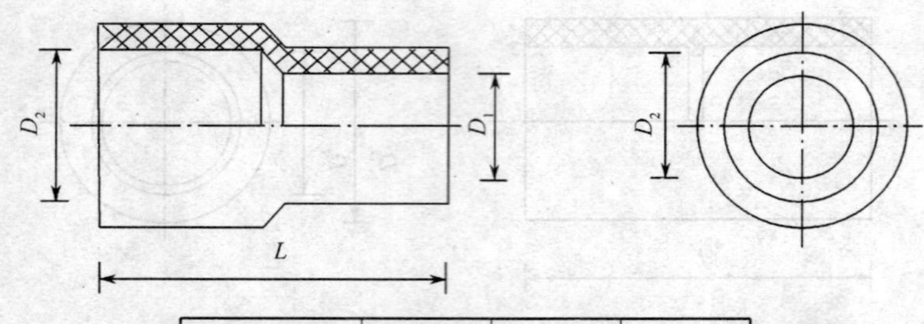

配用管径	D_1/mm	D_2/mm	L/mm
DN20/DN16	16	20	43. 5
DN25/DN20	20	25	48. 5
DN32/DN25	25	32	54
DN40/DN32	32	40	59
DN50/N40	40	50	65
DN63/N50	50	63	71

图 2－4　无增塑钢性 PVC 变径接头规格尺寸

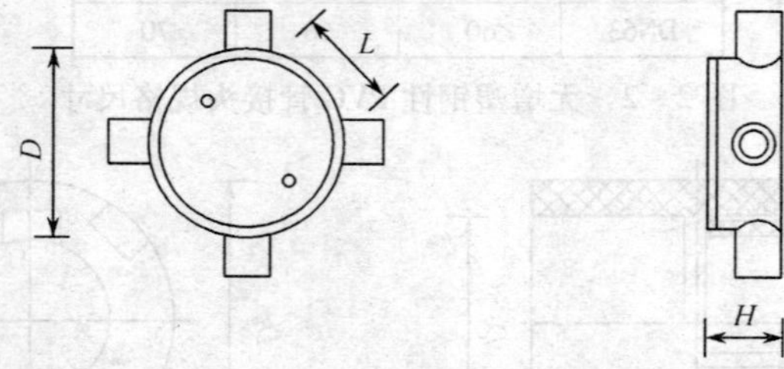

图形	配用管径	D_1/mm	D_2/mm	L/mm
	DN16	66/66	51. 0/51. 0	32/57
	DN20	66/66	50. 8/50. 8	32/63. 9
	DN25	64/65	50/50. 7	35/66

图 2－5　无增塑钢性 PVC 明/暗装圆形灯头盒规格尺寸

(6)无增塑钢性 PVC 增高圆规格尺寸如图 2－6 所示。

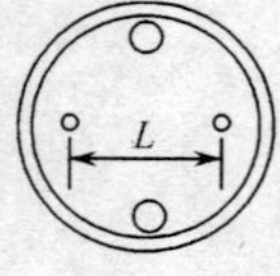

配用管径	D/mm	L/mm	H/mm
DN16	66	50. 8	12
DN20	66	50. 8	25
	64	50	16. 5
DN25	64	50	31. 5

图 2－6　无增塑钢性 PVC 增高圆规格尺寸

(7) 无增塑钢性 PVC 明暗装开关盒规格尺寸如图 2-7 所示。

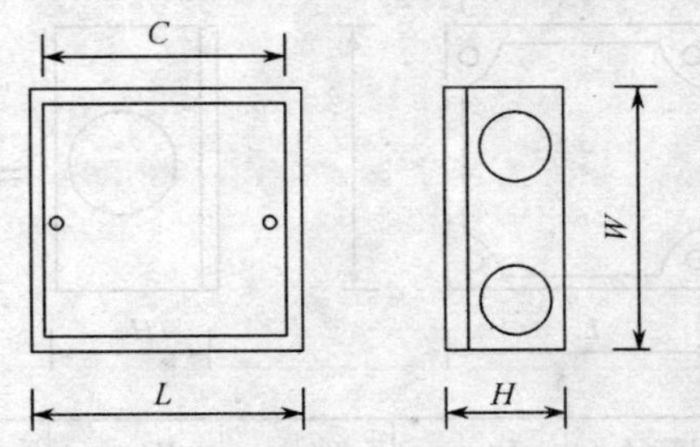

配用管径	L/mm	W/mm	H/mm	C/mm
DN16	75/77	75/77	40/54	50/60.3
DN20	100/77	75/77	40/38	72/60.3
DN25	125/164	75/77	40/38	94/60.3

图 2-7　无增塑钢性 PVC 明暗装开关盒规格尺寸

(8)无增塑钢性 PVC 变径接头规格尺寸如图 2-8 所示。

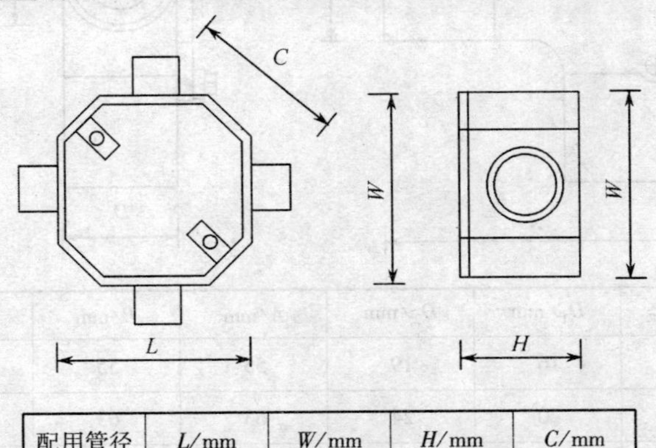

配用管径	L/mm	W/mm	H/mm	C/mm
DN20	75	75	60	65

图 2-8　无增塑钢性 PVC 变径接头规格尺寸

(9)无增塑钢性 PVC 接线盒规格尺寸如图 2-9 所示。

(10)无增塑钢性 PVC 弯头规格尺寸如图 2-10 所示。

(11)无增塑钢性 PVC 管叉规格尺寸如图 2-11 所示。

(12)无增塑钢性 PVC 管夹规格尺寸如图 2-12 所示。

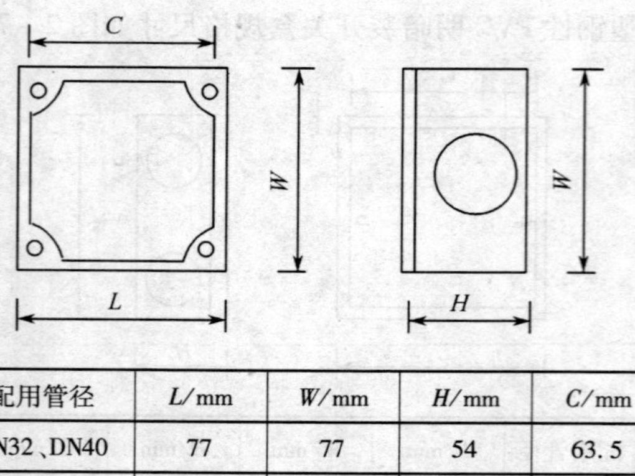

配用管径	L/mm	W/mm	H/mm	C/mm
DN32、DN40	77	77	54	63.5
DN50、DN63	108	108	78	89

图 2-9 无增塑钢性 PVC 接线盒规格尺寸

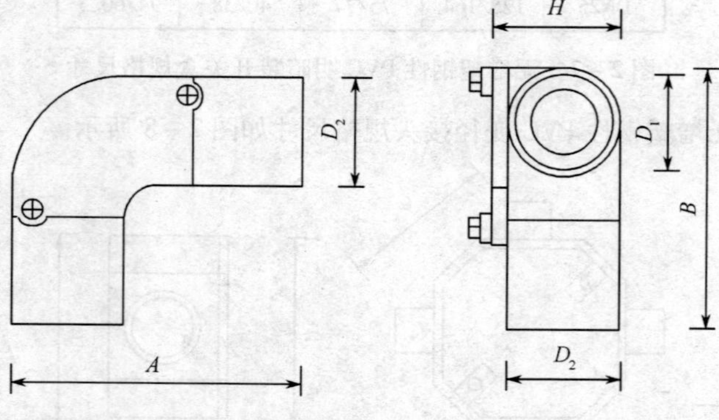

配用管径	D_1/mm	D_2/mm	A/mm	B/mm	H/mm
DN16	16	19	55	55	27
DN20	20	24	63	63	31
DN25	25	29.3	70	70	36
DN32	32	37	77	77	43
DN40	40	50	88	88	52
DN50	50	55	113	113	63
DN63	63	69	133	133	78

图 2-10 无增塑钢性 PVC 弯头规格尺寸

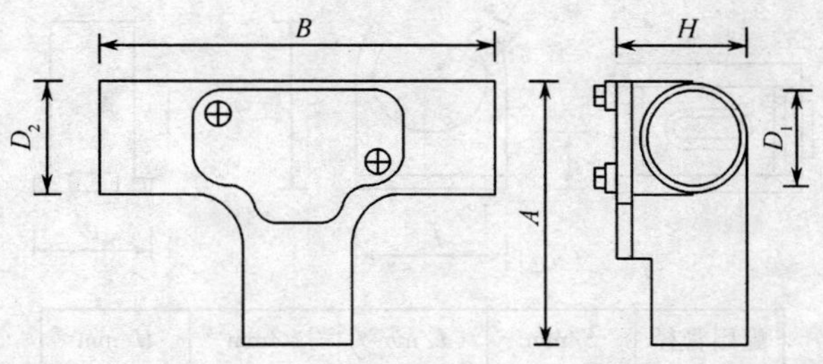

配用管径	D_1/mm	D_2/mm	A/mm	B/mm	H/mm
DN16	16	19	60	99	29
DN20	20	24	68	110	33
DN25	25	29. 3	71	108	42. 5
DN32	32	37	80	113	43
DN40	40	50	84	115	52
DN50	50	55	113	165	66
DN63	63	69	133	193	81

图 2 – 11　无增塑钢性 PVC 管叉规格尺寸

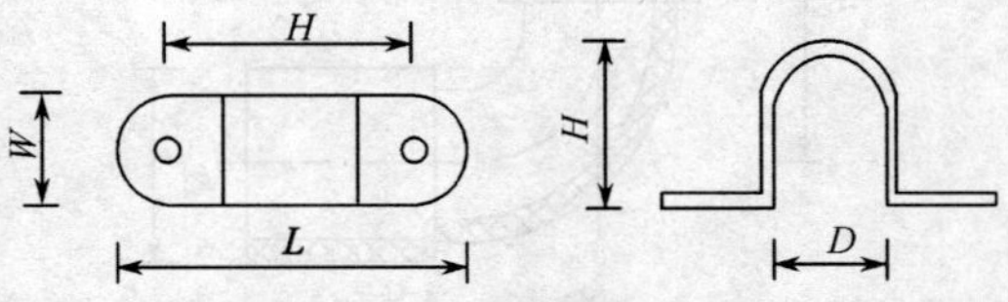

配用管径	D/mm	L/mm	W/mm	H/mm	M/mm
DN16	16	47	15	17	32
DN20	20	54	16	21	36
DN25	25	60	18	26. 5	41
DN32	32	78	22	33	58
DN40	40	91	24	41	72
DN50	50	102	25	52	80
DN63	63	114	28	66	94

图 2 – 12　无增塑钢性 PVC 管夹规格尺寸

(13)无增塑钢性 PVC 管卡规格尺寸如图 2 – 13 所示。

(14)无增塑钢性 PVC90°弯头规格尺寸如图 2 – 14 所示。

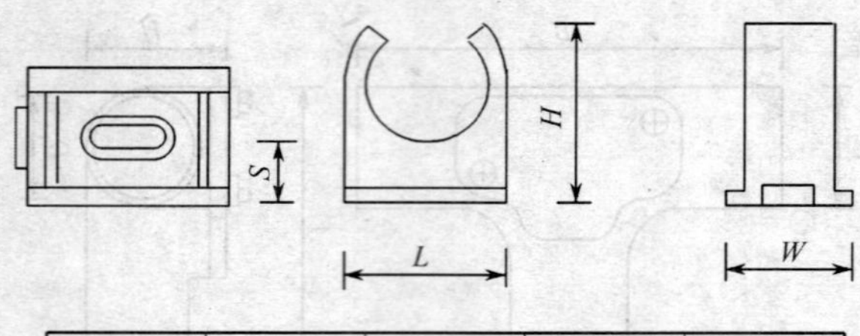

配用管径	S/mm	L/mm	B/mm	H/mm
DN16	7	24	20	18.5
DN20	7.5	29.5	26	18.5
DN25	11	34	32.5	18.5
DN32	7	43	34	18.5
DN40	8	51	40	18.5

图 2－13　无增塑钢性 PVC 管卡规格尺寸

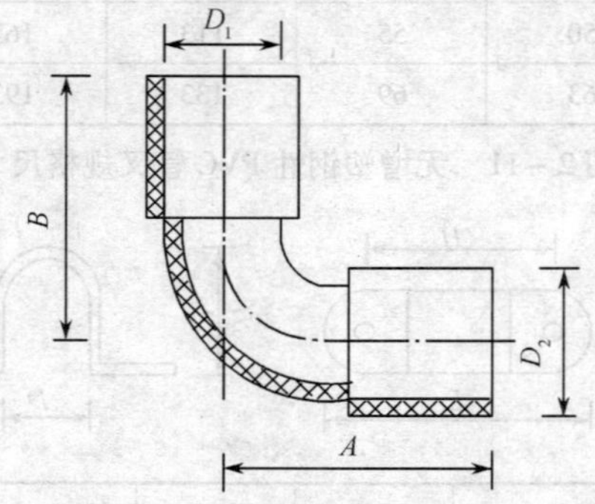

配用管径	D_1/mm	D_2/mm	A/mm	B/mm
DN16	16	20	29	29
DN20	20	24	33	33
DN25	25	29	38	38
DN32	32	36	45	45
DN40	40	45	53	53
DN50	50	55	63	63
DN63	63	68	76	76

图 2－14　无增塑钢性 PVC90°弯头规格尺寸

(15)无增塑钢性 PVC 管夹底座规格尺寸如图 2－15 所示。

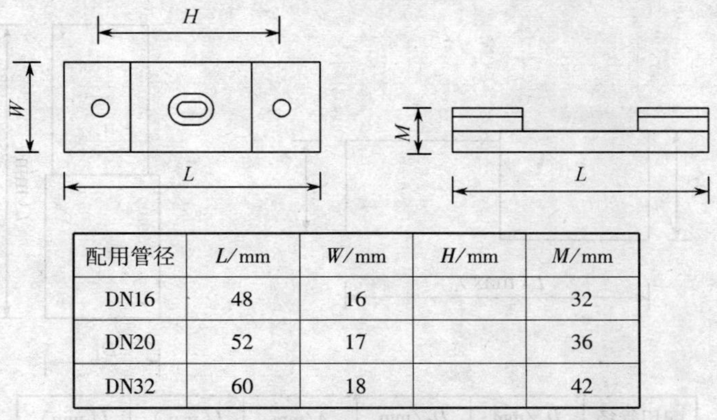

配用管径	L/mm	W/mm	H/mm	M/mm
DN16	48	16		32
DN20	52	17		36
DN32	60	18		42

图 2－15　无增塑钢性 PVC 管夹底座规格尺寸

(16) 无增塑钢性 PVC 伸缩接头规格尺寸如图 2－16 所示。

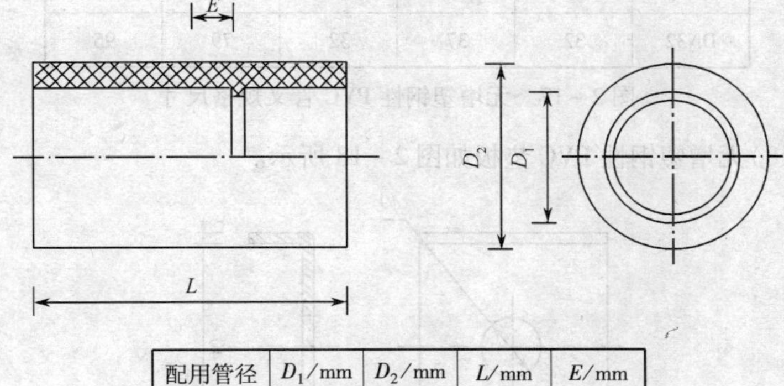

配用管径	D_1/mm	D_2/mm	L/mm	E/mm
DN16	16	20	50	16
DN20	20	24	55	18
DN25	25	30	58	18
DN32	32	37	70	20
DN40	40	45	76	20
DN50	50	55	100	24
DN63	63	68	140	24

图 2－16　无增塑钢性 PVC 伸缩接头规格尺寸

(17) 无增塑钢性 PVC 管叉规格尺寸如图 2－17 所示。

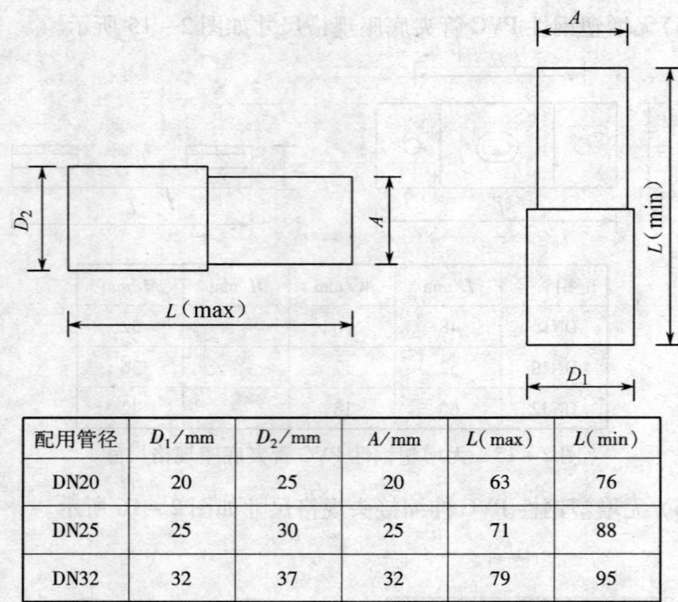

配用管径	D_1/mm	D_2/mm	A/mm	L(max)	L(min)
DN20	20	25	20	63	76
DN25	25	30	25	71	88
DN32	32	37	32	79	95

图 2－17　无增塑钢性 PVC 管叉规格尺寸

(18)无增塑钢性 PVC 垫板如图 2－18 所示。

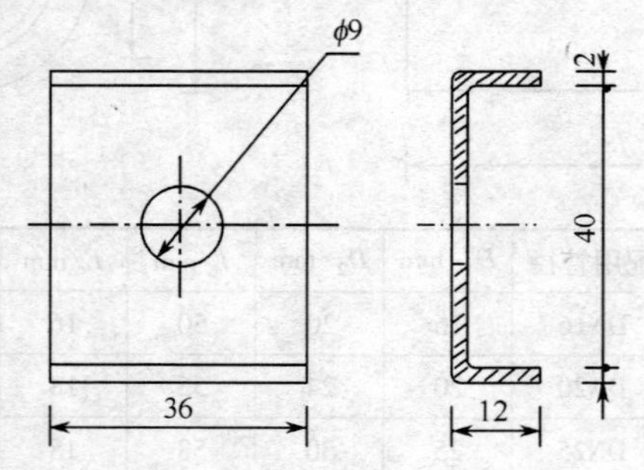

图 2－18　无增塑钢性 PVC 垫板

(19)无增塑钢性 PVCU 型卡管如图 2－19 所示。

(20)无增塑钢性 PVCU 型槽钢如图 2－20 所示。

2. 硬质塑料管及其附件的选择

(1)在选择塑料管及其附件时,应一律选用阻燃型管材,其氧指数应为 27% 及以上,即有离火自熄的性能。

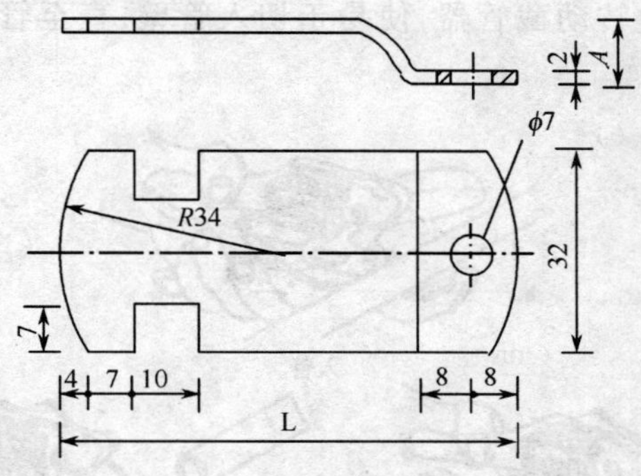

图 2－19　无增塑钢性 PVCU 型管卡

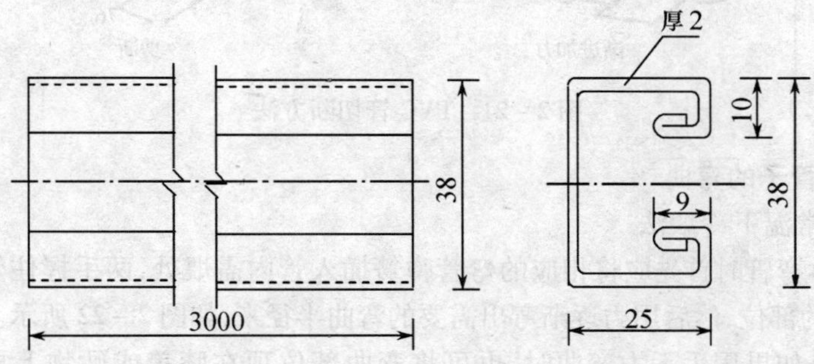

图 2－20　无增塑钢性 PVCU 型槽钢

(2)硬质塑料管应具有耐热、耐燃、耐冲击性能，并有产品合格证，内外径应符号国家标准。外观检查管壁厚应均匀一致，无凸棱、凹陷、气泡等缺陷。

(3)硬质聚氯乙烯管应能反复加热煨制，即热塑性能好。再生硬质聚氯乙烯管不应再用到工程中。硬质 PVC 塑料管应能冷弯。

(4)根据所穿导线截面、根数，选择硬质塑料管。

2.2.2　硬质塑料管的加工

1. 硬质塑料管的切断

(1)首先应根据管子每段所需长度确定切割尺寸。

(2)切管使用手锯电动型材切割机，切口应整齐，应直接锯到底。

（3）使用厂家配套供应的专用截管器裁剪管子。应将管子放入截管器刀口后，边用力边转动截管器，使易于切入管壁，直至管子切断为止，如图2－21所示。

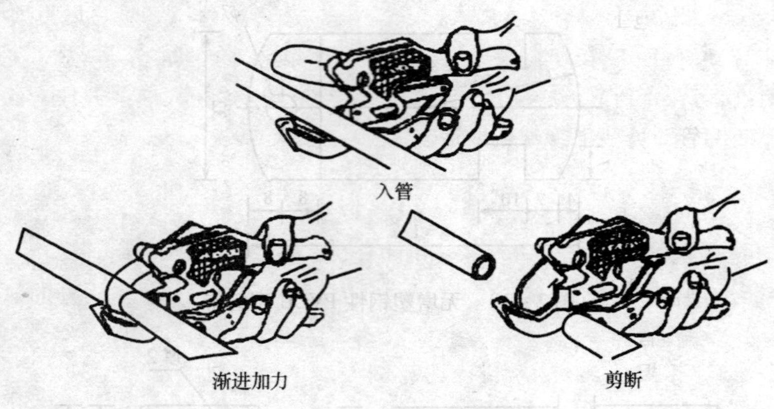

图2－21　PVC管切断方法

2. 管子的弯曲

1）常温下冷煨法

（1）弯管时首先应将相应的弯管弹簧插入管内需煨处，两手握住管弯曲处弯簧的部位，然后用力逐渐弯出需要的弯曲半径来，如图2－22所示。

（2）如果用手无力弯曲时，也可将弯曲部位顶在膝盖或硬物上再用手扳，逐渐进行弯曲，但用力及受力点要均匀。弯管时，一般需弯曲至比所需要弯曲角度要小，待弯管回弹后，便可达到要求，然后抽出管内弯簧。

（3）硬质PVC塑料管还可以使用手扳弯管器冷煨管，方法是将已插好弯簧的管子插入配套的弯管器，手扳一次即可弯出所需弯管，如图2－23所示。

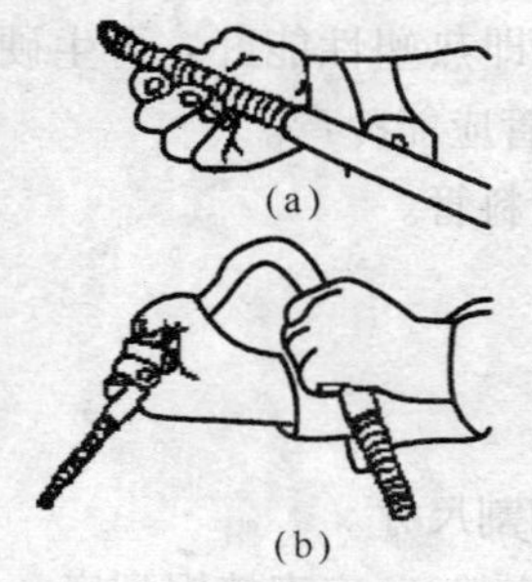

图2－22　双手握管用力冷煨法

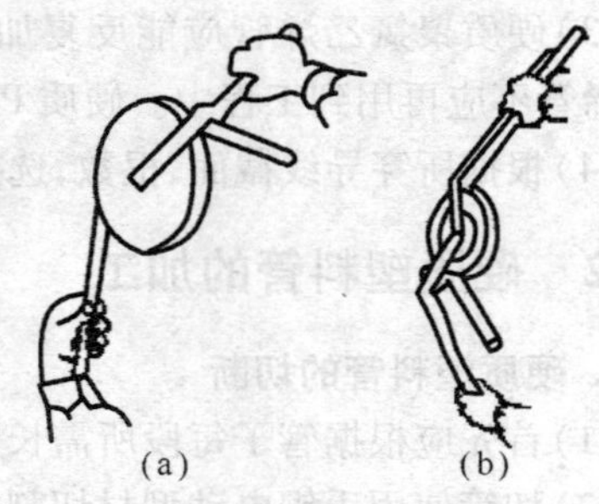

图2－23　手扳弯管器冷煨管示意图

(4)当弯曲较长的管子时,应用铁丝或细绳拴在弯簧一端的圆环上,以便弯管完成后拉出弯簧。当弯簧不易取出时,可逆时针转动弯簧,使之外径收缩,同时往外拉即可。

(5)低温施工弯管时,可先用布将管子需要弯曲处摩擦生热后再煨管。

(6)在硬质 PVC 塑料管端部冷煨 90°曲弯或鸭脖弯时,用手冷煨管有一定困难,可在管口处外套一个内径略大于管外径的钢管,一手握住管子,一手扳动钢管即可煨出管端长度适当的 90°曲弯。

2)热煨法

(1)加热硬质塑料管可用喷灯、木炭或木材做热源,也可以用水煮、电炉子加热等等,无论采取什么方法加热,均不应将管烤伤、变色。

(2)煨制直径 20mm 及以下硬质塑料管端部,与盒(箱)连接处的 90°弯或鸭脖弯时,管端加热后,管口处插入一根直径相适宜的防水线或橡胶棒或氧气带,用手握住需煨弯处两端进行弯曲。成型后将弯曲部位插入冷水中定型。

(3)在管端部煨鸭脖弯时,应一次煨成所需长度和形状,并注意两直管段间的平行距离,且端部短管段不应过长,并要防止造成砌体墙通缝。

(4)煨直径 20mm 及以下硬塑料管中间部位的 90°弧形弯时,可按弯曲半径的不同要求,自制图 2-24(a)能同时并立容纳多根管子的模具。给管子加热时,要一边前后串动,一边转动,待管子加热至柔软状态后,一根根放入模具中弯曲,为了加速管的硬化,需浇水冷却。弯曲 50mm 以上的硬塑料管,还要在冷却的过程中整形。管径再大者,要装上炒干的砂子,塞好管口后再加热弯曲。塑料管的弯曲角度一般不宜大于 90°,弯曲半径不应小于管外径的 6 倍;埋设于地下或混凝土楼板内时,不应小于管外径的 10 倍,如图 2-24(b)所示。管的弯曲处不应有折皱、凹穴和裂缝现象,弯曲程度不应大于管外径的 10% 。

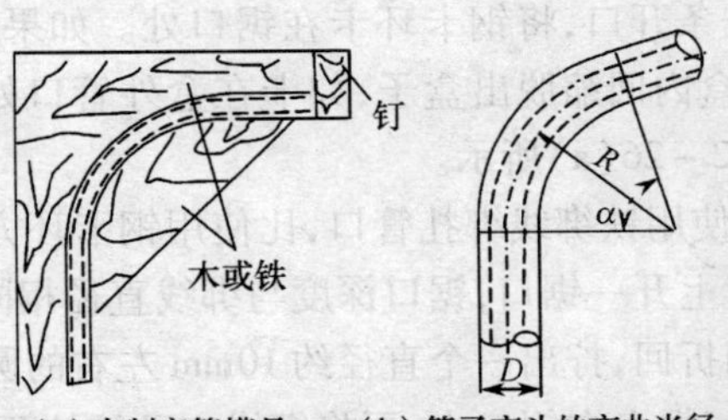

(a)自制弯管模具　(b)管子弯头的弯曲半径

图 2-24　弯管模具及管子弯头

2.2.3 管路连接

1. 管与管的连接

1)插入法

把连接管端部擦净,把阳管管口倒角 30°,将阴管端部加热软化,管端涂上胶合剂,迅速插入阴管,插接长度为管内径的 1.1 倍~1.8 倍,待两管同心时,冷却后即可,如图 2-25(a)所示。

2)管接头

选择比连接管管径大一级的塑料套管,把涂好胶合剂的被连接管从两端插入套管内,连接管对口处应在套管中心,且紧密牢固,如图 2-25(b)所示。

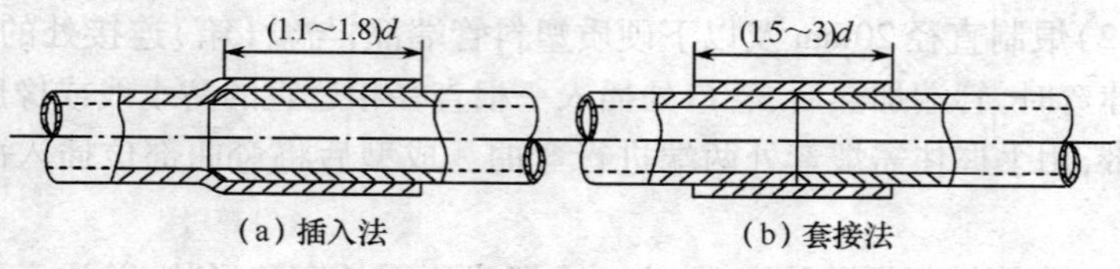

(a) 插入法　　(b) 套接法

图 2-25　管与管连接方法

3)直接套接

在暗配管施工中常采用不涂胶合剂直接套接的方法,采用此法套管的长度不宜小于被连接管外径的 4 倍,且套管的内径与被连接管的外径应紧密配合,连接牢固。

2. 管与盒(箱)的连接

硬塑料管与盒连接时一般把管弯成 90°曲弯,在后面入盒,尤其是埋设在墙中的开关、插座盒,如果煨成鸭脖弯,在盒上方入盒,预埋砌筑时立管不易固定。

(1)使用成品钢卡或用穿线钢丝煨制卡环均可。在管口处相对应的两侧适当部位使用锯条开口,将钢卡环卡在锯口处。如果卡环卡在盒内管口处,可防止管口在盒内回缩脱出盒子,如卡在盒外管口处,可以防止伸进盒内露出过长,如图 2-26(a)所示。

(2)在现场中使用铁绑线绑扎管口,比使用钢卡环方便和经济,即在盒外管口处适当位置上开一锯口,锯口深度与绑线直径相同,截取两根适当长度的铁绑线由中间折回,拧出一个直径约 10mm 左右的圆圈,然后将绑线一侧两根分开,使其一根卡在锯口内,再将绑线交叉绞拧两回。此法用在墙体上预埋管盒时,控制管入盒长度,如图 2-26(b)所示。

(3)在管口处套一截比连接管大一级的短管,使之顶住盒底部,也可防止入盒管伸进盒内过长,如图2-26(c)所示。

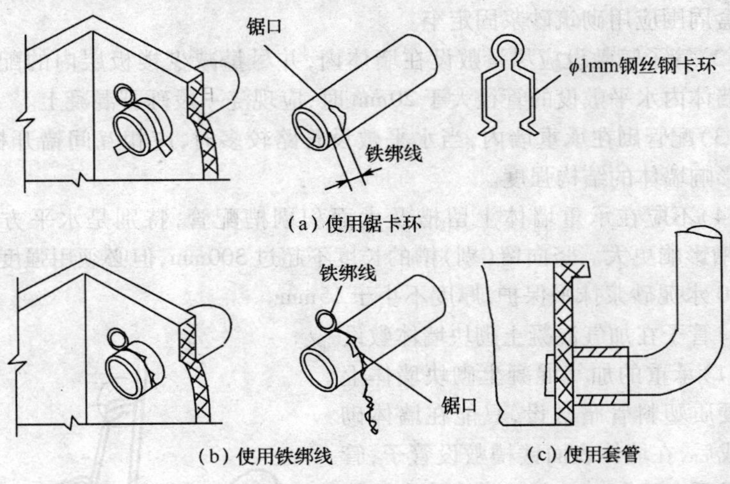

图2-26　管口固定方法

(4)用上述方法可以控制住管入盒的长度,但无法消除在管盒连接处管子回缩脱出盒孔的弊病。如将已煨好弯的管口处再加热,用自制的胎具或螺丝刀柄将管口扩成喇叭口状,就可将管头与盒孔卡住,防止管盒脱离,如图2-27。如果在墙体配合施工预埋管盒时,再补以相应措施,即能保证管子敷设质量,又使管内穿线时减少导线与管口之间的摩擦力。

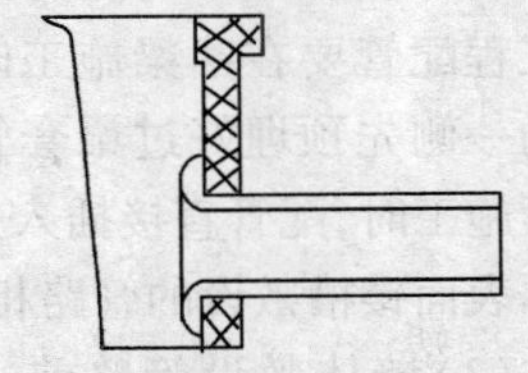

图2-27　入盒管口处扩成喇叭口状

(5)如果在盒内管口端部做喇叭口,再在盒外管口处套一短管;或用铁绑线固定管盒,把盒子固定在中间,这样管口既不会伸入盒内过长,又不能脱出盒口。预埋时可以直接将管盒牢固地固定在墙内。

2.2.4　管子的敷设

1. 管子在墙体内的敷设

1)管子在砖混结构工程墙体内的敷设

(1)电气工程墙体内管子敷设应由下向上进行,一般在未砌筑墙体前,预先把管子与各种器具盒预装好，由电工或建筑工人在砌筑的过程中埋入。埋设时所埋管子不能有外露现象，管子离表面的最小净距不应小于15mm。管与盒周围应用砌筑砂浆固定牢。

(2)管子暗敷设应尽量敷设在墙体内，并尽量减少楼板层内的配管数量。墙体内水平敷设的管径大于20mm时，应现浇一段砾石混凝土。

(3)配管砌在承重墙内，当水平敷设管路较多时，应相互间错开标高，防止影响墙体的结构强度。

(4)不应在承重墙体上留槽及大面积剔槽配管，特别是水平方向留(剔)槽影响更大。竖向留(剔)槽的长度不超过300mm，但必须用强度不小于M10水泥砂浆抹平保护，厚度不小于15mm。

2)管子在加气混凝土砌块墙体敷设

(1)承重的加气混凝土砌块墙体上使用硬质塑料管暗敷设，只能在墙体砌筑完成后，在墙体表面镂槽敷设管子，管子直径不大于25mm，并且只允许在墙体上垂直敷设，不得水平镂槽敷设管子。

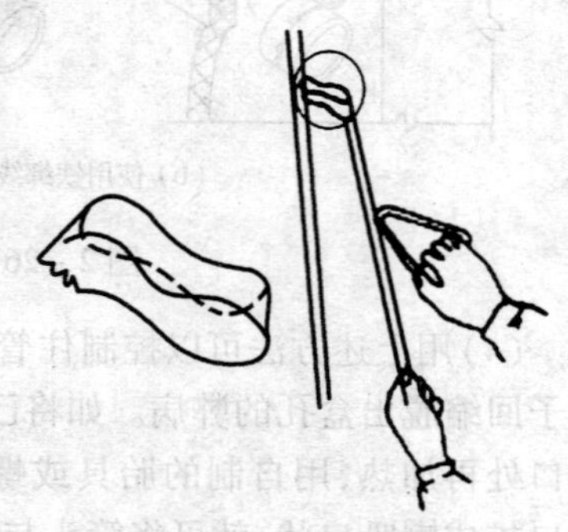

图2-28　一面带齿一面带刃的镂槽工具

(2)承重的加气混凝土砌梯墙，电气工程配管要在圈梁施工时，在靠近圈梁的一侧先预埋好过梁套管，待楼板层配管施工时，配管直接插入过梁管中，与墙体表面镂槽敷设的管路相连接。

(3)墙体敷设管路前，需要在埋设盒的部位上划线，钻好固定盒位的孔，然后使用图2-28所示的镂槽工具镂槽，不得用锤斧剔槽。在镂槽处敷设管子后，在管子两侧用钉子将100mm宽镀锌钢丝网或0.5mm厚钢板网钉牢，防止抹灰层开裂。

(4)承重的加气混凝土砌体墙内设置配电箱，应随墙体砌筑时预埋。当箱体深度大于或等于180mm，宽度大于500mm时，需要在箱体周围设置钢筋混凝土框。配电箱箱体上下侧敲落孔处，应在砌块砌筑前用锯斜向锯出豁口，待连接敷设至墙体上的管子。

2. 现浇框架工程中管子的敷设

1)现浇混凝土柱内管子敷设

(1)现浇混凝土柱内预埋壁灯灯位盒或开关(插座)盒时，应先将管与盒连接好，并将盒内堵塞严密，在柱子正面模板支好后，将盒与模板固定牢固（如使用钢模板时，其局部最好用木模板），防止浇注混凝土时移位。盒应在柱中间位置上设置，在敷设管盒的同时，应把管子与主筋保持一定间距平行布置，且在中间部位每隔 1m 处与箍筋绑扎，在管进盒处绑扎点不大于 0.3m。

（2）混凝土柱内敷设的电气配管管径不大于 20mm，且应沿柱中心垂直通过。

（3）当混凝土柱内垂直配管需要与墙体内管子相连接时，管子需要伸出模板外，以待将来连接。为使配管不伸出模板外，可在管口处先连接套管，套管的外端先堵塞好，并与模板紧密靠住，直接浇注在混凝土内，拆模后取出堵塞物，当墙体施工到需要接管处，即可把柱外的管子插入柱内管子的套管内。由柱内向外引管，还可以使用管帽预留管口，待拆模后取出管帽再接管。

（4）混凝土柱内距下部地面不高处，在柱的两侧均设有插座盒且两盒的配管相互连接时，由地面内引来的管子宜敷设到相反方向盒内，与盒下侧的敲落孔相连接。这样敷设可以防止配管在入盒处呈现手杖弯，也方便管内穿线。

2）现浇混凝土梁内管子敷设

（1）现浇混凝土工程中，墙体内配电箱内配出的引上管和配电箱或电气器具盒引致楼板层内的配管，施工时均需穿过混凝土梁，待土建楼板和墙体施工时，再连接或敷设管路。

（2）暗配管在梁内垂直敷设，应选择在梁的净跨度的 1/3 中跨区域内通过，一般可在现浇混凝土梁允许留置施工缝处预埋内径比配管外径粗的钢管做套管。

（3）配管在梁内水平敷设，管子需要穿过混凝土梁时，可预埋比配管大一级的同材质管做套管，也可直接预埋与配管管径相同的短管其配管与套管距梁底筋上部不小于 50mm，且应在梁的中和轴及以下混凝土受拉区内通过。

（4）暗配管时，管子（或套管）在梁内并列敷设时，管与管的间距不小于 25mm。

（5）在现浇混凝土梁内设置灯位盒及进行管子顺向敷设时，应在梁底模支好后进行。其灯位盒应设在梁底部中间位置上，盒管连接好后，盒内可用黄泥或浸过水的纸团堵塞严密，盒口应与模板接触紧密后再进行固定，防止混凝土浆渗入盒内。当梁底钢筋妨碍在中间部位上布置灯位盒，应考虑改变灯具位置，可移至楼板上布灯。

（6）梁内顺向敷设管子，位置应尽量沿梁的中和轴处，当管径较小时，应平行与主筋，并与主筋有一定间距敷设。当施工条件受限制时，配管可在梁上部的楼板层内敷设，此时应在梁底部灯位盒内向上预留垂直短管至梁顶部，待以后连接梁内灯位盒与楼板层上的配管。

3）现浇混凝土墙体内管子敷设

（1）现浇混凝土墙体内配管应先连接好管盒，敷设在墙体内的盒（箱）应在钢筋的网格中，如盒位与钢筋网格有矛盾时，应将钢筋拨开，将盒管与模板固定牢固，待盒管固定后，再将拨开的钢筋作适当的调整就位。为防止浇注混凝土时盒子移位，可用扁钢板做套子稳固盒，也可以在局部使用木模板固定盒。如墙体内的盒位正好位于钢模板的缝隙上，可用铁绑线穿过盒底两孔，由模板的缝隙内穿出，将铁绑线与模板外另加的短木方或短钢筋绑牢。也可在盒内放楔形木方，用木螺丝穿过模板固定盒内木方稳固盒子。

（2）现浇混凝土墙体（或混凝土柱）上将镶贴饰面板（砖）时，可在预埋盒时用木（或塑料）盒代替器具盒，当模板拆除后，拆去木盒，接短管安装器具盒，使盒口与镶贴饰面相平。

（3）现浇混凝土墙体上设置配电箱，应在箱体上安装好卡铁或扁钢，在钢筋网绑扎后、模板固定前，将箱体安装到相应位置上，同时，考虑好突出墙面的距离，将箱体连同卡铁或扁钢焊接或绑扎在竖向钢筋上。

（4）现浇混凝土墙体内配管，应沿最近的路径设在两层钢筋网中间，并应把管子绑在内壁钢筋的里边一侧，可避免或减少与盒连接时的弯曲，也可防止承受混凝土的冲击。应将管路每隔 1m 处用绑线与钢筋绑扎牢固，在管进入盒（箱）处绑扎点间距应适当缩短。

（5）现浇混凝土墙体内，多根管子并列敷设时，管子之间应有不小于 25mm 的间距，使每根管子周围都有混凝土包裹。

4）现浇混凝土楼板内管子敷设

（1）现浇混凝土楼板在模板支好后，未安放钢筋前应根据四周墙或梁的边缘弹好十字线，确定好灯位的准确位置，在楼板底筋绑扎并垫好后、面筋没绑扎前进行配管。配管完成后，土建再绑扎面筋。电气配管与混凝土表面距离应不小于 15mm，管路应在两层钢筋中间，而不得将管子放在正弯矩受力筋下面敷设。配管不应平行于主筋位置绑扎在主筋上。灯位盒应放在钢筋的空格处，当灯位盒与楼板钢筋网有矛盾时，应将钢筋移开不使盒位偏差。

(2)现浇混凝土楼板内管子敷设时，管路应沿最近的路径敷设，并且管子外径不能超过混凝土板厚的1/3。

(3)现浇混凝土楼板内并列敷设的管子间距不小于25mm，使管周围均有混凝土包裹，敷设在现浇板内的管路应尽量不交叉，但在特殊情况下，交叉点两根管子的外径之和至少要比板的厚度小40mm，以免影响钢筋网的布置及楼板的强度。

(4)现浇混凝土楼板内配管时，楼板的厚度较薄容易造成管外露时，此时灯位盒上部敲落孔不能被利用，管应由盒四周侧面连接孔一管一孔顺直进盒，待盒管就位固定后，用喷灯加热入盒管的端部附近处，管受热软化时，用手向上提管即使其在入盒管外形成鸭脖弯。当配管由盒侧面与盒连接时，灯位盒只能接入四根管子，超过四根以上连接管时，就选用大型灯位盒。

(5)为了防止盒、管被底筋垫起，管子入盒鸭脖弯处可局部敷设在底筋下边，并应防止管被钢筋压扁。

(6)现浇混凝土楼板内暗配管，如果楼板厚度为120mm及以上时，配管入盒较多，可以同时在灯位盒四周及顶部敲落孔入盒，在盒顶部入盒的连接管应预先煨好90°曲弯，做好喇叭口，或将管口直接顺直插入盒内落于模板上，并在入盒管的适当位置上锯一深度大于管外径1/2的开口，待拆模后掰去多余管头使入盒管平齐，露出长度小于5mm。当灯位盒侧面四周入盒管的敷设方向与盒敲落孔有一定角度时，应在管入盒前一段进行弯曲，使其入盒管与敲落孔呈垂直角度。

(7)现浇板内接入灯位盒的连接管，数目较多时，盒内的导线接头也会很多，难以容纳在盒内，也是不可取的。在有条件时，应改变部分管路的走向，引至向邻近的灯位盒内进行连接。

(8)现浇混凝土内敷设灯位盒时，应将盒内用泥团或浸过水的纸团堵严，盒口应与模板紧密贴合固定牢，防止混凝土浆渗入管、盒内，并应把管与钢筋在入盒约300mm处，中间部位每隔1m处用绑线绑扎牢固。为了防止盒体移位或盒子口底翻转，用长度0.3m~0.4m的8号线或ϕ6mm钢筋压在盒的顶部，两端与主筋绑牢。

(9)现浇混凝土楼板内，灯位盒只连接两根管时，配管应由盒内直接通过，盒内的管子可以不断开，待拆模后按要求长度断开。灯位盒为终端盒时，配管也宜通过盒内，出盒的另一端保留一定长度，防止盒子移位偏离。

(10)现浇楼板内管子敷设完成后，浇注混凝土时，电工应注意看护，防止出现将管子损伤、管盒移位等情况，发现问题应及时进行处理。

5）框架结构加气混凝土砌块隔墙内管子敷设

框架结构加气混凝土砌块隔墙管子敷设，处配电箱体需配合土建预埋外，其他器具盒、管均应在墙体砌筑完成后别槽配管。

加气混凝土砌块隔墙内设置管、盒，应在已确定的盒位四周钻孔凿洞，其位置应准确，并同时考虑抹灰层的厚度，使盒口突出部位尽量与抹灰后的墙面平齐。在管敷设部位两边弹线，用刀锯锯槽后再剔槽，槽的高度不宜大于管外径加15mm，槽的深度不应小于管外径加15mm，连接好管与盒（箱）后，在每隔0.5m处用钉子在管两侧用绑线固定住，再用不小于M10水泥砂浆把沟抹平，把盒周围抹牢。

3. 楼板板缝内及楼（屋）面垫层内管子敷设

1）预制空心楼板板缝内管子敷设

（1）楼板层暗敷设的管路，其管材应与墙体内配管相同。在与墙体内管路连接前，应检查墙体内的配管是否畅通，应随时清理管内杂物，以免增加集中扫管时的工作量。还应注意当遇有同一道墙体上正反两面均配有引上管时，楼板层的配管不应与之接错方向，可以在管口处投入少许灰面，用胶管插入管口吹气判断。

（2）楼板排列完毕，木工吊好模板后，电工开始沿板缝配管路，在配管的同时，应根据管路弯曲的需要进行截管加工，煨管时应使用足够长的管加工弯曲，在管子的弯曲处，尤其是在楼板板缝纵横方向的管子转角处，应保持管弯曲半径的规定，以利穿线。弯曲半径不足管外径6倍的短弯管，现场应舍弃不用，避免增加不必要的管路的中间接头。

（3）板缝内暗配管，当楼板层灯位盒与墙或梁上配管的垂直管口不在一条直线上时，管子敷设时应先与墙或梁内的引上管连接好，管子应根据楼板的搁置方向，先沿横向板缝经弯曲后，接至顺向板缝的灯位盒内。或者先沿顺向板缝敷设至横向板缝，敷设至中间部位的灯位盒内。配管沿预制板之间的横向板缝敷设时，只应在板缝的对接处的上端容纳下一根管子，不应同时并排敷设两根及以上管子而过大的破坏空心板端部。

（4）板缝内暗配管，当楼板板缝中的灯位盒的管路需要与两侧墙体内配管连接时，管路需要直接通过灯位盒，盒内的管子可以不断开，待拆模板后按要求长度断开。如果灯位盒内需要连接的管路超过两根时，不应破坏盒侧面的敲落孔，两管同进一孔，余下的管路应由灯位盒顶部敲落孔内入盒，用现浇混凝土板内配管的方法进行管盒连接。

(5)板缝内暗配管应将灯位盒内堵塞纸团或泥团,用钉子及铁绑线固定牢,把管路用石子垫起或与板缝内钢筋绑扎在一起,与模板表面保持有不小于15mm的高度。土建应采用细石膨胀混凝土灌缝,保证灌缝后管子不外露,但保护层符合规定。

(6)板缝内暗配管,当盒、管连接及盒口与模板间都比较严密时,也可以不堵塞盒内,直接固定在模板上,也可用细石混凝土先保护住盒周围。严禁在盒外包纸防止流进混凝土浆的做法。

2)楼(层)面垫层内管子敷设

(1)楼(层)面垫层内管子敷设,垫层厚度应能保护住管子,最小管保护层不应小于15mm,防止楼(地)面面层开裂。垫层内配管时灯位盒的设置位置与楼板结构有关,现浇混凝土楼板灯位盒应设在楼板层内,预制空心板时,灯位盒应设在板缝中,不应在楼板板孔处打透眼设置灯位盒,防止影响空心楼板的结构强度。如灯位设置在板孔处时,垫层内配管在板孔处由上到下打眼不宜大于30mm,且不应伤肋筋和断筋。

(2)垫层内配管时,应先与墙体的引上管连接好,垫层内管路应在楼板板面上沿最近的路径敷设直至灯位盒内,配管应在灯位盒顶部的敲落孔进入盒内与之连接。

(3)楼(屋)面焦渣垫层内配管时,应在垫层施工前,对管路周围应用水泥砂浆加以保护,防止管路受机械损伤。

3)阳台、雨棚板内管子敷设

现浇混凝土阳台、雨棚内管子敷设时,应在支撑好模板后、没绑扎钢筋前进行,管子与器具盒敷设好后,应将管子在模板上垫起不小于15mm的高度,使用木模板时,也可以用钉子钉在模板上固定管路。

4)管路补偿措施

管路通过建筑物变形缝时,要在其两侧各埋设接线盒(箱)做补偿装置,在接线盒(箱)相邻面,穿一短铁保护管,管内径应大于塑料管外径的2倍,套在塑料管外面保护,如图2-29所示。

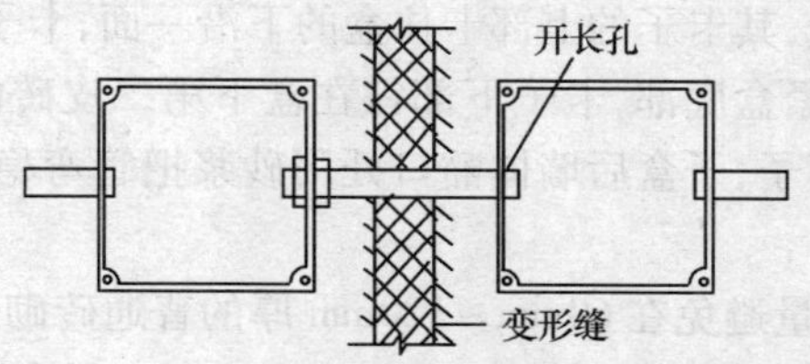

图2-29　暗配管通过变形缝时的补偿装置

4. 器具盒及配电箱的预埋

1)开关(插座)盒的预埋

(1)在同一工程中预埋的开关(插座)盒,相互间高低差不应大于5mm;成排埋设时不应大于2mm;并列安装高低差不大于0.5mm,并列埋设时应以下沿对齐。对于开关,宜选用多极(联)开关,尽量减少并列安装。

(2)当墙体砌筑到开关(插座)盒安装高度时,可先将盒放置在墙体上,也可将连接好的管盒一同放置在墙体上,盒应放置平整,坐标正确,盒子安装孔的方向应与开关或插座面板安装孔相一致,并应根据墙体装饰面厚度确定盒口突出墙体表面的尺寸,一般抹灰墙体盒口宜突出砌体5mm~10mm,不能使盒口缩进墙体表面,也不能使盒口突出墙面过大,使其在安装开关、插座面板时能紧贴建筑物表面。

(3)盒位确定后,可以用钢丝或8号线做的型卡子,上部卡在盒内,下部钉在二层砖下的灰缝中将盒稳固在墙体上。继续砌筑时,根据墙体厚度及管子敷设方向,选择任何一种预先加工好端部带管弯的管子,直接插入与盒孔吻合的敲落孔中,使管子在墙体中间的位置上,同时用砂浆固定好管盒。

(4)开关盒内不宜同时配出两根管子,应一管一盒敷设,开关盒内不宜通过电源中性线,防止漏电及短路的发生。

(5)墙体厚度在120mm及以下时,应选用直管或管端煨好鸭脖弯的管子;墙体厚度在240mm及以上时,选用管端煨好90°曲弯的管子。

(6)在墙体砌筑过程中,如出现管口伸入盒孔过长或脱出盒孔,应及时发现并予以纠正。当管口进盒过长时,可在盒口正面对着管口用力顶回,直至达到小于5mm为止;管口脱出盒孔时,应在盒孔处用螺丝刀顶在可见管口内,用手握住立管向下压,直至管口露出盒孔为止。

(7)在240mm及以上墙体上敷设管盒时,在需要的高度处,可在墙体砌筑时适当位置上留置一个宽度同盒宽,深半砖墙的豁口,带瓦工挑线开始砌上皮砖时,把已连接好带喇叭口的管盒放置在墙体的豁口处,用事先准备好的卡子稳固住管盒,其卡子的上部卡住盒的下沿一面,卡子前端弯起处顶住喇叭口,使管口贴紧盒底部,卡子下部钉在盒下第二皮砖的灰缝中,将立管在墙中心处扶正管子,子盒后墙体豁口处用砂浆把管弯稳固住,如图2-30所示。

(8)配管应尽量避免在60mm~120mm厚的普通砖砌体墙内敷设,尤其是操作敷设,如果在60mm~120mm墙旁有与此墙相连接的240mm及以上墙体时，可将盒设在 60mm ~ 120mm 墙内，配管由盒侧面水平引至 240mm 及以上墙体内再向上敷设，如图 2 - 31 所示。

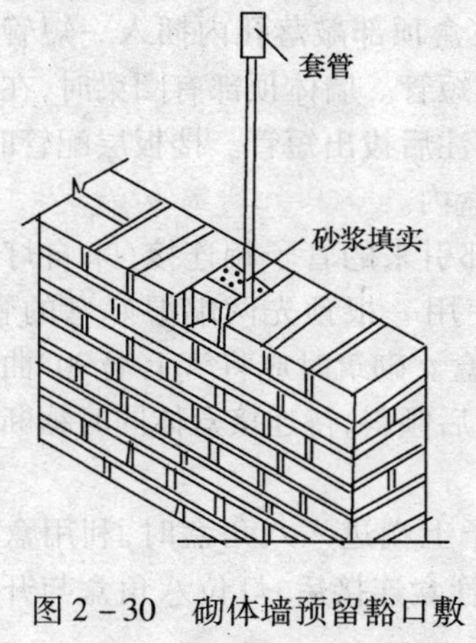

图 2 - 30　砌体墙预留豁口敷设管盒做法

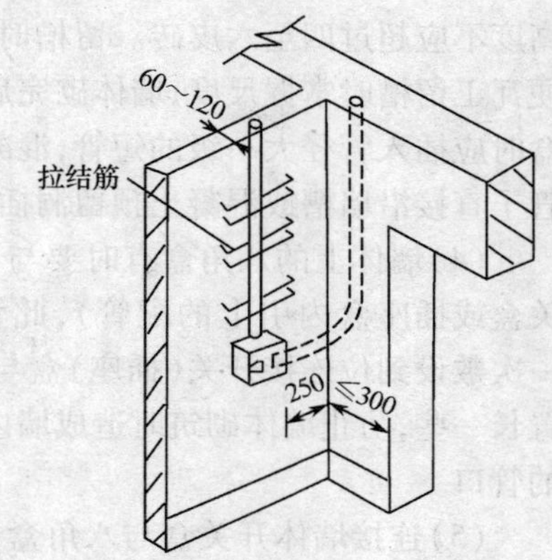

图 2 - 31　在 60mm ~ 120mm 墙体内管盒的敷设

(9)在条件受限制的情况下，配管须在 60mm ~ 120mm 墙体内垂直向上敷设时，为防止砌体墙接茬不良，在墙体砌筑时，最少应每隔 500mm 横向设置 2 根 ϕ6mm 拉结筋，在墙体两侧抹好不小于 M10 水泥砂浆，或在配管处用高强度等级水泥砂浆砌筑。也可以在墙体上留槽，配管后在墙体双侧支模，浇注细石混凝土。

(10)60mm ~ 120mm 墙体内水平配管，可根据图纸在设计部位支模，管子敷设后并在管两侧各设 1 根 ~ 2 根 ϕ6mm 钢筋，最后浇注同砖厚的细石混凝土板带，待达到一定强度后继续砌墙。

2)壁灯盒的预埋

(1)当土建墙体砌筑到规定高度时开始预埋管盒，由于盒位距墙体(或圈梁)顶部较近，且土建又先施工外墙，故按外墙顶部向内墙返尺找标高比较方便，一般情况下住宅楼宜在距墙体顶部下返第六皮砖的上皮放置盒体。

(2)当墙体顶部又圈梁时，梁的高度也可与砖的高度相抵，为了盒内水平配管不与穿梁方子相遇，盒体可再降低一皮砖。八角盒的设置方向应大面向下，八角盒安装在砖墙内，可不必突出墙面，待抹灰前拧上八角盒缩口盖使其与抹灰面相平，即可使安装的开关盖板或木(塑料)台紧贴墙面。

(3)八角盒内敷设端部带90°曲弯的引上管，应随土建施工进行预埋。也可使用管进盒处无弯的管子，需在墙体或圈梁处垂直留槽后配管，留槽的高度不应超过四至六皮砖。留槽时，先在盒顶部敲落孔内插入一短管。方便瓦工留槽时掌握尺度，墙体砌完后拿掉短管。墙体顶部有圈梁时，在预埋盒时应插入管径大一级的短管，混凝土浇注后拔出短管。楼板层配管时，将管子直接沿墙槽或混凝土预留洞插入到盒内。

(4)墙体上的八角盒有时要与由下部引来的管子相连接(来自灯下开关盒或插座盒内引上的配管)，此管可使用一根预先两端煨好弯的管子。一次敷设到位连接开关(插座)盒与八角盒。砌筑时应将管上端90°曲弯留置长一些，防止墙体砌筑时造成墙内管前后倾斜，待连接盒体同时锯断多余的管口。

(5)连接墙体开关盒与八角盒的管子上端进入八角盒时，利用盒底部的敲落孔也有讲究，应选择好孔位，以使管盒连接后，灯位八角盒与开关盒在同一垂直线上。

3)配电箱箱体的预埋

(1)当砌体墙施工到1.5m时，就应该预埋配电箱箱体。箱体宽度与墙体厚度的比例系数应正确。放置箱体前还要按管子敷设的需要打掉敲落孔压片，当敲落孔数量不足或与管径不相吻合时，可采用开孔机或电钻等机具开圆孔，孔径应适宜、光滑、整洁，间距正确，箱体不应被损坏变形。

(2)配电箱箱体内引上管敷设，应与土建施工配合预埋，在墙体内砌筑牢固，不应在箱体顶部垂直留置洞口后敷管。当箱内引上管在墙体内水平敷设时，不应将入箱管的弯曲弧段插入到敲落孔内，以保持入箱管顺直。

(3)配电箱箱体内向上配管，如设计有吊顶时，为连接吊顶内的配管，引上管的上端应弯成90°曲弯，由墙体上垂直进入吊顶内。

(4)成排的入箱管，可以在箱内搁置一个预先加工后的托板顶住入箱管，也可以用砖在箱内顶住管口，就可以做到入箱管顺直、间距均匀、管口平齐、伸入长度一致。入箱管也可以由敲落孔处落入箱底沿，待配管砌筑固定牢后再切断。

(5)配电箱箱体预埋的其他事项，可见配电箱安装一节的有关内容。

5. 楼(屋)面板上预埋件设置

1)吊扇预埋件设置

(1)吊扇的吊钩应用不小于10mm的圆钢制作。吊钩应弯成╤型或┏型。安装时硬质敷设楼板层管子的同时，一并预埋。

(2)暗配管时,吊扇电源出线盒应使用八角盒,吊扇吊钩应由盒中心穿下,严禁将预埋件下端在盒内预先煨成圆环。

(3)现浇混凝土楼板内预埋吊钩,应将 ┏型吊钩与混凝土中的钢筋相焊接,如无条件焊接时,应与主筋绑扎固定。

(4)在预制空心板板缝处预埋吊钩,应将 ┏型吊钩与短钢筋焊接,或者使用┳型吊钩,吊扇吊钩在板面上与楼板垂直布置,使用┳型吊钩还可以与板缝内钢筋绑扎或焊接,固定在板缝细石混凝土内,如图 2-32(a)所示。空心板板孔配管吊扇吊钩做法如图 2-32(b)所示。

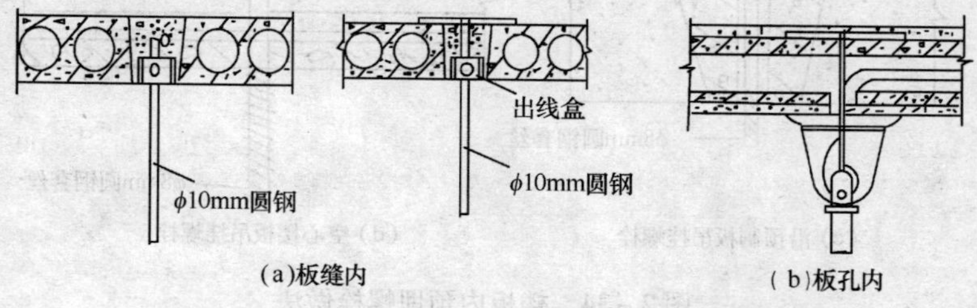

图 2-32　预制板内预埋吊钩做法

(5)在建筑物室内装饰工程结束后,将预埋吊钩露出部位弯制成型,吊扇吊钩伸出建筑物的长度,应以安上吊扇吊杆保护罩将整个吊钩全部遮住为好。

2)大(重)型灯具预埋件设置

(1)电气照明安装工程除了吊扇需要预埋吊钩外,大(重)型灯具也应预埋吊钩。吊钩直径不应小于6mm。固定灯具的吊钩,除了采用吊扇吊钩预埋方法之外,还可将圆钢的上端弯成弯钩,挂在混凝土内的钢筋上,如图 2-33 所示。

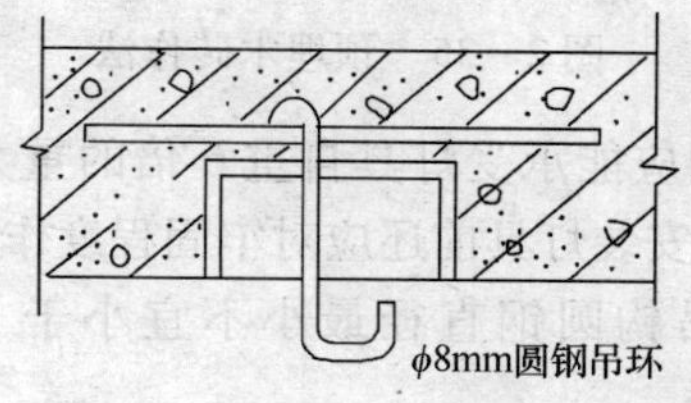

图 2-33　现浇楼板内预留灯具吊环

(2)固定大(重)型灯具除了有的需要预埋吊钩外,有的还需要预埋螺栓,在不同结构的楼板上预埋固定灯具螺栓的做法,如图 2-34 所示。

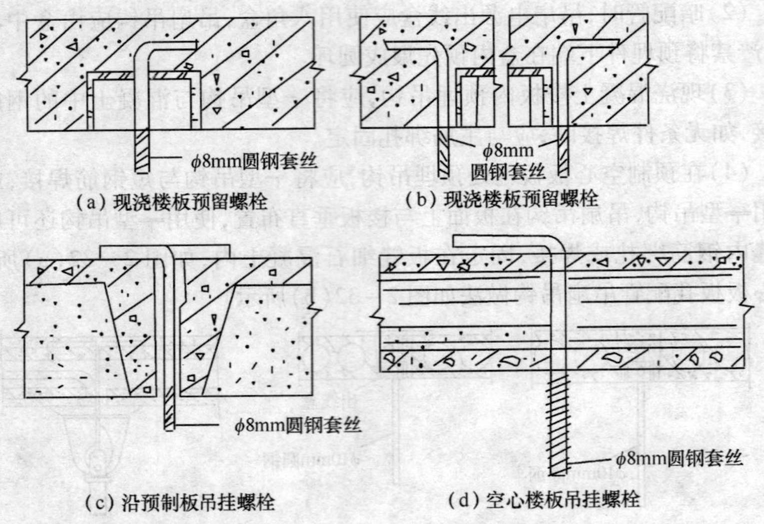

图 2－34　楼板内预埋螺栓做法

(3) 当壁灯或吸顶灯灯具本身虽质量不大，但安装面积较大时，有时也需要在灯位盒处的砖墙上或混凝土结构上预埋木砖，如图 2－35 所示。

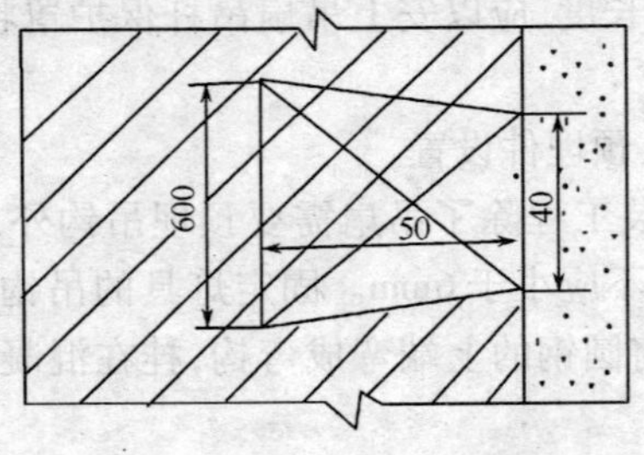

图 2－35　预埋木砖作法

(4) 大型花灯吊钩应能承受灯具自重 6 倍的重力，特别是重要的场所和大厅中的花灯吊钩，安装灯具前还应对牢固程度作出技术鉴定，做到安全可靠。一般情况下，吊钩圆钢直径最小不宜小于 12mm，扁钢不宜小于 50mm × 5mm。

6. 地面内管子的敷设

1) 地下土层内管子敷设

管路较多时，可先在土层上沿管路方向敷设混凝土打底，然后再敷设管路。当管路数量不多时，可直接敷设，但管路下要用石块垫起不小于50mm，再在管周围浇灌素混凝土，把管保护起来，管周围保护层不小于50mm。施工中应注意埋入地下的管路要尽量减少中间接头，防止潮气和水分浸入管内。

2）地面内管子敷设

（1）管路敷设在地面内，应注意采暖地沟的位置，地沟内的热力管外应包扎保温材料，进行隔热处理。管子跨越地沟时应垂直跨越，管子应敷设在地沟的盖板层内，如为预制地沟盖板时，应改为局部现浇板。

（2）地面内敷设的管子，其露出地面的管口高度一般不宜小于200mm，且应与地面垂直。露出地面一段应外套钢管保护，且应在保护管管口处可见到塑料管管口，而不应采用那种露出地面一段为钢管，地面内为硬质塑料管，造成钢、塑管混接的方法。埋于地下受力较大的硬质塑料管，宜使用厚壁的材质较硬、机械强度高的重型管，防止损坏。

（3）埋地时还可埋设塑料地面出现盒，但盒口调整后应与地面相平，立管应垂直于地面。

（4）塑料管在穿过建筑物基础时，要外套保护管保护，保护管内径不应小于配管外径的2倍。宜垂直通过，无法垂直时，管路与基础水平交角不宜小于45°。

7. 管子敷设后的整修

1）清扫管路

（1）清扫管路时应使用引线钢丝，引线钢丝穿通管子后（方法见后面的管内穿线部分），带好适当截面及长度的两根绝缘导线，将导线由中间折回，进行扫管检查。扫管时，若管路中间存有杂物或管子连接和弯曲处存在缺陷，钢丝可以穿通，而穿入导线时会受阻。在扫管过程中，当发现管路堵塞时应及时纠正。

（2）当管路被堵塞严重无法畅通时，应在堵塞处凿开建筑物将这段管子切除，换上一段相同材质同管径的管子，其两端应采用套管连接。严禁使用大一级的管子做异径管连接。

（3）敷设在现浇混凝土内的管子被堵塞，由于埋设在混凝土内距表面较深，而凿开混凝土较困难或破坏范围较大时，可废弃此段管子，重新在混凝土表面剔槽敷设进行弥补。剔槽敷设的部位及管子走向和埋入深度应记录到隐蔽工程记录中。

2）修补盒（箱）内的管头

（1）当施工不当导致管与盒（箱）连接时露出管口过长及管口进入盒（箱）不顺直或管口脱出盒（箱）时，均应进行修补，以达到符合管与盒（箱）连接标准的规定。

（2）在墙体上盒（箱）内与操作者平行的管子，楼（屋）面板上与之垂直的管子或敷设时直通盒内的管子，均可用经始线（白绳线）依靠绳管之间的摩擦发热将管子按规定长度拉断。配电箱内并列敷设的管子应套在一起一次拉断，即可保证管口平齐，还可使露出长度一致。

（3）用线拉管时，两手应握住适当长度的线的两端，前后或上下移动手臂，使线绳保持足够的行程，但不能将线绷得太紧，两手要保持同一平面上，用力均匀。开始拉绳时，速度要慢，当绳在管的正确位置上切入管壁时，拉绳速度要加快，中途不应停顿，直至切断为止。

（4）墙体上盒内与操作者垂直的管口，楼（屋）面板上与之平行的管口，露出长度大于5mm时，应使用成品小砂轮或钉子、自制钢板圆锯片卡在手电钻上，在管口的适当部位时切断或磨掉多余的管头，直至合格为止。

（5）管进盒（箱）处不顺直，可以在管内插入一段与管内径相符的防水线，用喷灯略加热管的弯曲处，将入盒（箱）管扳直即可。

（6）配管没有伸进盒（箱）内，应用相同管径的短管接长，连接处应外套连接套管，并用胶合剂贴接固定，以防短管脱落。严禁用大一级管径的短管直接套接。

3）修整盒（箱）

（1）预埋后的盒（箱）位置不正时，应根据具体情况进行修整。但不应以地面为标准调整盒子对地标高，以免对管子敷设质量造成更大影响。

（2）当敷设好的器具盒与其他管路安全距离不符合规定时，应及时的移动盒位，使之有足够的安全距离。如原盒内引上管在盒底部入盒时，需向侧面移动盒位时，应在盒位的上方打洞，找出立管的直管段进行切断，连接一根适当长度有90°弧形弯曲的管子，由盒侧面敲落孔与新盒连接。严禁在入盒管口处管的端部再连接90°曲弯管，造成在连接处呈现两个90°曲弯，给管内穿线及导线的互换性带来不便。如果原入盒管即在盒侧面敲落孔入盒，器具盒经水平移位后，可将原敷设管切断或接长一段，管由盒侧面敲落孔引入新盒内。

（3）管子敷设及修整后，配管管路应连成一体，严禁出现管壁外露、中间断路盒管壁出现裂缝、孔洞、残缺及入盒（箱）不符合规定等缺陷。应将施工中造成的孔、洞、沟、槽等修补完整。

4）盒口周围修饰

（1）管子敷设修整后，室内抹灰前，对于灯位盒（即八角盒）还应在室内抹灰前拧好八角盒缩合口盖，以利盒周围抹灰，可防止灯具木（塑料）台安装后与建筑物表面出现缝隙和孔洞等缺陷。

（2）为了防止开关（插座）盒口周围抹灰阳角不方正，应与土建配合做好胎具。

（3）墙体上器具盒部位处镶贴瓷砖时，应配合土建把住质量关，瓷砖镶贴在器具盒处，应用整砖套割吻合，不应用非整砖拼凑镶贴。

（4）对于建筑裱糊工程，在器具盒处应按盒的里口挖洞交接，在盒口处应交接紧密、无缝隙、无漏贴盒补贴。

2.3 钢管明配线

2.3.1 材料选用

1. 金属件规格及尺寸

1）热浸锌铸铁盒及配件规格尺寸（表2-11）

表2-11 热浸锌铸铁盒及配件规格尺寸

名称及图形	型号	尺寸/mm	名称及图形	型号	尺寸/mm
明装开关盒	SK149	82×82×43	普通接线盒	L207-1	$\phi20$
				L207-2	
	SK150	86×81×56		L207-3	
	SK151	146×86×43		L207-4	
				L207-5	
明装接线盒	A152	75×75×50	无螺纹普通接线盒	L131	
	A153	100×100×50		L132	$\phi20$
	A154	150×150×75		L133	
	A155	225×225×75		L134	
	A156	300×300×75		L135	

（续）

名称及图形	型号	尺寸/mm	名称及图形	型号	尺寸/mm
接线盒	K125	75×75×50	低身接线盒	L101	
	K126	72×72×36		L102	
	K127	72×72×47		L103	$\phi20$
	K128	133×72×47		L104	
异形接线盒	L201			L105	
	L202			M101	
	L203			M102	
	L204	$\phi20$		M103	$\phi25$
	L205			M104	
	L206			M105	
高身接线盒	H116		明装三通	L210	$\phi20$
	H117			M210	$\phi25$
	H118	$\phi20$	明装弯头	L208	$\phi20$
	H119			M208	$\phi25$
	H120			L209	$\phi20$
法兰	D146	$\phi20$	90°弯头	M209	$\phi25$
	D147	$\phi25$		L308	$\phi20$
				M308	$\phi25$

2）金属管接头及配件规格尺寸（表2－12）

表 2-12　金属管接头及配件规格尺寸

名称及图形	型号	尺寸/mm
管接头	C140	ϕ20
	C141	ϕ25
	C142	ϕ32
	C143	ϕ40
	C144	ϕ50
短形钢锁扣	B166	ϕ20
	B167	ϕ25
	B168	ϕ32
	B172	ϕ38
	B173	ϕ40
	B174	ϕ50
长形钢锁扣	B169	ϕ20
	B170	ϕ25
	B171	ϕ32
	B175	ϕ38
	B176	ϕ40
	B177	ϕ50
内螺纹内接软管钢接头	DXJ	ϕ20
		ϕ25
		ϕ32
外螺纹内接软管钢接头	MB197	ϕ20
	MB198	ϕ25
	MB199	ϕ32

名称及图形	型号	尺寸/mm
卡套式软管中间接头	DKJ	ϕ13
		ϕ16
		ϕ20
		ϕ25
		ϕ32
		ϕ38
		ϕ50
夹板式管端接头	JXJ	ϕ16
		ϕ20
		ϕ25
		ϕ32
		ϕ38
圆形锁紧螺母	MHL190	ϕ16
	MHL191	ϕ20
	MHL192	ϕ25
	MHL193	ϕ32
六角形锁紧螺母	MHL180	ϕ16
	MHL181	ϕ20
	MHL182	ϕ25
	MHL183	ϕ32
	MHL184	ϕ20
	MHL185	ϕ25
	MHL186	ϕ32

（续）

名称及图形	型号	尺寸/mm
内螺纹软管钢接头	FBA184	$\phi20\times\phi16$
	FBA187	$\phi20\times\phi20$
	FBA188	$\phi25\times\phi25$
	FBA189	$\phi32\times\phi32$
	FBA193	$\phi38\times\phi38$
	FBA194	$\phi50\times\phi50$
外螺纹软管钢接头	MBA185	$\phi20\times\phi16$
	MBA190	$\phi20\times\phi20$
	MBA191	$\phi25\times\phi25$
	MBA192	$\phi32\times\phi32$
	MBA195	$\phi38\times\phi38$
	MBA196	$\phi50\times\phi50$
	T140	$\phi20$
	T141	$\phi25$
	T142	$\phi32$
	T143	$\phi40$
	T144	$\phi50$
软管端接头	DPJ	$\phi16$
		$\phi20$
		$\phi25$
		$\phi32$
		$\phi50$
		$\phi64$
		$\phi75$
		$\phi100$

名称及图形	型号	尺寸/mm
卡接式管端接头	ZKJ	$\phi16$
		$\phi20$
		$\phi25$
		$\phi32$
套管式管端接头	TGJ	$\phi16$
		$\phi20$
		$\phi25$
		$\phi32$
		$\phi38$
护口	T181R	$\phi16$
	T182R	$\phi20$
	T183R	$\phi25$
	T184R	$\phi32$
圆形盒盖	D149	$\phi65$（可配橡胶垫）
方形盒盖	V152	75×75
	V153	100×100
	V154	150×150
	V155	225×225
	V156	300×300

（续）

名称及图形	型号	尺寸/mm
铸铁离墙管卡	S131	ϕ20
	S132	ϕ25
	S133	ϕ32
	S134	ϕ40
	S135	ϕ50
铁皮鞍形管卡	PK	20
		25
		30
		40
		50
铁皮离墙管卡	TPK	20
		25
		32
		40
		50
抱式管卡	GG	20
		25
		32

名称及图形	型号	尺寸/mm
抱式软管管卡	RG	25
		32
		38
		50
		75
		100
开孔盒盖	KG	ϕ16
		ϕ20
		ϕ25
		ϕ32
法兰吊钩	PG	ϕ85
管式吊钩	GG20	20
	GG25	25
吊钩支杆	S131	$\phi8\times400$
	S132	$\phi8\times500$

3)管吊卡规格尺寸(图2-36)

4)管卡及单边管卡规格尺寸(图2-37)

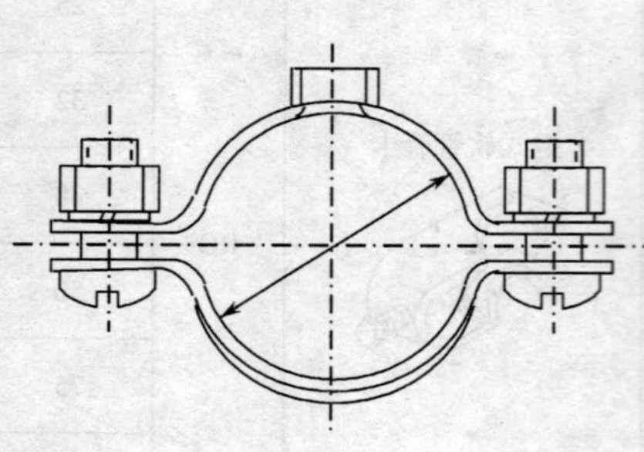

电线管		钢管	
外径	吊卡总长	外径	吊卡总长
		21.25	56
19.05	54	26.75	61
25.40	60	33.5	68
31.75	66	42.25	77
38.10	73	48.0	83
50.8	85	60.0	95

图2-36　管吊卡规格尺寸

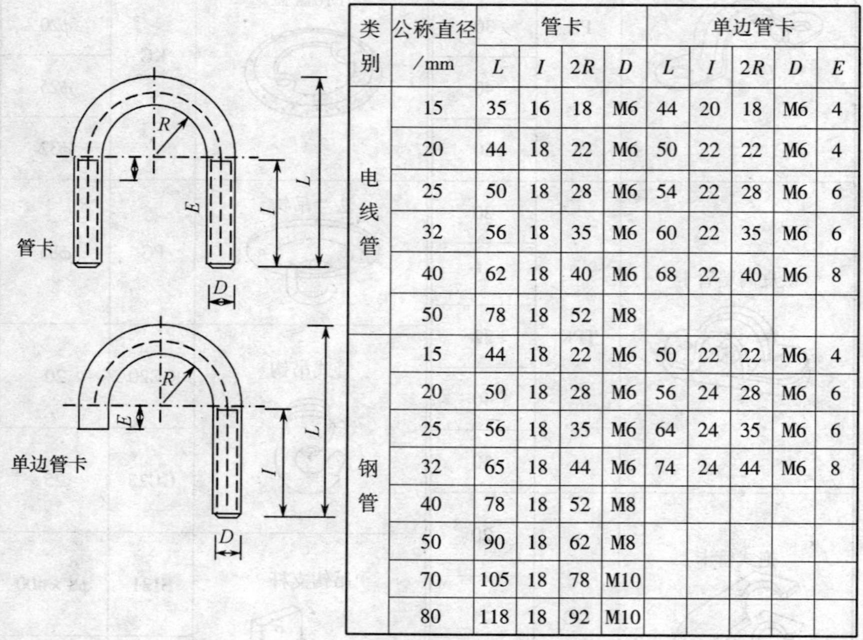

类别	公称直径/mm	管卡				单边管卡				
		L	I	$2R$	D	L	I	$2R$	D	E
电线管	15	35	16	18	M6	44	20	18	M6	4
	20	44	18	22	M6	50	22	22	M6	4
	25	50	18	28	M6	54	22	28	M6	6
	32	56	18	35	M6	60	22	35	M6	6
	40	62	18	40	M6	68	22	40	M6	8
	50	78	18	52	M8					
钢管	15	44	18	22	M6	50	22	22	M6	4
	20	50	18	28	M6	56	24	28	M6	6
	25	56	18	35	M6	64	24	35	M6	6
	32	65	18	44	M6	74	24	44	M6	8
	40	78	18	52	M8					
	50	90	18	62	M8					
	70	105	18	78	M10					
	80	118	18	92	M10					

图2-37　管卡及单边管卡规格尺寸

2. 导线及其他

1)RVV型护套线的主要技术数据(表2-13)

表 2-13　RVV 型护套线的主要技术数据

标称截面/mm²	芯数及外径											
	2(椭圆)	2(圆)	3	4	5	6、7	10	12	14	16	19	24
0.12	3.1×4.5	4.5	4.7	5.1	5.0	5.5	6.8	7.0	7.4	7.8	8.6	10.2
0.2	3.3×4.9	4.9	5.1	5.5	5.5	6.0	7.6	7.8	8.7	9.1	9.6	11.4
0.3	3.6×5.5	5.5	5.8	6.3	6.4	7.0	9.3	9.6	10.1	10.6	11.2	13.8
0.4	3.9×5.9	5.9	6.3	6.8	7.0	7.6	10.1	10.4	11.0	11.6	12.2	15.1
0.5	4.0×6.2	6.2	6.5	7.1	7.3	7.9	10.6	10.9	11.5	12.1	12.8	15.7
0.75	4.5×7.2	7.2	7.6	8.3	9.1	9.9	12.6	13.4	14.2	14.9	15.7	18.9
1.0	4.6×7.5	7.5	7.9	9.1	9.5	10.4	13.7	14.1	14.9	15.9	16.6	19.9
1.5	5.0×8.2	8.2	9.1	9.9	10.4	11.4	15.0	15.5	16.3	17.3	18.2	21.9
2.0	6.3×10.3	10.3	11.0	12.0	12.8	14.4	—	—	—	—	—	—
2.5	6.7×11.2	11.2	11.9	13.1	14.3	15.7	—	—	—	—	—	—
4	7.5×12.9	12.9	14.1	15.5	—	—	—	—	—	—	—	—
6	9.4×16.1	16.1	17.1	18.9	—	—	—	—	—	—	—	—

2）RVVP 型护套屏蔽软线的主要技术数据（表 2-14）

表 2-14　RVVP 型护套屏蔽软线的主要技术数据

标称截面/mm²	芯数及外径												
	1	2(椭圆)	2(圆)	3	4	5	6、7	10	12	14	16	19	24
0.03	2.3	2.3×3.2	3.2	3.4	3.6	3.8	4.1	5.7	5.9	6.1	6.3	6.6	7.6
0.06	2.6	2.6×3.9	3.9	4.0	4.8	5.1	5.8	7.0	7.2	7.5	7.8	8.6	10.3
0.12	2.8	2.8×4.2	4.2	4.8	5.5	5.9	6.3	7.7	7.9	8.7	9.1	9.7	11.3
0.2	3.0	3.4×5.0	5.0	5.5	5.9	6.4	6.8	8.8	9.1	9.8	10.2	10.7	12.5
0.3	3.3	4.0×5.9	5.9	6.2	6.7	7.2	7.8	10.4	10.7	11.2	11.7	12.3	14.9
0.4	3.8	4.2×6.3	6.3	6.6	7.2	7.8	8.9	11.2	11.5	12.1	12.7	13.8	16.2
0.5	3.9	4.4×6.6	6.6	6.9	7.5	8.5	9.2	11.7	12.0	12.6	13.6	14.3	16.8
0.75	4.9	4.9×7.6	7.6	8.4	9.1	10.2	11.0	14.1	—	—	—	—	—
1.0	5.0	5.0×7.9	7.9	8.8	9.8	10.6	11.5	14.8	—	—	—	—	—
1.5	5.4	5.8×9.0	9.0	9.8	10.6	—	—	—	—	—	—	—	—

3）铅锡焊丝的种类及规格（表2－15）

表2－15 铅锡焊丝的种类及规格

牌号	名称	主要成分	熔化温度/℃	用途
料600	60%锡铅焊料	锡59%～61% 锑≤0.8% 铅余量	183～185	用于无线电零件、电器开关零件、计算分析机零件、锡熔金属制品以及热处理（淬火）件的钎焊
料602	30%锡铅焊料	锡29%～31% 锑1.5%～2.0% 铅余量	183～256	用于钎焊铜、黄铜、镀锌薄铁板，如散热器、仪表、无线电零件、电缆护套及电动机的扎线等
料603	40%锡铅焊料	锡39%～41% 锑1.5%～2.0% 铅余量	183～235	用于钎焊铜、铜合金、钢、锌制零件，如散热器、无线电零件、电器开关设备、仪表、镀锌薄钢板等
料604	90%锡铅焊料	锡89%～91% 锑≤0.15% 铅余量	183～222	用于钎焊大多数钢材、铜材及其他金属，特别是食品、医疗器材的内部钎缝
注：焊丝直径$\phi3$、$\phi4$、$\phi5$				

4）聚氯乙烯绝缘胶带规格尺寸（表2－16）

表2－16 聚氯乙烯绝缘胶带规格尺寸

宽度/mm	长度/mm	厚度/mm	
		薄膜	胶浆
15±1	10±0.15 5±0.1	0.12±0.02 0.10±0.02	0.04±0.01
20±1.2	10±0.15 5±0.1		
25±1.5	10±0.15 5±0.1		

5）布绝缘胶带规格尺寸（表2－17）

表 2－17　布绝缘胶带规格尺寸

宽度/mm	长度/mm	厚度/mm
10 ±1	5 ±0.1 10 ±0.15 20 ±0.15	0.23 ~0.35
15 ±1	5 ±0.1 10 ±0.15 20 ±0.15	
20 ±1	5 ±0.1 10 ±0.15 20 ±0.15	
25 ±1	5 ±0.1 10 ±0.15 20 ±0.15	
50 ±1	5 ±0.1 10 ±0.15 20 ±0.15	

6)胀锚螺栓与胀管的规格尺寸(图 2－38)

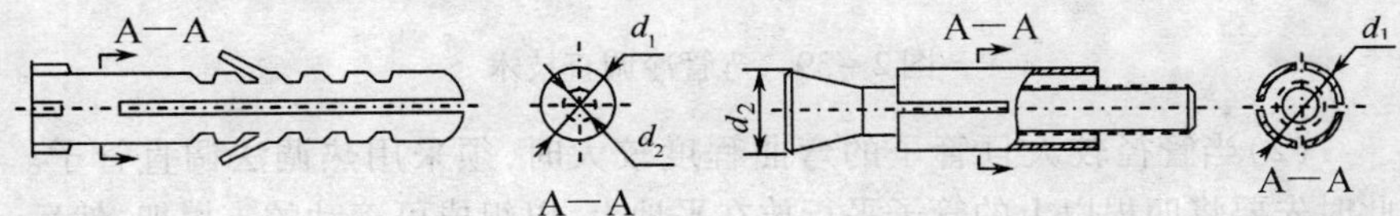

单位:mm

公称外径	d_1	d_2	总长	螺钉直径
ϕ6	6	3.6	30	4
ϕ8	8	5	42	5
ϕ9	9	6	48	6
ϕ10	10	6	58	6
ϕ12	12	8	70	8

螺栓规格	d_1	d_2	螺纹长度	钻孔直径
M6	10	10	40 ~50	10.5
M8	12	12		12.5
M10	14	14		14.5
M12	18	18		19
M16	22	22		23

图 2－38　胀锚螺栓与胀管的规格尺寸

2.3.2　钢管的加工

1. 测量定位

建筑装设工程结束后根据设计图纸确定好配电设备,各种箱、盒及用电设备安装位置，并将箱、盒与建筑物固定牢固，然后根据横平竖直原则，顺线路的垂直盒水平方向进行弹线定位，并应注意管路与其他管路相互间位置及最小距离，测量出吊架、支架等固定点的具体位置和距离。

2. 管子调直

(1)调直前，要先检查管子的弯曲部位。当管子弯曲程度不大，管径在50mm以下时，可采用冷调法进行调直。操作时将管子放在铁砧子上，使凸出部位朝上，然后用木锤子敲打凸出的部位。如用手锤敲打时，应垫以木方，不得直接敲打管子，以免将管子砸出坑来。应先从大弯着手，然后再调小弯，经过这样反复敲打，便可将管子调直。长管冷调时，可将管子放在两根平行粗管上，一个人在管端转动管弯曲部位，将需调直的弯曲凸面朝上，另一人用一把手锤顶在凹处，用另一把手锤稳稳地敲打凸边，两把手锤之间应有50mm～150mm的距离，使两力产生一个弯矩，如图2－39所示，经反复翻转敲打，管子便可调直。

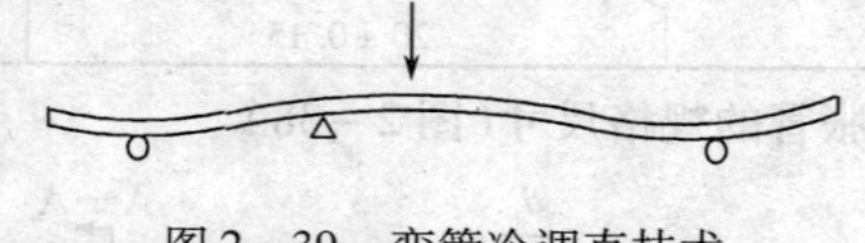

图2－39　弯管冷调直技术

(2)当管径较大且管子的弯曲程度较大时，须采用热调法调直管子。此时先要将四根以上的管子平行放在平地上，以组成可滚动的支撑架，然后将管子的弯曲部位放在烘炉内加热到600℃～800℃，再抬放到支撑架上，使烧红的部位落在支撑架的管子之间，滚动弯管，依靠管子的自重而使弯曲部位变直。若管子弯曲太大，可抬起管子一头往下摔碰使其变直。

3. 管子切断

管子切断方法较多，通常有无齿锯切割、割管器切割、细齿钢锯切割等。在使用无齿锯切割时操作要平稳，不能用力太猛，以免造成过载或砂轮崩裂；割管器切割时切断处易产生管口内缩，缩小后的管口要用绞刀或锉刀刮(锉)光；细齿钢锯切割时要注意使锯条保持垂直，锯管人要站直，持锯的手臂和身体成90°，和钢管垂直，手腕不能颤动，为防止锯条发热，要随时在锯条口上注油。

管子切断后，断口处应与管轴线垂直，管口应锉平、刮光，使管口整齐光滑。当出现马蹄口后，应重新切断。

4. 管子套丝

(1)水煤气管套丝，可用管子绞板，如图2－40(a)所示。电线管套丝，可用圆丝板，圆丝板由板架和板牙组成，如图 2－40(b)所示。

(2)套丝时，先将管子固定在管子虎钳上，再把绞板套在管端。当水煤气管套丝时，应先调整绞板的活动刻度盘，使板牙符合需要的距离，用固定螺丝把它固定，再调整绞板上三个支承脚，使其紧贴管子，防止套丝时出现斜丝。绞板调整好后，手握绞板手柄，平稳向里推进，按顺时针方向转动，如图 2－40(c)所示。

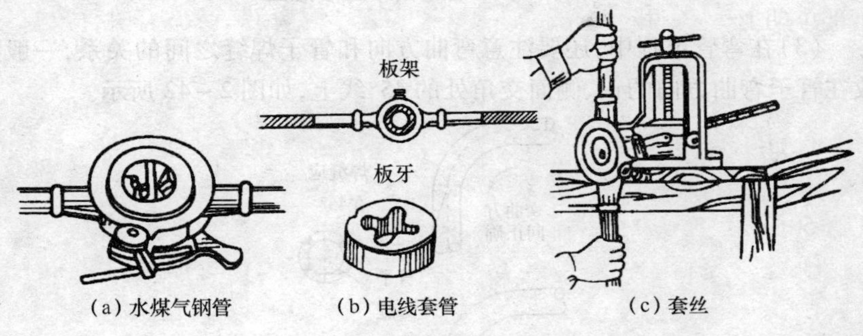

(a) 水煤气钢管　(b) 电线套管　(c) 套丝

图 2－40　管子套丝绞扳及套丝

(3)开始套丝扳转时，要稳而慢，太快了不宜带上丝，不得骤然用力，避免偏丝啃丝。套丝时还要避免套出来的丝扣与管子不同心。

(4)用在与接线盒、配电箱连接处的套丝长度，不宜小于管外径的 1.5 倍；用在管与管连接部位处的套丝长度，不得小于管接头长的 1/2 加 2 扣～4 扣，需倒丝连接时，连接管的一端套丝长度不应小于管接头长度加 2 扣～4 扣。

(5)第一次套完后，松开板牙，再调整其距离比第一次小一点，用同样方法再套一次，要防止乱丝。当第二次丝扣快套完时，稍松开板牙，边转边松，使其成为锥形丝扣。

5. 管子的弯曲

弯管注意事项：

(1)钢管的弯曲有冷煨和热煨两种，冷煨钢管的工具有手动和电动弯管器。在弯管过程中要注意：弯曲处不应有褶皱、凹穴和裂缝现象，弯扁程度不应大于管外径的 10%，弯曲角度一般不宜小于 90°，如图 2－41(a)所示。

(2)明配管弯曲半径不应小于管外径的 6 倍；如只有一个弯时，不应小于管外径的 4 倍；整排管子在转弯处弯曲处应弯成同心圆，如图 2－41(b)所示。

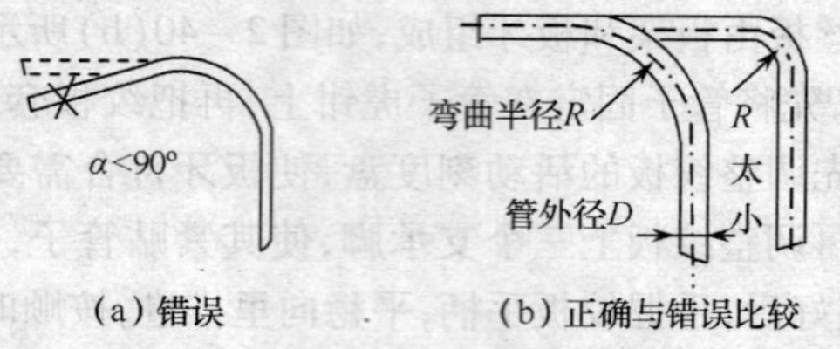

图 2－41　管弯曲半径示意图

(3) 在弯管过程中，还要注意弯曲方向和管子焊缝之间的关系，一般宜放在管子弯曲方向的正、侧面交角处的 45°线上，如图 2－42 所示。

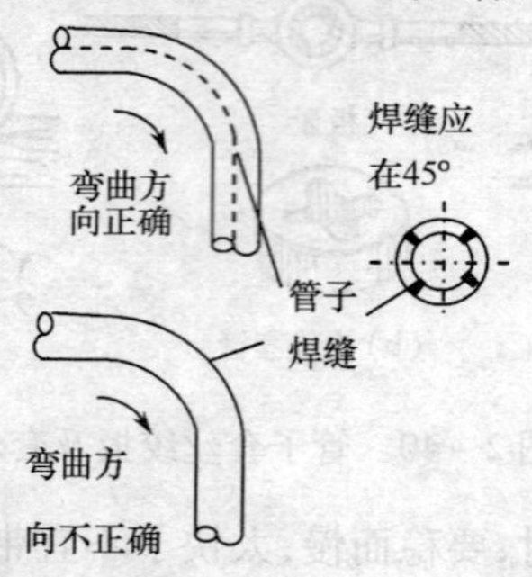

图 2－42　弯曲方向与管缝的配合

明配管弯曲半径及安装允许偏差和检验方法如表 2－18 所列。

表 2－18　明配管弯曲半径及安装允许偏差和检验方法

项次	项　目			允许偏差或弯曲半径/mm	检验方法
1	管子弯曲处的弯偏度			≤0.1D	尺量检查
2	管子弯曲半径		只有一个弯	≥4D	
			一个弯以上	≥6D	
3	固定点间距	管子直径/mm	15～20	30	
			25～32	40	
			40～50	50	
			65～100	60	
4	明配管水平垂直敷设 2m 段内		平直度	3	拉线、尺量检查
			垂直度		吊线、尺量检查

1）矩形木条弯管

直径为25mm以下的薄壁管和直径为20mm以下的厚壁管，可用质地坚硬并开有斜口的矩形木条来弯管。弯管时把线管嵌人木条上的斜口里，使标有记号的地方跟斜口的侧沿平齐，然后将钢管弯成所需角度，如图2－43所示。

2）弯管器弯管

直径为50mm的白铁管或电线管可用弯管器来弯管。弯管时应将线管的焊缝置于弯曲方面的背面或两侧，如图2－44所示。

3）木架弯管器弯管

木架弯管器用方木制成，可用于较大直径的线管弯管，如图2－45所示。

图2－43　矩形木条弯管方法

图2－44　弯管器弯管方法

4）线管灌沙弯管

凡管壁较薄而直径较大的线管弯曲时，可采用线管内灌沙弯管，黄沙一定要填满压实，如采用加热弯曲，黄沙还要炒干，否则电线管易弯瘪，如图2－46所示。

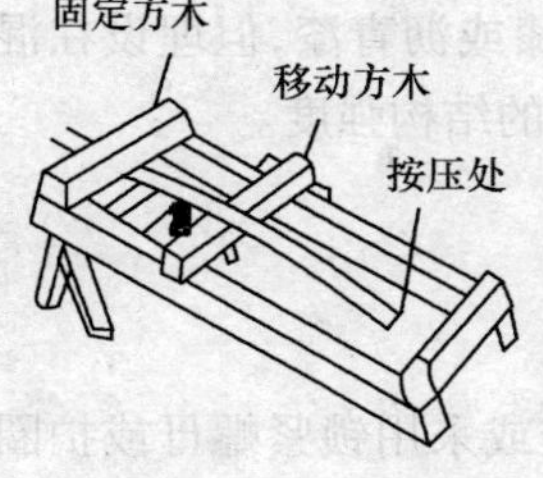

图2－45　木架弯管器弯管方法

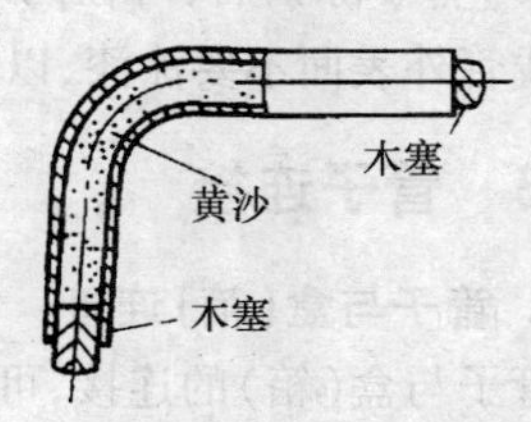

图2－46　线管灌沙弯管方法

5）滑轮弯管器弯管

弯制直径较大（可至10mm）的管子，可用滑轮弯管器。弯管时把管子放在两滑轮中间，匀速缓慢扳动滑轮，即可煨出所需的弯管来，如图2－47所示。

6）液压弯管机弯管

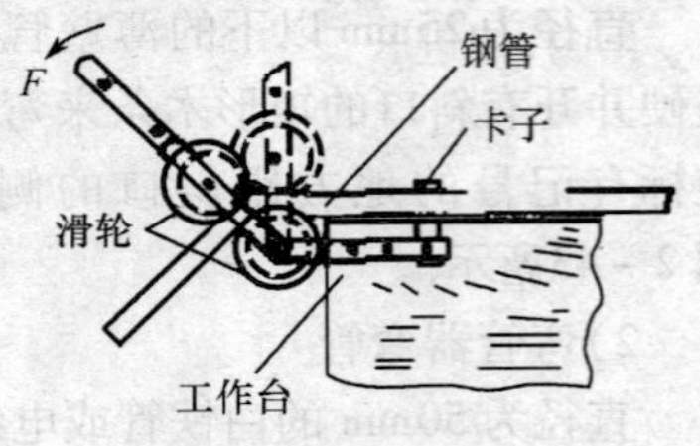

图2－47　滑轮弯管器弯管方法

直径80mm及以上或批量较大的管子，可用液压弯管机弯管。先选好模具，然后将已划好线的管子放入弯管机模具内，使管子的起弯点对准弯管机的起弯点，拧紧夹具，弯管时当弯曲角度大于所需角度1°～2°时停止，将弯管机退回起弯点。

6. 钢管除锈和防腐

（1）用圆形钢丝刷，两头各绑1根铁丝穿过线管，来回拉动钢丝刷进行管内除锈，如图2－48所示。

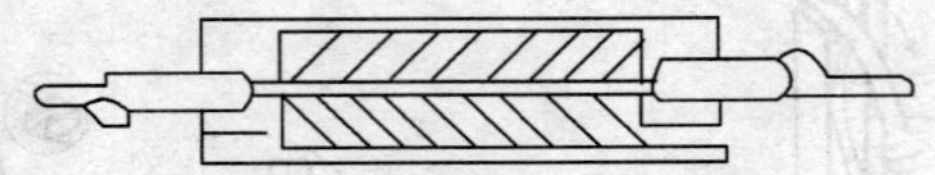

图2－48　用钢丝刷清除内表面铁锈

（2）管外壁可用钢丝刷除锈，如图2－49所示。

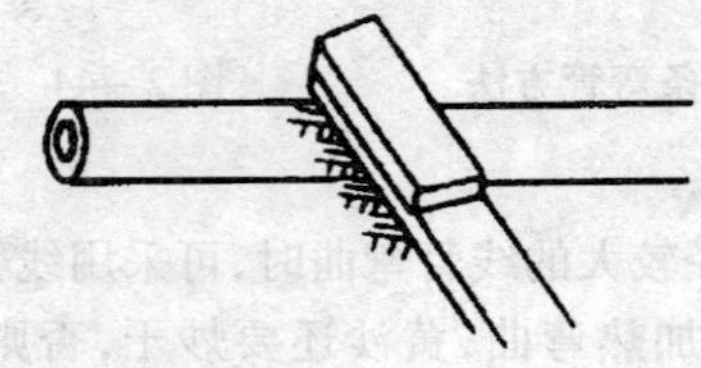

图2－49　用钢丝刷除外表面铁锈

（3）管子除锈后，可在内外表面涂以油漆或沥青漆，但埋设在混凝土中的电线管外表面不要涂漆，以免影响混凝土的结构强度。

2.3.3　管子连接

1. 管子与盒（箱）连接

管子与盒（箱）的连接，可采用焊接固定或采用锁紧螺母或护圈帽固定两种方法，管与盒（箱）的焊接固定仅适用于厚壁管，薄壁管严禁进行焊接固定。

1）焊接固定工艺

(1)管子与盒焊接固定时,应一管一孔顺直插入与管径吻合的敲落(连接)孔内,伸进长度应小于5mm。管与盒外壁焊接的累计长度不宜小于管外径周长的1/3,且不应烧穿盒壁。焊接质量达不到要求时,可用$\phi 6$钢筋,一端与管横向焊牢,另一端焊在盒的棱边上。

(2)管子与箱连接时,不应把管与箱体焊在一起,应将作为接地跨接线的圆钢,在适当位置上把入箱管做横向焊接并应保证入箱管长度一致,再与箱体外侧的棱边进行焊接。

2)锁紧螺母或护圈帽固定工艺

(1)配管管口使用金属护圈帽(护口)保护导线时,应将套丝后的管端先拧上锁紧螺母,顺直插入与管外径相一致的盒敲落孔内,露出2扣~4扣的管口螺纹,再拧上金属护圈帽(护口),把管与盒连接固定,如图2-50(a)所示。

(2)当配管管口使用塑料护圈帽保护导线时,由于塑料护圈帽机械强度无法固定住管盒,应在盒内外管口处均拧锁紧螺母固定盒子,留出管口2扣~4扣,再拧塑料护圈帽,如图2-50(b)所示。

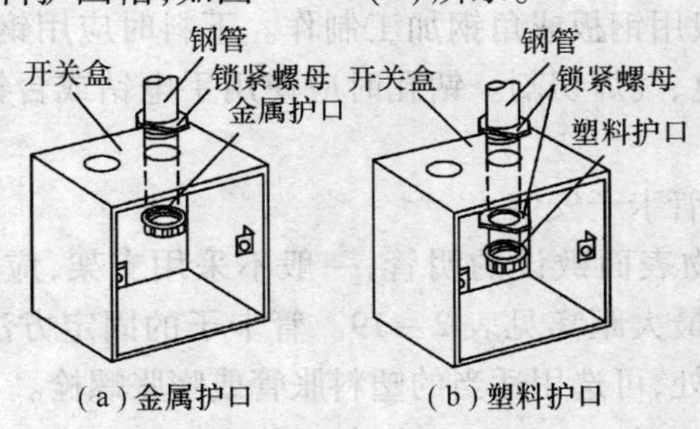

图2-50 管与盒固定做法

(3)管与配电箱固定时,无论使用哪种护圈帽均要在箱体内外用锁紧螺母固定,露出2扣~4扣的管口螺纹再拧紧护圈帽。

(4)为了使入箱管长度一致,可在箱体的适当位置用木方顶住木制平托板。在入箱管管口处先拧好一个锁紧螺母,留出适当长度的管口螺纹,插入箱体敲落孔内顶在平托板上,待墙体工程施工后拆迁箱内托板,在管口处拧上锁紧螺母盒护圈帽,如图2-51所示。

2. 管与管连接

明配管采用丝扣连接,两管拧进管接头长度不可小于管接头长度的1/2(6扣),使两管端之间吻合。

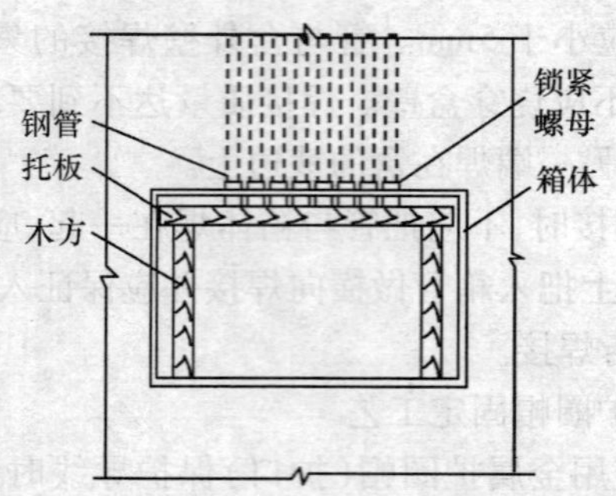

图 2-51　用木制托板暂时固定入箱管

2.3.4　管子安装

1. 支吊架制作安装

1）支、吊架制作

支、吊架一般用钢板或角钢加工制作。下料时应用钢锯锯割或用无齿锯下料，严禁用电、气焊切割。钻孔时应使用手电钻或台钻钻孔，不应用气焊或电焊吹孔。

2）明配管用管卡子安装

（1）沿建筑物表面敷设的明管，一般不采用支架，应用管卡子均匀固定。固定点间的最大距离见表 2-19。管卡子的固定方法可用胀管法，在需要固定管卡子处，可选用适当的塑料胀管或膨胀螺栓。

表 2-19　钢管中间管卡最大距离

敷设方式	钢管类型	钢管直径/mm			
		15～20	25～32	40～50	65～100
		最大允许距离/m			
吊架、支架	厚壁管	1.5	2.0	2.5	3.5
或沿墙敷设	薄壁管	1.0	1.5	2.0	

（2）钻塑料胀管孔宜使用冲击电钻。孔径应与塑料胀管外径相同，孔深度不应小于胀管的长度。

(3)当管孔钻好后，放入塑料胀管。待管固定时应先将管卡的一端螺丝拧进一半，然后将管敷设与管卡内，再将管卡两端用木螺丝拧紧如图2-52(a)所示。

(4)使用膨胀螺栓固定时，螺栓与套管应一起送到孔洞内，螺栓要送到洞底，螺栓埋入结构内的长度与套管长度相同如图2-52(b)所示。

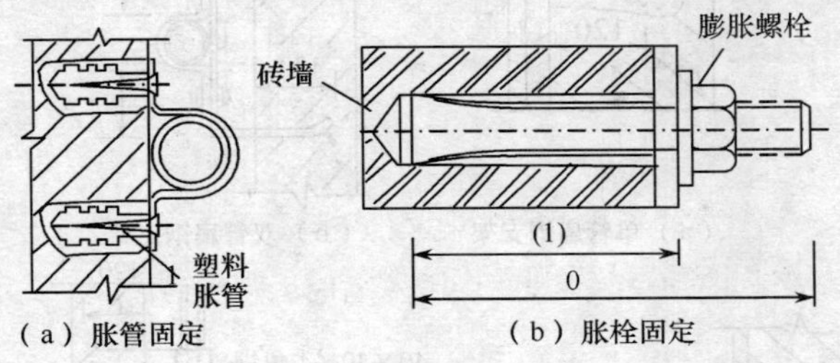

图2-52　管卡固定方法

(5)明配管在拐弯处应煨成弯曲或使用弯头。

3)明配管支架安装

对于多根明配管或较粗的明管可用支架进行安装。安装时应先固定两端的支架，再拉通线固定中间的支架，支架的安装方法如图2-53所示。

当多根明配管排列敷设时，在拐角处应使用中间接线箱进行连接，也可按管径的大小弯成排管敷设，所有管子应排列整齐，转角部分应按同心圆弧的形式进行排列。

4)明管吊架安装

(1)多根明管采用吊架安装时，应先固定好两端的吊架，再拉通线固定中间吊架，如图2-54所示。图2-54(b)也可将预埋螺栓改为膨胀螺栓在梁的侧面固定吊架。

(2)预制楼板采用吊装方法，应在楼板板缝处固定吊架，如图2-55所示。

5)抱箍固定支架

明配管在沿柱或沿屋架下弦及沿钢屋架敷设时，可以用抱箍固定支架，如图2-56所示。

2. 吊顶内管子敷设

1)灯位固定做法

(1)固定花灯、吊扇、大(重)型灯具时，应在建筑结构施工时预埋吊钩，且吊钩不应与吊顶龙骨连接。

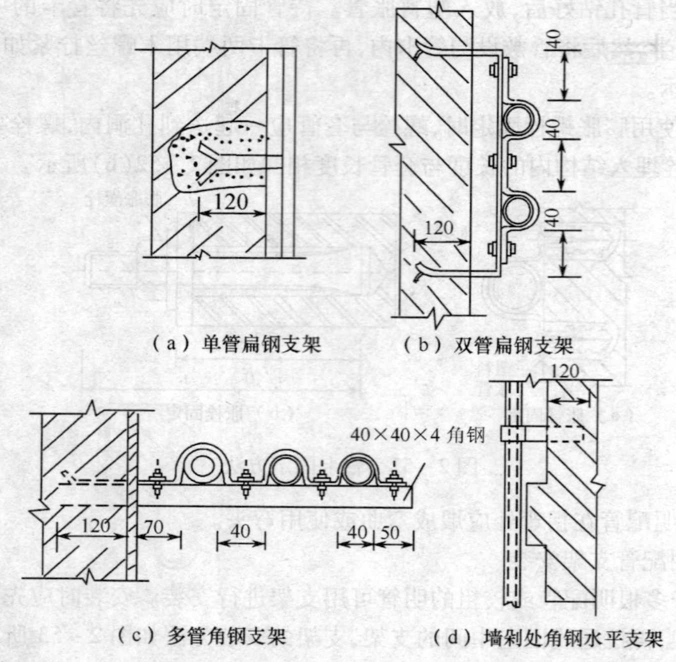

图 2－53　明管支架安装示意图

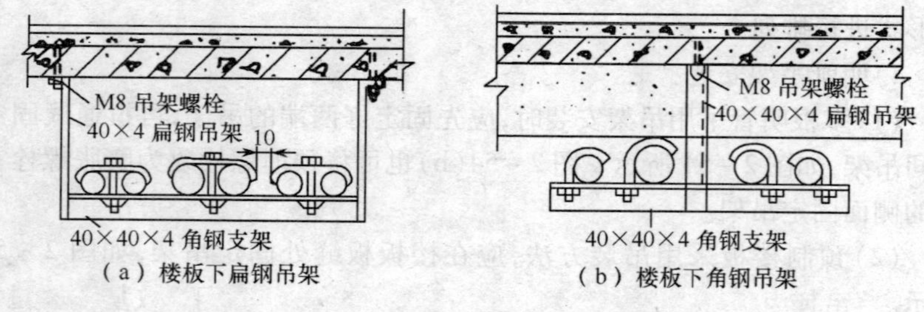

图 2－54　明管在现浇楼板吊装

（2）吸顶灯、吊灯等直接吊挂灯具的灯位盒，应固定在主龙骨或附加龙骨上，盒口朝下。在有防火要求的木结构上，可用石棉布垫好盒口（或用其他防火措施处理灯位盒），盒口应与吊顶板平齐。

（3）嵌入式灯具可用支架或吊架将灯位盒固定在吊顶内，也可用立卡固定在轻龙骨上。盒距离灯具边缘不宜大于 100mm。如为活板吊顶可适当远一些，但也不宜大于 30mm，灯位盒口应朝向侧面并加盖板，便于安装

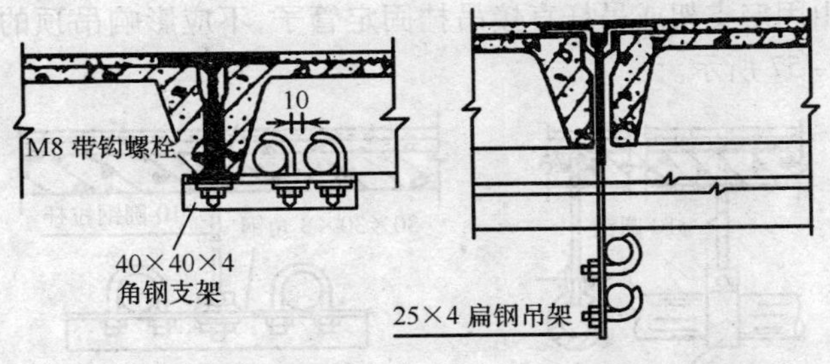

（a）预制板下水平吊装　　　（b）预制板梁下垂直吊装

图 2－55　明管沿预制板吊装

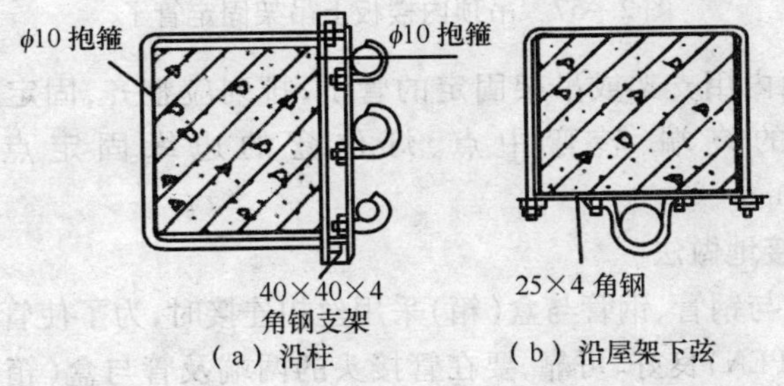

（a）沿柱　　　（b）沿屋架下弦

图 2－56　明配管用抱箍固定支架

接线盒观察维修。

2）吊顶内管子敷设

（1）吊顶内管子敷设，管与管或管与盒的连接均应采用丝扣连接。管与盒连接，应在盒的内、外侧均套锁紧螺母固定盒体。使用阻燃硬质塑料管敷设时，管与管或管与盒的连接，应使用专用的管接头、管卡头并涂以专用的胶合剂贴接。

（2）吊顶内阻燃硬质塑料管，当管径在 φ20mm 及以下、数量不超过 5 根或管径在 φ40mm 及以下、数量不超过 3 根或成排管子，可直接用管卡固定在主龙骨上。

（3）吊顶内敷设钢管直径为 φ25mm 及以下时，管子允许利用轻钢龙骨吊顶的吊杆盒吊顶的主龙骨上边敷设，并应使用吊装卡具吊装。当需要在主龙骨敷设必须开孔时，应采用相应孔径的开孔工具，严禁用电、气焊切割轻钢龙骨的任何部位。

（4）吊顶内管子敷设时，当管径较大或并列管子数量较多时，应由楼板顶部或梁山固定支架或吊杆直接吊挂固定管子，不应影响吊顶的更换和检修，如图2－57所示。

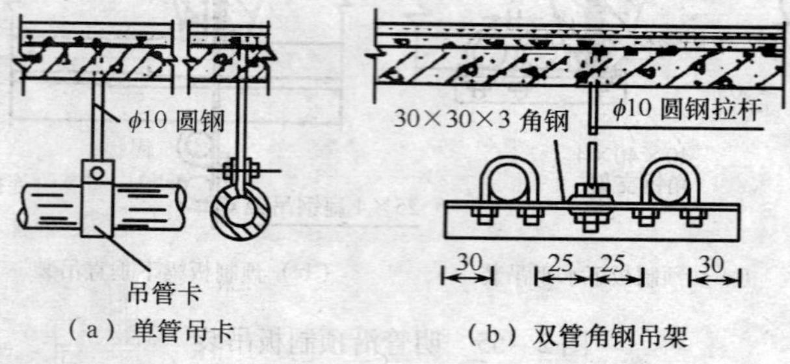

（a）单管吊卡　（b）双管角钢吊架

图2－57　吊顶内楼板上吊架固定管子

（5）吊顶内用支架或吊架固定的管子，排列应整齐，固定点间距应均匀，在管子的终端、转弯中点、灯位盒的边缘固定点的距离为150mm～500mm。

3. 管子接地做法

（1）钢管与钢管、钢管与盒（箱）采用丝扣连接时，为了使管路系统接地（接PE线接PEN）良好、可靠，要在管接头的两端及管与盒（箱）连接处，用相应圆钢或扁钢焊接好接地跨接线，使整个管路可靠地连成一个导电的整体，以防止导线绝缘损伤时而使管子带电造成事故。钢管敷设时管与管及管与盒（箱）接地跨接线的做法，如图2－58所示。

（2）跨接线直径应根据钢管的管径来选择，见表2－20。管接头两端跨接线焊接长度，不下于跨接线直径的6倍，跨接线在连接管焊接处距管接头两端不应小于50mm。盒（箱）上焊接面积，不应小于跨接线截面积，且应在盒（箱）的棱边上焊接。

（3）电线管管接头的两端应焊接不小于5mm的铜或铁的跨接线。

（4）严禁将管接头（管箍）与连接管焊死。

表2－20　接地跨接线选择表

单位：mm

电线管公称直径	接地跨接线			电线管公称直径	接地跨接线		
	钢管	圆钢	扁钢		钢管	圆钢	扁钢
≤32	≤25	φ6		50	40～50	φ10	
40	32	φ8		70～80	70～80	φ12以上	25×4

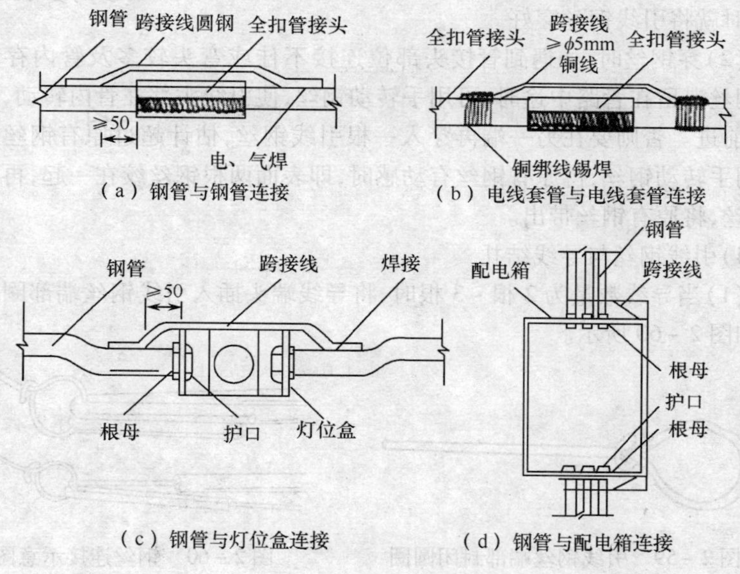

（a）钢管与钢管连接　（b）电线套管与电线套管连接

（c）钢管与灯位盒连接　（d）钢管与配电箱连接

图 2－58　跨接线做法

2.3.5　管内穿线

1. 穿引线钢丝

1）清扫管路

在钢丝上缠上破布，来回拉几次，将管内杂物和水分擦净。特别是对于弯头较多或管路较长的钢管，为减少导线与管壁摩擦，应随后向管内吹入滑石粉，以便穿线。

2）放导线

（1）放线前应根据施工图，对导线的规格、型号进行核对，发现线径小、绝缘层质量不好的导线应及时退换。

（2）放线时为使导线不扭结、不出背扣，最好使用放线架。无放线架时，应把线盘平放在地上，把内圈线头抽出并把导线放得长一些，切不可从外圈抽线头放线，否则会弄乱整盘导线或使导线打成小圈扭结。

3）穿引线钢丝

（1）管内穿线前大多数情况下都需要用钢丝做引线，用 φ1.2～φ2.0 的钢丝，头部弯成封闭的圆圈状，如图 2－59 所示。由管一端逐渐送入管中，直到另一端露出头时为止。明配管路有时管路较长或弯头较多,可在敷设管路时就将引线钢丝穿好。

(2)穿钢丝时,如遇到管接头部位连接不佳或弯头较多及管内存有异物,钢丝滞留在管路中途时,可用手转动钢丝,使引线头部在管内转动,钢丝即可前进。否则要在另一端再穿入一根引线钢丝,估计超过原有钢丝端部时,用手转动钢丝,待原有钢丝有动感时,即表面两根钢丝绞在一起,再向外拉钢丝,将原有钢丝带出。

4)引线钢丝与导线结扎

(1)当导线数量为2根~3根时,将导线端头插入引线钢丝端部圈内折回,如图2-60所示。

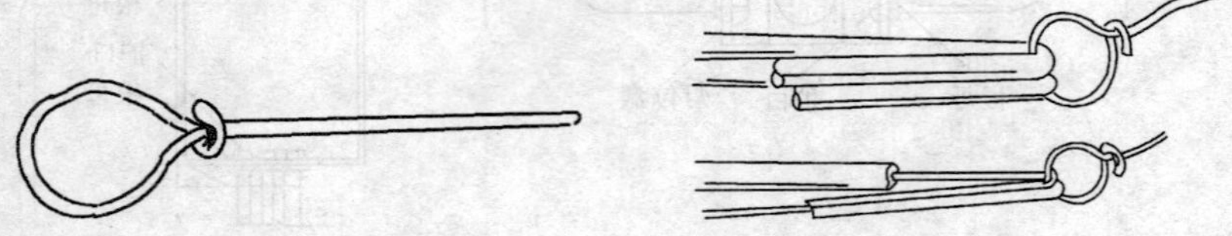

图2-59 引线钢丝端部封闭圆圈　　　图2-60 钢丝连接示意图

(2)如导线数量较多或截面较大,为了防止导线端头在管内被卡住,要把导线端部剥出一段线芯,并斜错排好,与引线钢丝一端缠绕。

2. 穿线

1)管内穿线的基本要求

(1)导线穿入钢管前,钢管管口处采用丝扣连接时,应有护圈帽,当采用焊接固定时,亦可使用塑料内护口。穿入硬质塑料管前,应先检查管口是否留有毛刺和刃口,以防穿线时损坏导线绝缘层。

(2)同一交流回路的三相导线及中性线必须穿在同一钢管内。不同回路、不同电压和交流与直流导线,不得穿在同一管内。管内穿线时,电压为65V及以下回路、同一设备的电机回路和无抗干扰要求的控制回路、照明花灯的所有回路、同类照明的几个回路可以穿入同一根管子内,但管内导线总数不能多于8根。

(3)穿入管内的导线不应有接头,导线的绝缘层不得损坏,导线也不得扭曲。

2)穿线工艺

(1)当管路较短而弯头较少时,可把绝缘导线直接穿入管内。

(2)两人穿线时,一人在一端拉钢丝引线,另一人在另一端把所有的电线捏成一束送入管内，二人动作应协调，并注意不得使导线与管口处摩擦损坏绝缘层。

(3)当导线穿至中途需要增加根数时，可把导线端头剥去绝缘层或直接缠绕在其他电线上，继续向管内拉。

(4)在某些场所，如房间面积不大、且管路弯头较少、穿入导线数量不多时，可以一人穿线。即一手拉钢丝，一手送线，但需要把线放得长些。

(5)空心楼板板孔穿线，必须用塑料护套线或加套塑料护层的绝缘导线。穿入导线时，不得损伤导线的护套层，并应能便于更换导线。导线在板孔内不得有接头，导线分支连接应在接线盒内进行。

3)导线在接线盒内固定

敷设于垂直线路中的导线，每超过下列长度时，应在接线盒中加以固定，固定方法如图2-61所示。

(1)导线截面$50mm^2$及以下为30m。

(2)导线截面$70mm^2$~$95mm^2$为20m。

(3)导线截面$120mm^2$~$240mm^2$为18m。

4)剪断导线留出余量

(1)导线穿好后，应按要求适当留出余量以便以后接线。

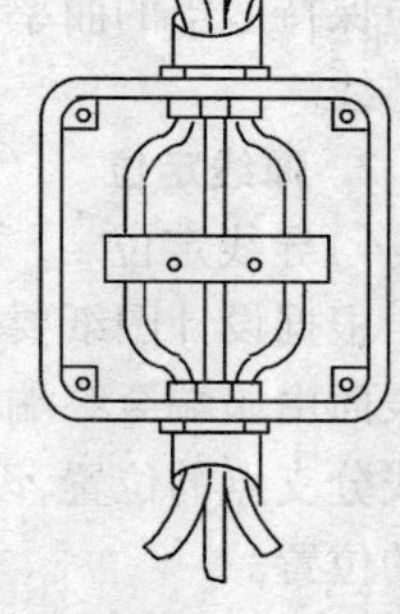

图2-61 导线在接线盒中固定

(2)接线盒、灯位盒、开关盒内留线长度出盒口不应小于150mm；配电箱内留线长度为箱的半周长；出户线处导线预留长度为1.5m。

(3)但对一些公用导线，在分支处可不剪断直接通过，只需在接线盒内留出一定余量，这样可以省去之后接线中不必要的接头。

2.4 室内明配线

2.4.1 塑料护套线敷设

1. 概述

1)护套线的使用

(1)塑料护套线适用于电气照明线路的明敷设，不得在室外露天场所明敷设。

(2)塑料护套线暗敷设时，可从空心楼板孔内穿线，但塑料护套线不得直接埋入到抹灰层内暗敷设或埋入釉面砖下灰层内暗敷设。

2)配线的技术要求

(1)对导线截面积的要求:如用铜芯线,不得小于 $0.5mm^2$;如用铝芯线,不得小于 $1.5mm^2$。室外使用护套线的导线截面积,如用铜芯线,不得小于 $1.0mm^2$;如用铝芯线,不得小于 $2.5mm^2$。

(2)导线连接要求:护套线敷设在线路上时,不可采用线与线的直接连接,应采用接线盒或借用其他电气装置的接线端子来连接线头,在多尘和潮湿场所应采用密闭式接线盒。

(3)导线转弯的要求:护套线在同一面上转弯时,必须保持垂直。转角处应保持适当的曲率半径,其数值应是护套线直径的3倍~4倍,太小会损伤芯线。

2. 弹线定位

1)导线定位

根据设计图纸要求,按线路的走向,找好水平和垂直线,用粉线沿建筑物表面由始端至终端划出线路的中心线,同时标明照明器具及穿墙套管和导线分支点的位置,以及接近电气器具旁的支持点和线路转弯处导线支持点的位置。

2)支持点定位

塑料护套线的支持点的位置,应根据电气器具的位置及导线截面大小来确定。塑料护套线配线在终端、转弯中点、电气器具或接线盒边缘的距离为50mm~100mm处;直线部位导线中间平均分布距离为150mm~200mm处;两根护套线敷设遇有十字交叉时交叉口处的四方50mm~100mm处,都应有固定点,护套线配线各固定点的位置如图2-62所示。

3. 导线固定方法

1)预埋木砖或木钉

(1)在配合土建施工过程中,还应根据规划的线路具体走向,将固定线卡的木砖预埋在准确的位置上。预埋木砖时,应找准水平和垂直线,梯形木砖较大的一面应埋入墙内,较小的一面应与墙面平齐或略凸出墙面。

(2)采用木钉固定铝线卡时,应在室内装饰抹灰前将木钉下好,可用电钻打孔装木钉,木钉外留长度不应高出抹灰层。

2)现埋塑料胀管

塑料胀管是用来固定器具的,可在建筑装饰工程完成后,按划线定位的方法,确定器具固定点的位置,从而准确定位塑料胀管的位置。按已选定的

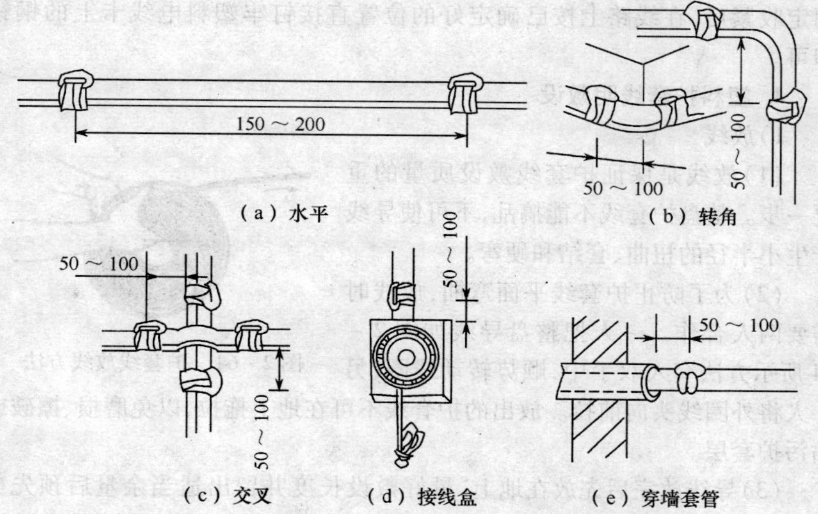

图 2－62　塑料护套线固定点位置要求

塑料胀管的外径和长度选择钻头进行钻孔，孔深应大于胀管的长度，埋入胀管后应与建筑装饰面平齐。

3）铝线卡固定

铝线卡又称钢精轧头、金属扎片，如图 2－63所示。铝线卡的规格有 0、1、2、3、4 和 5 号等，号码越大，长度越长。护套线线径较大或根数较多时，宜选用号码较大的线卡。按固定方式不同，铝线卡有用小铁钉固定和用黏结剂固定两种。

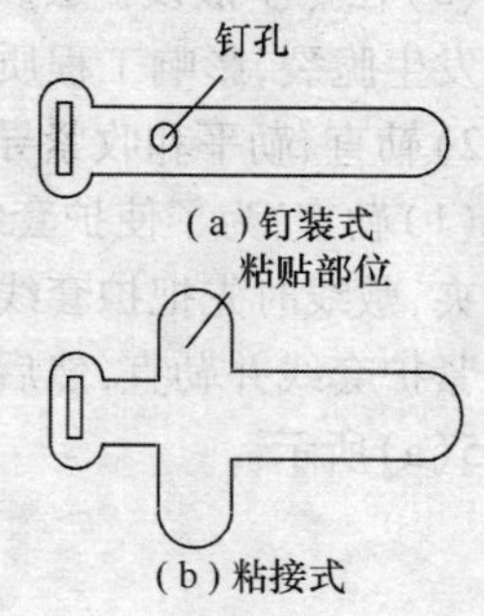

图 2－63　铝线卡示意图

（1）小铁钉固定：在木结构上，可沿线路在固定点直接用铁钉将铝线卡钉牢；在砖结构上，应每隔 4 挡 ~5 挡，将线卡钉牢在预埋的木钉上，中间的线卡可用小铁钉钉牢在粉刷墙内，但在转角、分支、进接线盒和进电器处应预埋木钉。

（2）黏结剂固定：线路在混凝土结构或预制板上敷设，可用环氧树脂、万能胶水或其他合适的黏结剂粘贴。

4）塑料钢钉电线卡固定

用塑料钢钉电线卡固定护套线，应先敷设护套线，在护套线两端预先固定收紧后，在线路上按已确定好的位置直接钉牢塑料电线卡上的钢钉即可。

4. 塑料护套线明敷设

1）放线

（1）放线是保证护套线敷设质量的重要一步。整盘护套线不能搞乱，不可使导线产生小半径的扭曲、套结和硬弯。

图2-64　护套线放线方法

（2）为了防止护套线平面弯曲，放线时需要两人合作。一人把整盘导线如图2-64所示方法套入双手中，顺势转动线圈，另一人将外圈线头向前拉。放出的护套线不可在地上拖拉，以免磨损、擦破或沾污护套层。

（3）导线放完后先放在地上，量好敷设长度并留出适当余量后预先剪断。如果是较短的分段线路，可按所需长度剪断，然后重新盘成较大的圈径，套在肩上随敷随放。

（4）塑料护套线如果被弄乱或出现扭弯，要设法在敷设前校直。校线时要两人同时进行，每人握住导线的一端，用力在平坦的地面上甩直。

（5）在冬季敷设护套线时如果温度低于-15℃，严禁敷设护套线，防止塑料发生脆裂，影响工程质量。

2）勒直、勒平和收紧导线

（1）勒直：为了使护套线敷设得平直，可在直线部分的两端临时安装两副瓷夹，敷线时先把护套线一端固定在一副瓷夹内并旋紧瓷夹，接着在另一端收紧护套线并勒直，然后固定在另一副瓷夹中，使整段护套线挺直，如图2-65(a)所示。

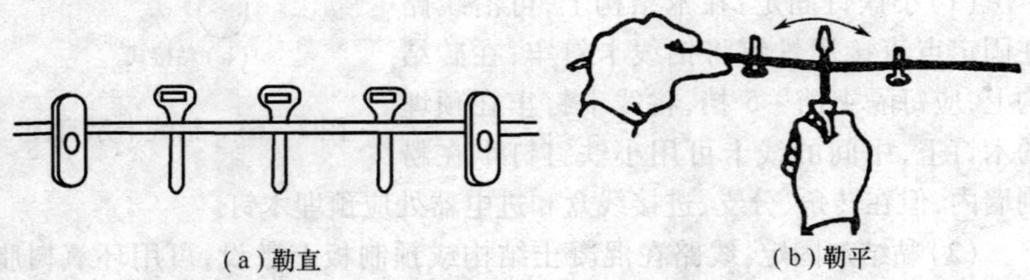

（a）勒直　　（b）勒平

图2-65　塑料护套线校直方法

（2）勒平：如果护套线有小半径扭曲，可用螺丝刀的金属梗部，把扭曲处来回按捺压勒，如图 2－65(b)所示。

(3)收紧：护套线经过勒直和勒平整理后，在敷设时还要把护套线收紧，把收紧后护套线依次夹入另一端的临时瓷夹中，再按顺序逐一把铝线卡夹持，如图 2－66 所示。

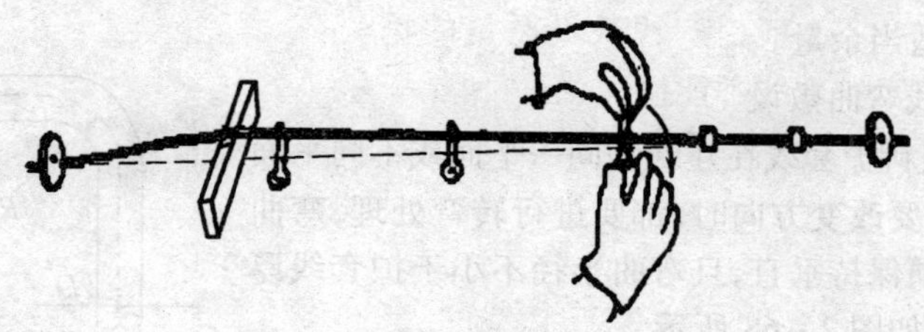

图 2－66　塑料护套线收紧方法

3)导线夹持

(1)用铝线卡夹持导线时，应注意护套线必须置于线夹钉位或粘贴位的中心，在搬起线夹片头尾的同时，应用手指顶住支持点附近的护套线，用铝线卡夹持护套线的步骤如图 2－67 所示。

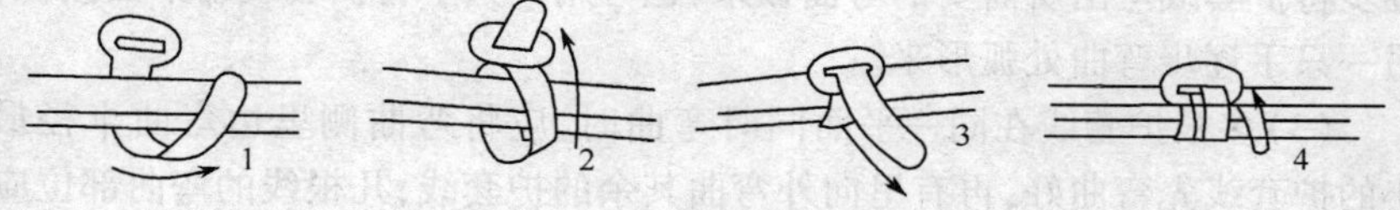

图 2－67　夹持铝线卡的步骤

(2)若护套线敷设距离较短，用铝线卡固定时，将护套线调直后，敷设时从开始端，一只手托线，另一只手用卡子夹持，边夹边敷。

(3)每夹持 4 个 ~5 个支持点，应进行一次检查。如果发现偏斜，可用小锤轻轻敲击突出的线卡予以纠正。

(4)护套线在转角、穿墙处及进入电气器具木(塑料)台或接线盒前等部位。到了护套线末端敷设部位，距离较短，如弯曲或扭曲严重就要戴上手套，用大拇指顺向按捺和推挤，使导线挺直平服，紧贴建筑物表面，再夹上铝线卡。

4)导线平行或垂直敷设

(1)几条护套线成排平行或垂直敷设时，可用绳子把护套线吊挂起来，敷设时应上下或左右排列紧密、间距一致，不能有明显空隙。

(2)水平或垂直敷设的护套线，平直度和垂直度不大于 5mm。应及时检查所敷设的线路是否横平竖直、整齐和固定可靠。用一根平直的靠尺板靠在线路旁测量，如果导线不完全紧贴在靠尺板上，可用螺丝刀柄轻轻敲击，让导线的边缘紧贴在靠尺板上，使线路整齐美观。

(3)护套线在跨越建筑物变形缝时，导线两端应固定牢固，中间变形缝处应留有适当余量。

5)导线弯曲敷设

(1)塑料护套线在建筑物同一平面或不同平面上敷设，需要改变方向时，都要进行转弯处理，弯曲后导线必须保持垂直，且弯曲半径不小于护套线厚度的3倍，如图2-68所示。

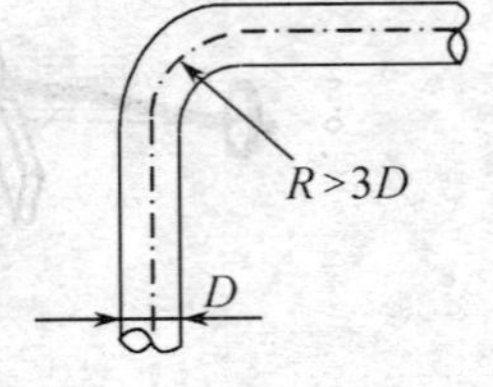

图2-68　导线弯曲半径示意图

(2)护套线在弯曲时，不应损伤线芯的绝缘层和保护层。在不同平面转角弯曲时，敷设固定好一面后，在转角处用拇指按住护套线，弯出需要的弯曲半径。当护套线在同一平面上弯曲时，用力要均匀，弯曲处应圆滑，应用两手的拇指和食指，同时捏住护套线适当部位两侧的扁平处，由中间向两边逐步将护套线弯出所需要的弯曲弧来，也可用一只手将护套线扁平面按住，另一只手逐步弯曲处弧形来。

(3)多根护套线在同一平面同时弯曲时，应将弯曲侧里边弯曲半径最小的护套线先弯曲好，再有里向外弯曲其余的护套线，几根线的弯曲部位应贴紧、无缝隙。在弯曲处，一个线卡内不宜超过4根护套线。

5. 导线的连接

(1)塑料护套线明敷设时，不应进行线与线间的直接连接，在线路中间接头和分支接头处，应装设护套线接线盒，也可借用其电气器具的接线柱头连接导线。在多尘和潮湿场所内应采用密闭式接线盒。

(2)护套线在进入接线盒或与电气器具连接时，护套层应引入盒内或器具内进行连接。安装接线盒时，应按护套线的方向、根数，比好位置，应使接线盒与护套线吻合，然后用螺丝将接线盒固定。

2.4.2　钢索线路的安装

钢索线路就是借助钢索的支持，在钢索上吊装护套线线路或钢管等线路的一种配线方法。

1. 钢索线路的安装方法与步骤

(1)根据设计图纸，在墙、柱或梁等处，埋设支架、抱箍、紧固件以及拉环等物件。

(2)根据设计图纸的要求,将一定型号、规格与长度的钢索组装好。

(3)将钢索架设到固定点处,并用花篮螺栓将钢索拉紧,如图2-69~图2-71所示。

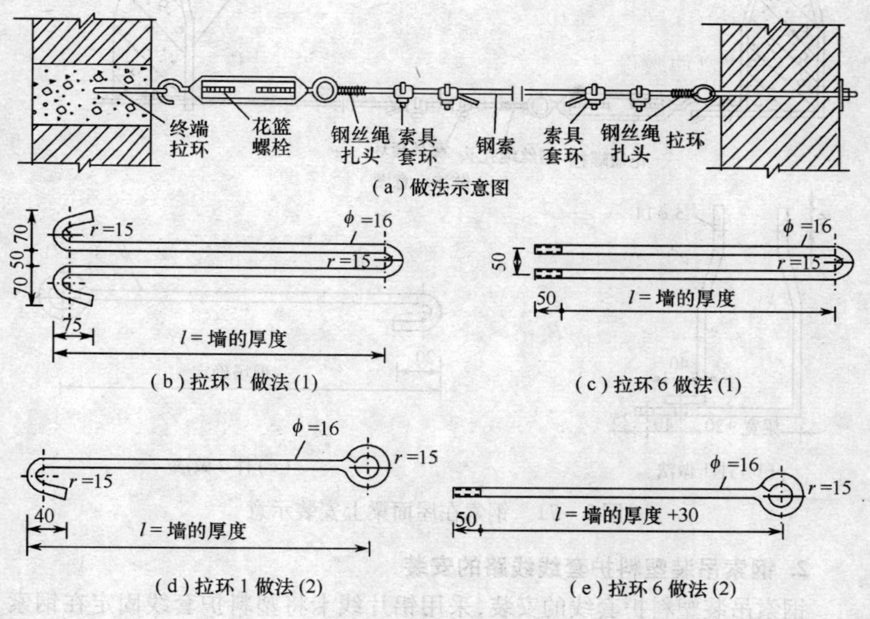

图2-69　钢索在墙上安装示意(单位:mm)

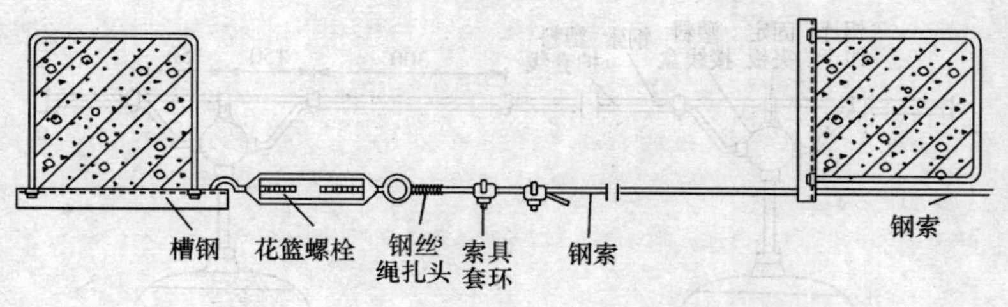

图2-70　钢索在墙上安装示意

(4)将塑料护套线或穿管导线等不同配线方式的导线吊装并固定在钢索上。

(5)安装灯具或其他电气器具。

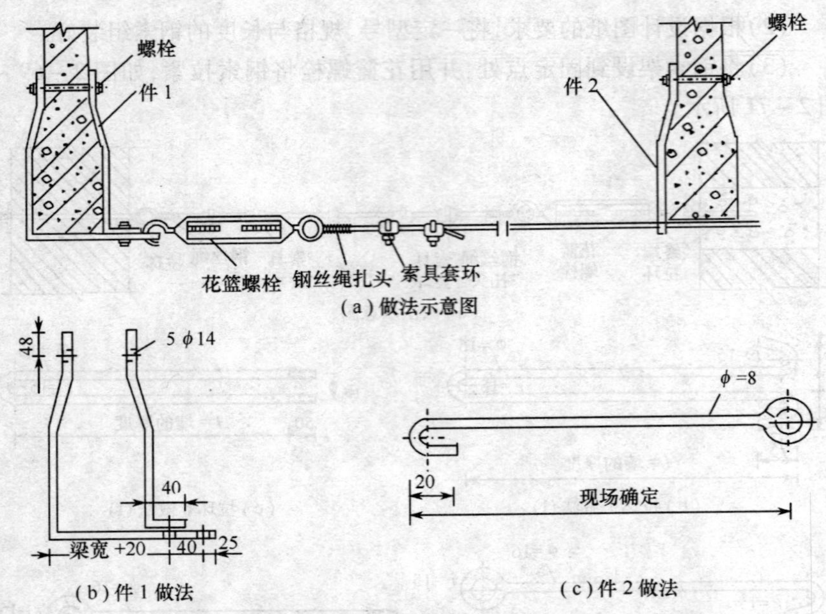

图 2－71　钢索在屋面梁上安装示意

2. 钢索吊装塑料护套线线路的安装

钢索吊装塑料护套线的安装，采用铝片线卡将塑料护套线固定在钢索上，使用塑料接线盒与接线盒安装钢板将照明灯具吊装在钢索上，如图 2－72所示。

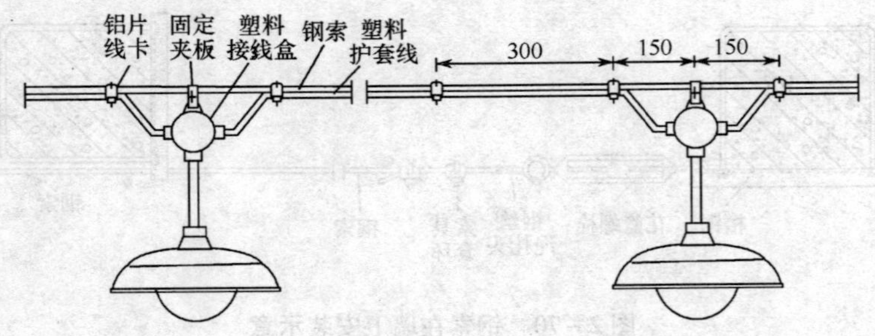

图 2－72　钢索吊装塑料护套线

钢索吊装塑料护套线布线时，照明灯具一般使用吊链灯，灯具吊链可用螺栓与接线盒固定钢板下端的螺栓连接固定。当采用双链吊链灯时，另一根吊链可用图 2－73 的 20×1mm 吊卡和 M6×20mm 螺栓固定。

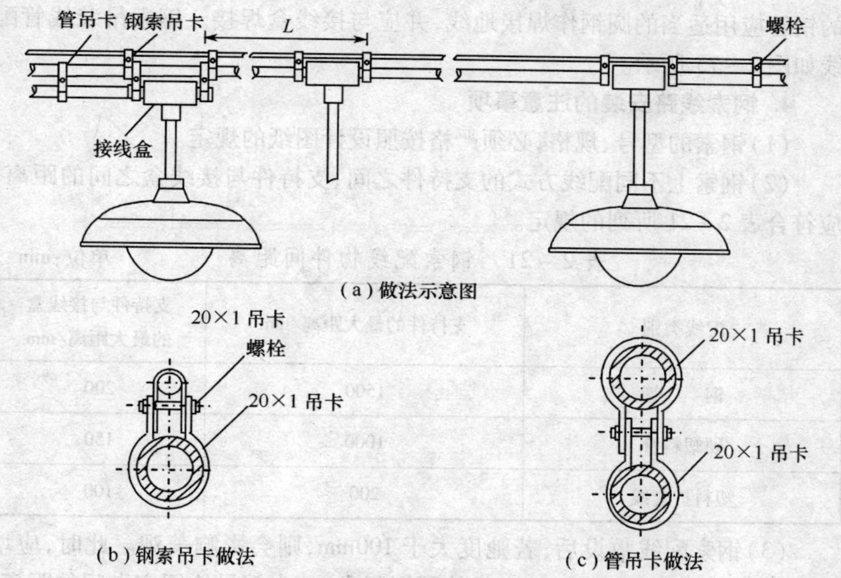

图 2－73　钢索吊管配线

$L \leqslant 1500$(钢管)；$L \leqslant 1000$(塑管)。

3. 钢索吊装线管线路的安装

钢索吊装线管线路是采用扁钢吊卡将钢管或硬质塑料管以及灯具吊装在钢索上，并在灯具上装好铸铁吊灯接线盒。

钢索吊装线管线路的安装，先按设计要求确定好灯具的位置，测量出每段管子的长度，然后加工。使用的钢管或电线管应先进行校直，然后切断、套丝、煨弯。使用硬质塑料管时，要先煨管、切断，为布管的连接作好准备工作。在吊装钢管布管时，应按照先干线后支线的顺序进行，把加工好的管子从始端到终端按顺序连接，管与铸铁接线盒的丝扣应拧牢固。将布管逐段用扁钢吊卡与钢索固定。

扁钢吊卡的安装应垂直，平整牢固，间距均匀，每个灯位接线盒应用两个吊卡固定，钢管上的吊卡距接线盒间的最大距离不应大于 200mm，吊卡之间的间距不应大于 1500mm。

当双管平行吊装时，可将两个管吊卡对接起来进行吊装，管与钢索的中心线应在同一平面上。此时灯位处的铸铁接线盒应吊两个管吊卡与下面的布管吊装。

吊装钢管布线完成后，应做整体的接地保护，管接头两端和接线盒两端的钢管应用适当的圆钢作焊接地线，并应与接线盒焊接。钢索吊装线管配线如图2－73所示。

4. 钢索线路安装的注意事项

(1)钢索的型号、规格，必须严格按照设计图纸的规定。

(2)钢索上不同配线方式的支持件之间、支持件与接线盒之间的距离，应符合表2－21所列的规定。

表2－21　钢索配线物件间距离　单位:mm

配线类别	支持件的最大距离/mm	支持件与接线盒的最大距离/mm
钢　管	1500	200
硬塑料管	1000	150
塑料护套线	200	100

(3)钢索配线敷设后，若弛度大于100mm，则会影响美观。此时，应增设中间吊钩(用不小于8mm直径的圆钢制成)。中间吊钩固定点间的距离，不大于12m。

(4)钢索线路安装时，对各种配线的支持件间的距离的允许偏差，均应符合表2－22中所列的要求。

(5)应将钢索可靠接地。

(6)应遵守钢索线路中所吊装的配线方式的各种注意事项。

表2－22　钢索上配线的允许偏差

项　目		允许偏差/mm	检验方法
各种配线支持件间的距离	钢管配线	30	尺量检查
	硬塑料310配线	20	
	塑料护套线配线	5	
	瓷柱配线	30	

2.4.3　绝缘子(瓷瓶)线路安装

1. 概述

1)绝缘子配线适用场合

绝缘子配线是指利用绝缘子支持和固定绝缘导线的一种配线方式。由于绝缘子绝缘性能高，机械强度大，因此它适用于容量较大而又比较潮湿的场合。

2）绝缘子配线组成

配线绝缘子一般采用鼓形绝缘子（又称瓷柱）、蝶形绝缘子（又称茶台式绝缘子）和针式绝缘子（又称伞形绝缘子）等。其外形如图2－74所示。导线截面较小时一般采用绝缘子配线，导线截面较大时则采用其他几种绝缘子配线，绝缘子配线组成如图2－75所示。

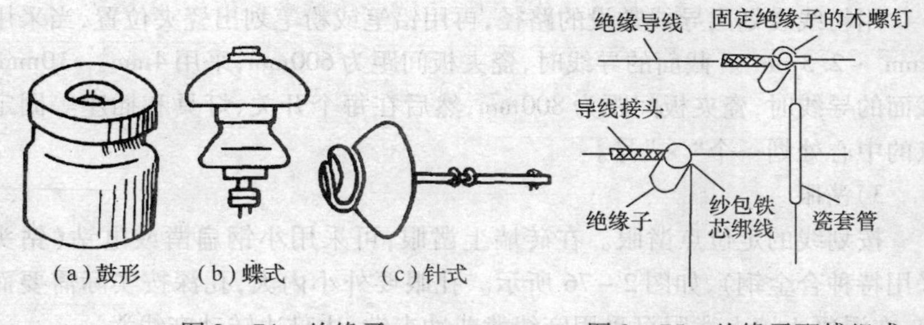

图2－74 绝缘子　　图2－75 绝缘子配线组成

3）材料选用

瓷瓶规格的选择见表2－23，绑线选择见表2－24。

表2－23 瓷瓶规格的选择

导线截面积/mm²	鼓形瓷瓶	针形瓷瓶	碟形瓷瓶
<10	导线半径与瓷瓶颈部半径相当时	P(4)－3	(5)(4)－3(5)(4)－4
16～50	G－20 G－35	P(4)－2	(5)(4)－2
>70	G－38 G－50	P(4)－1	(5)(4)－1

表2－24 绑扎线直径选择

导线截面/mm²	绑线直径/mm			绑线卷数	
	砂包铁芯线	铜芯线	铝芯线	公卷数	单卷数
1.5～10	0.8	1.0	2.0	10	5
10～35	0.89	1.4	2.0	12	5
50～70	1.2	2.0	2.6	16	5
95～120	1.24	2.6	3.0	20	5

2. 绝缘子定位、划线、凿眼和埋设紧固件

1)定位

按施工图确定灯具、开关、插座和配电箱等设备的位置,然后再确定导线的敷设位置,穿过楼板的位置及起始、转角、终端夹板的固定位置,最后确定中间夹板的位置。在开关、插座和灯具附近约 50mm 处,都应安装一副夹板。

2)划线

用粉线袋划出导线敷设的路径,再用铅笔或粉笔划出瓷夹位置,当采用 $1\text{mm}^2 \sim 2.5\text{mm}^2$。截面的导线时,瓷夹板间距为 600mm;采用 $4\text{mm}^2 \sim 10\text{mm}^2$ 截面的导线时,瓷夹板间距为 800mm,然后在每个开关、灯具和插座等固定点的中心处划一个“×”号。

3)凿眼

按划线的定位点凿眼。在砖墙上凿眼,可采用小钢扁凿或电钻(钻头采用特种合金钢),如图 2-76 所示。孔眼要外小内大,孔深按实际需要而定;在混凝土墙上凿眼可采用麻线凿或冲击钻,边敲边转动麻线凿。

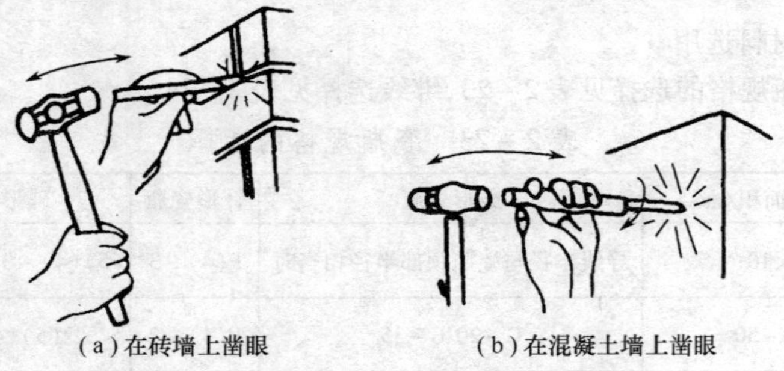

(a)在砖墙上凿眼　　(b)在混凝土墙上凿眼

图 2-76　在墙上凿眼的方法

4)安装木榫或其他紧固件

在孔眼中洒水淋湿,埋设木榫或缠有铁丝的木螺钉,然后用水泥沙浆填平,当水泥砂浆干燥至相当硬度后,旋出木螺钉,装上瓷夹板或木台。

5)埋设穿墙保护瓷管或钢管

瓷管预埋可先用竹管或塑料管代替,当拆除模板刮糙后,再将竹管取出换上瓷管,塑料管可以代替瓷管使用,直接埋入混凝土构造中即可。

3. 绝缘子固定

绝缘子的固定方法见表 2-25。

表 2－25　绝缘子固定方法

固定位置	固定方法
木结构上	木结构上固定绝缘子，可用木螺钉直接旋入，如图 2－77 所示
砖结构上	砖墙结构上固定绝缘子，可用木榫或缠有铁丝的木螺钉固定，如图 2－78 所示
混凝土上	用绕有铁丝的木螺钉固定绝缘子——适用于鼓形绝缘子，如图 2－79(a)所示
	用支架固定——适用于鼓形绝缘子、蝶式和针式绝缘子，如图 2－79(b)所示
	用膨胀螺栓固定——适用于鼓形绝缘子，如图 2－79(c)、图 2－79(d)所示
	用环氧树脂黏结剂固定——适用于鼓形绝缘子，如图 2－79(e)所示

图 2－77　绝缘子在木结构上固定方法

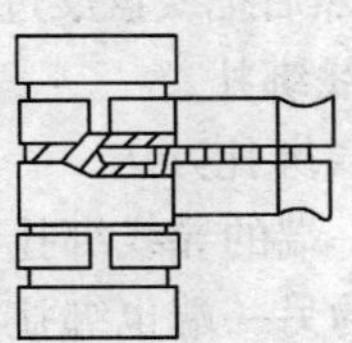

图 2－78　绝缘子在砖结构上固定方法

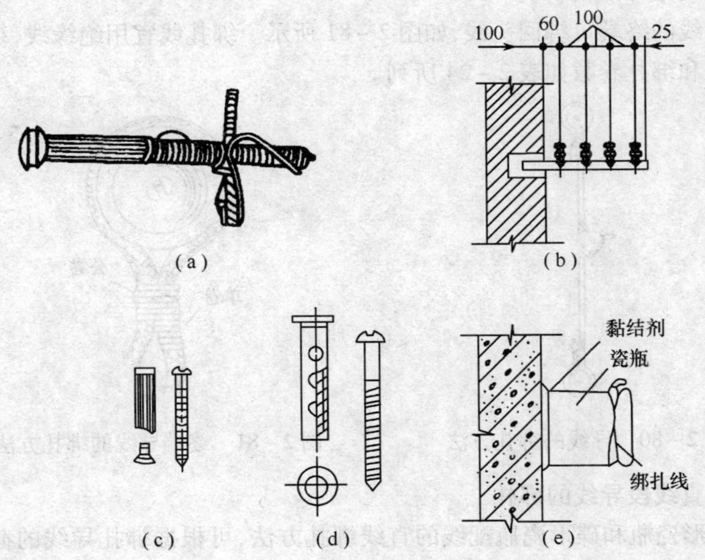

图 2－79　单股铝导线压接法连接

4. 导线敷设

导线敷设前先将导线拉直，然后按一定的顺序和方法进行，导线的布放一般有放线架放线和手工放线两种方法。

1）放线架放线

通常用于较粗导线的布放。放线时，将成盘导线架在放线架上，一人拉着线头顺线路方向前进，线盘受力牵动线架转动，将导线放直。

2）手工放线

通常用于线路较短或较细导线的放线。放线时，将线盘套在胳膊上，把线头固定在线路起点的固定物上，放线人顺线路方向前进，用一只手将导线正着放3圈，然后把线盘反过来再放3圈，反复进行就可将导线平直地放开。

5. 导线绑扎

1）导线绑扎方法

先将一端的导线绑扎在绝缘子的颈部，如果导线弯曲，应事先调直，然后将导线的另一端也绑扎在绝缘子的颈部，最后把中间导线也绑扎在绝缘子的颈部，如图2-80所示。

2）终端导线的绑扎

导线的终端可绑回头线，如图2-81所示。绑扎线宜用绝缘线，绑扎线的线径和绑扎卷数如表2-24所列。

图2-80　导线的绑扎方法

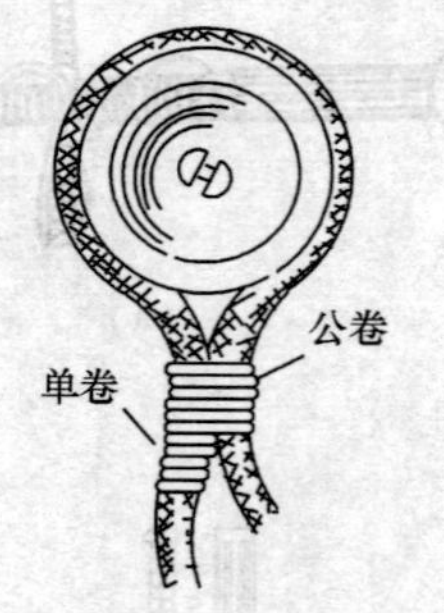

图2-81　终端导线的绑扎方法

3）直线段导线的绑扎

鼓形瓷瓶和碟形瓷瓶配线的直线绑扎方法，可根据绑扎导线的截面积大小来决定。导线截面在$6mm^2$以下的采用单花绑法，其绑扎方法及绑扎步骤如图2-82所示；导线截面在$10mm^2$以上的采用双绑法，其绑扎方法和绑扎步骤如图2-83所示。

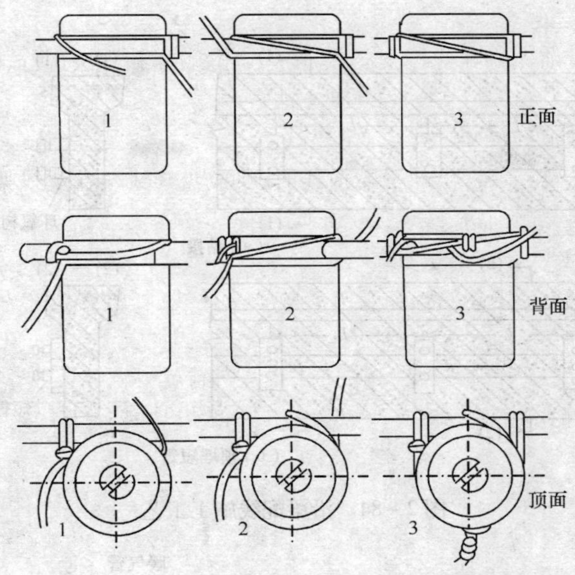

图 2－82　单花绑法绑扎步骤

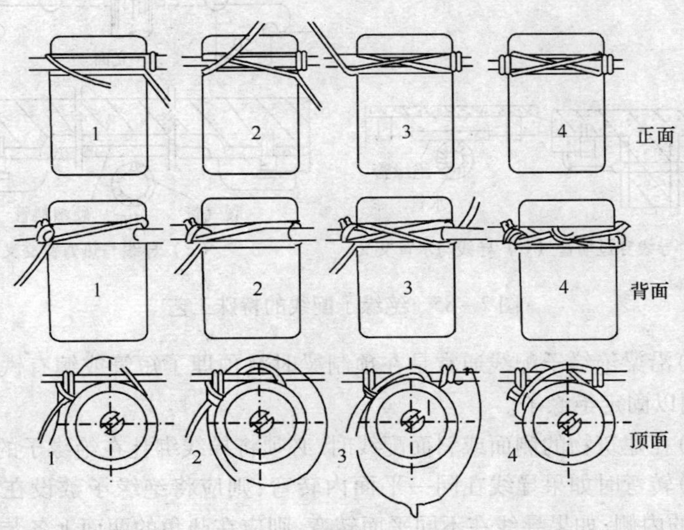

图 2－83　双花绑法绑扎步骤

6. 绝缘子线路的安装方法

绝缘子线路的安装方法如图 2－84～图 2－89 所示。说明如下：

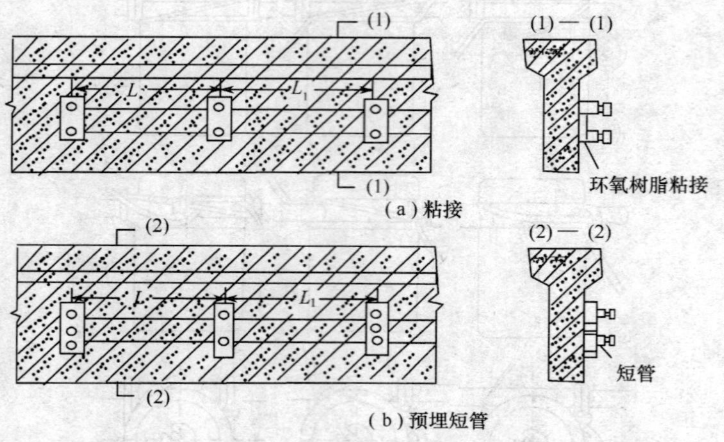

图 2-84　沿梁配线施工工艺

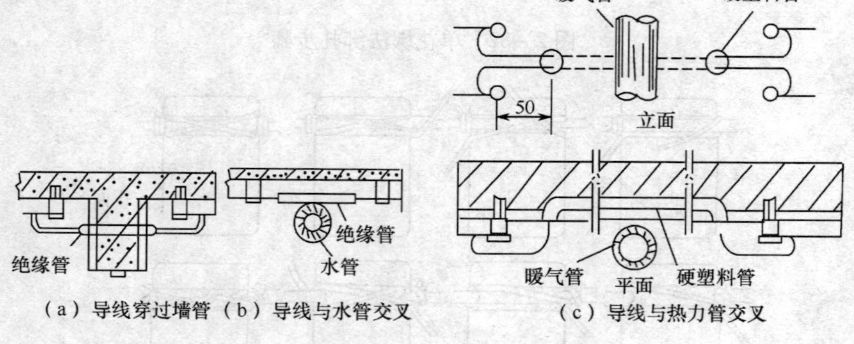

图 2-85　绝缘子配线的特殊工艺

(1)沿梁绝缘子配线通常是在预制梁时就预埋了短管或缠有铁丝的木螺钉，用以固定绝缘子。

(2)在建筑物的侧面或斜面配线时，必须将导线绑扎在绝缘子的上方。

(3)转弯时如果导线在同一平面内转弯，则应将绝缘子敷设在导线转弯拐角的内侧；如果导线在不同平面转弯，则应在凸角的两面上各装设一个绝缘子。

(4)导线分支时，必须在分支点处设置绝缘子，用以支持导线，导线相互交叉时，应在交叉部位的导线上套瓷管保护。

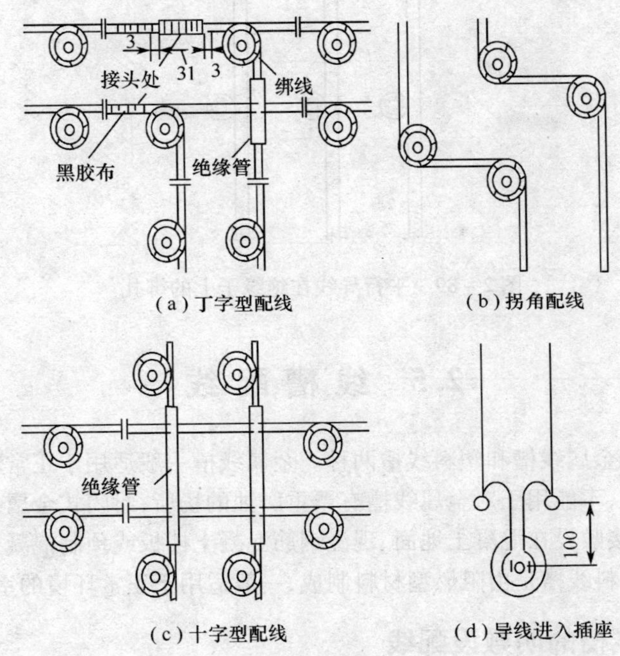

图 2－86　绝缘子配线中的分支与交叉

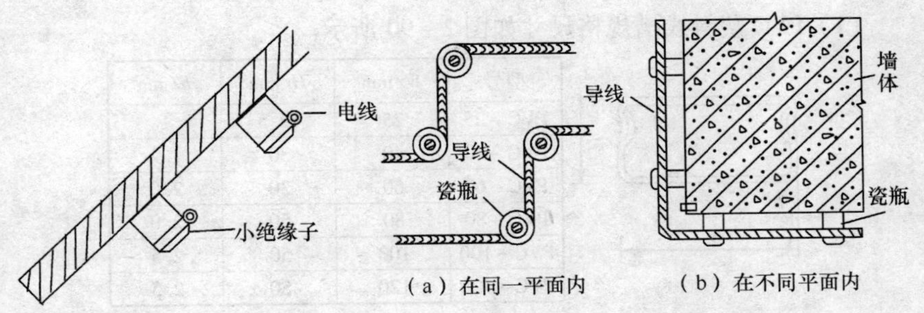

图 2－87　绝缘子在侧面或斜面的导线绑扎

图 2－88　导线转弯做法

(5)平行的两根导线,应位于两绝缘子的同一侧或位于两绝缘子的外侧,而不应位于两绝缘子的内侧。

(6)绝缘子沿墙壁垂直排列敷设时,导线弛度不大于 5mm,沿屋架或水平支架敷设时,导线弛度不大于 10mm。

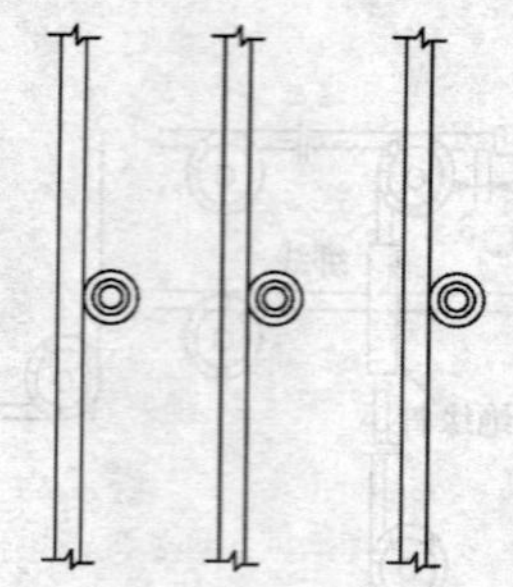

图 2-89　平行导线在绝缘子上的绑扎

2.5　线槽配线

线槽有金属线槽和塑料线槽两种。金属线槽一般适用于正常环境的室内场所明敷,不能用于对金属线槽有严重腐蚀的场所;封闭式金属线槽可用于暗装,直接敷设在混凝土地面、现浇钢筋混凝土楼板或预制混凝土楼板的垫层内。塑料线槽是由阻燃型材料制成,一般适用于正常环境的室内场所。

2.5.1　线槽的明敷设配线

1. 材料选择

(1) PVC 塑料线槽规格尺寸如图 2-90 所示。

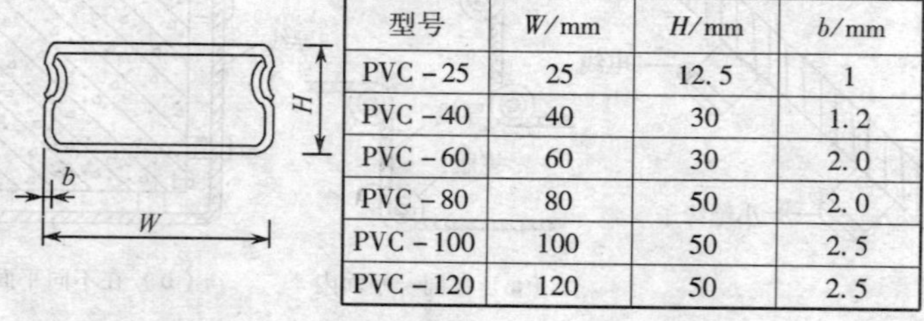

型号	W/mm	H/mm	b/mm
PVC-25	25	12.5	1
PVC-40	40	30	1.2
PVC-60	60	30	2.0
PVC-80	80	50	2.0
PVC-100	100	50	2.5
PVC-120	120	50	2.5

图 2-90　PVC 塑料线槽规格尺寸

(2) PVC-25 塑料线槽附件规格尺寸如图 2-91 所示。

2. 金属线槽明敷设方法

1)弹线定位

金属线槽安装前,要根据设计图确定出电源及盒(箱)等电气设备、器具的安装位置,从始端至终端找好水平或垂直线,用粉袋沿墙、顶棚或地面

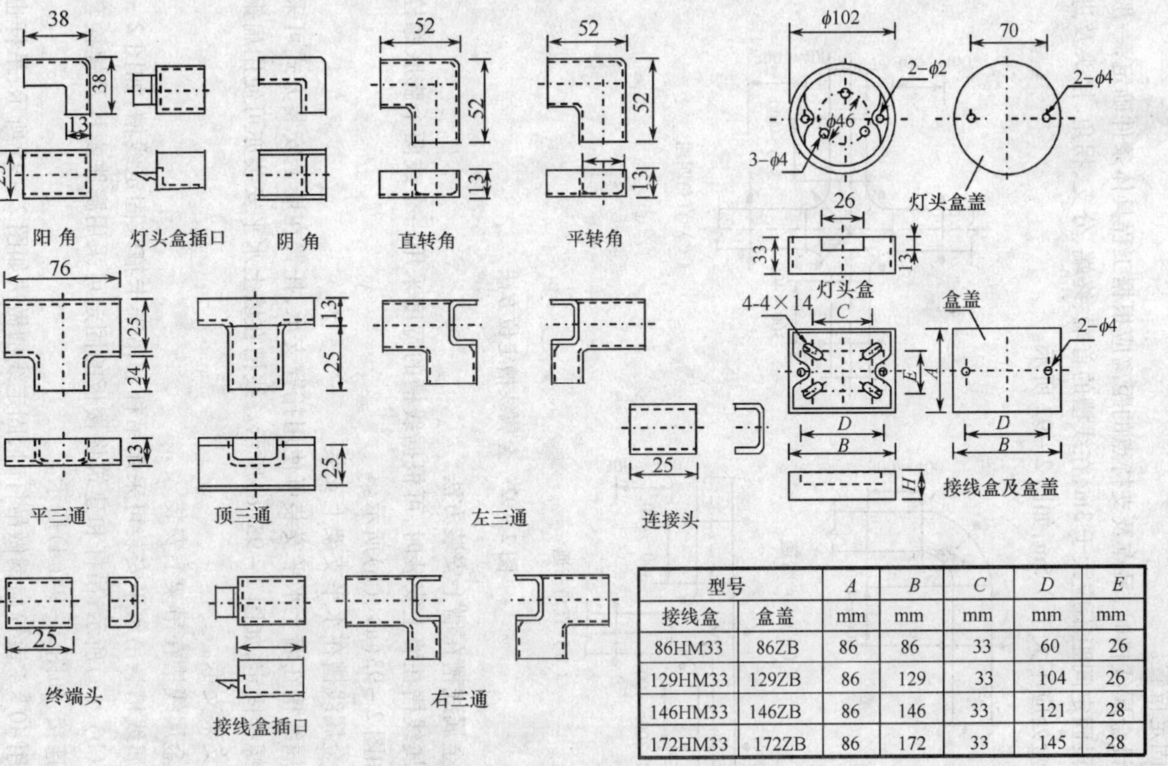

型号		A	B	C	D	E
接线盒	盒盖	mm	mm	mm	mm	mm
86HM33	86ZB	86	86	33	60	26
129HM33	129ZB	86	129	33	104	26
146HM33	146ZB	86	146	33	121	28
172HM33	172ZB	86	172	33	145	28

图 2-91　PVC-25 塑料线槽附件规格尺寸

等处弹出线路的中性线，并根据线槽固定点的要求，分匀档距标出线槽支、吊架的固定位置。

敷设金属线槽时，吊点及支持点的距离应根据工程具体条件确定，一般在直线段固定间距不应大于3m，在线槽的首端、终端、分支、拐角、接头及进出接线盒处应不大于0.5m，如图2-92所示。

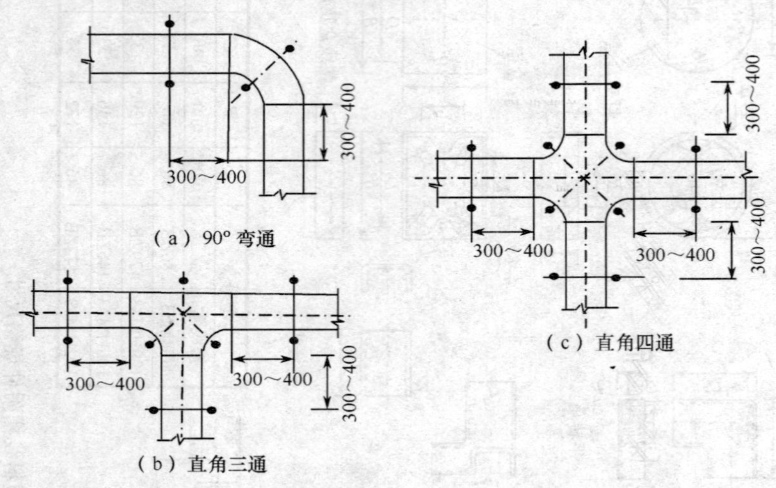

图2-92　金属线槽定位方法

2）金属线槽在墙上安装方法

金属线槽在墙上安装时，可根据线槽的宽度采用一个或两个膨胀螺栓固定，如图2-93（a）、（b）所示。

3）金属线槽在水平支架上安装

金属线槽在墙上水平安装可使用托臂支承，托臂在墙上安装方式可采用膨胀螺栓固定，如图2-93（c）所示。线槽在墙上水平安装亦可使用扁钢或角钢支架支承。

4）金属线槽在吊架上安装

金属线槽悬吊水平安装可采用吊杆和吊架卡箍来固定线槽，如图2-94（a）、（b）、（c）所示；吊杆和建筑物楼板的固定可采用膨胀螺栓及螺栓套筒进行连接，如图2-94（d）所示。

使用40×4镀锌扁钢做吊杆时，固定线槽做法如图2-95所示；吊杆也可以使用不小于ϕ8圆钢制作，圆钢上部焊接在┓型40×4扁钢上，┓型扁钢上部用膨胀螺栓与建筑物结构固定。

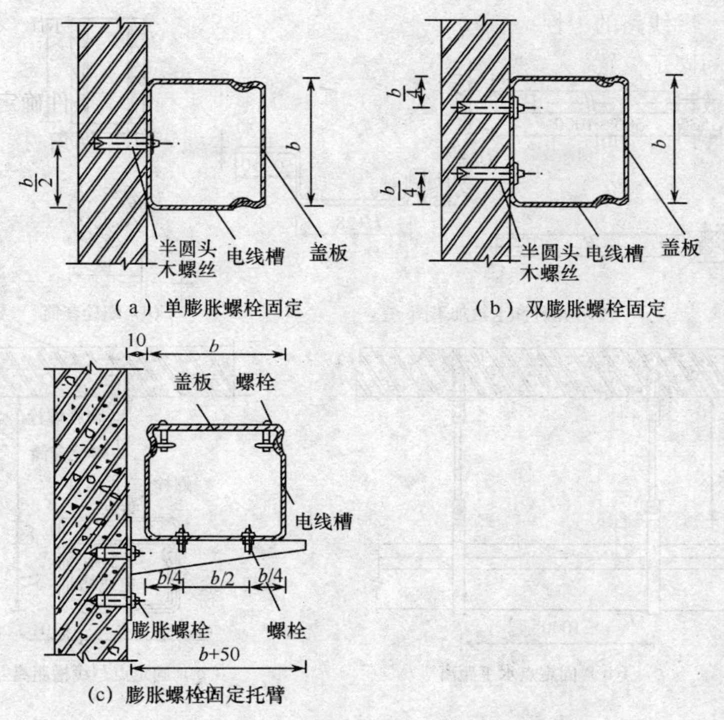

图 2-93　金属线槽在墙上固定

5)吊顶内或吊顶下金属线槽安装

金属线槽在吊顶内安装,吊杆可用膨胀螺栓与建筑结构固定。当与钢结构固定时,可进行焊接固定,如图 2-96 所示也可用使用万能吊具与角钢、槽钢、工字钢等钢结构进行安装。吊装金属线槽在吊顶下吊装时,吊杆应固定在吊顶的主龙骨上,不允许固定在副龙骨或辅助龙骨上。

6)金属线槽的穿墙

金属线槽在穿过墙体或楼板时,应配合土建预留孔洞。金属线槽不得在穿过墙壁或楼板处进行连接,也不应将穿过墙壁或楼板的线槽与墙或楼板上的孔洞一连抹死。

7)金属线槽的接地

金属线槽的所有非导电部分的铁件均应相互连接,使线槽本身具有良好的电气连续性。线槽在变形缝补偿装置处应用导线搭接,使之成为一个连续导体,金属线槽应做好整体接地。

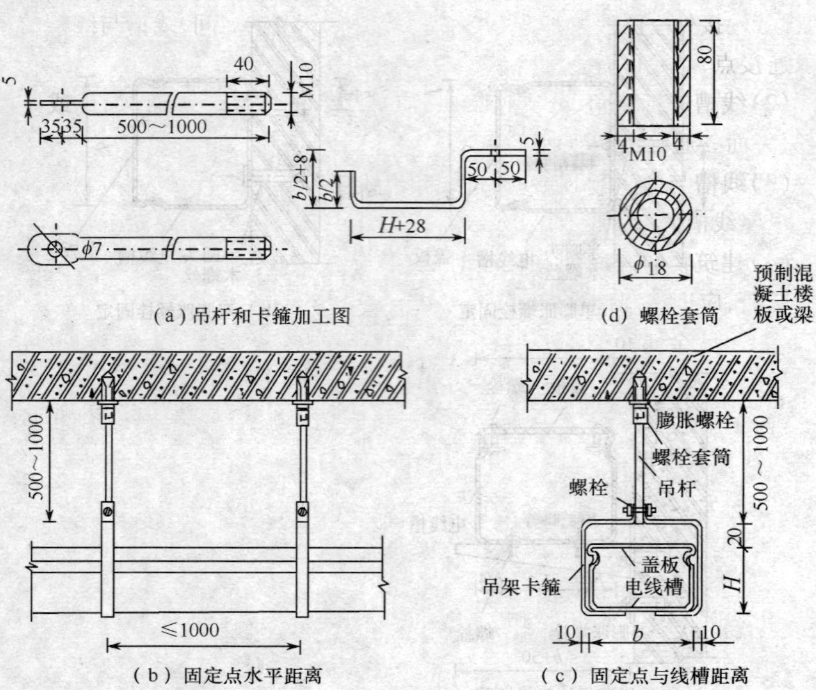

(a) 吊杆和卡箍加工图

(d) 螺栓套筒

(b) 固定点水平距离

(c) 固定点与线槽距离

图 2-94　金属线槽悬吊水平安装示意图

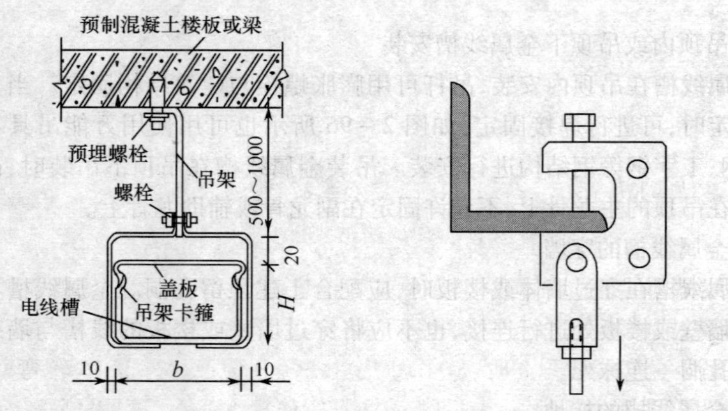

图 2-95　扁钢吊架安装方法　　图 2-96　用万能吊具固定吊杆方法

3. 金属线槽明敷设组装

(1) 金属线槽的直线段连接应采用连接板，用垫圈、弹簧垫圈、螺栓螺母紧固,连接处间隙严密平齐。在线槽的两个固定点之间,线槽与线槽的直线段连接点,只允许有一个。

(2)线槽进行转角、分支连接时,应采用弯通、二通、三通、四通或平面二通、平面三通等进行变通连接。

(3)线槽与盒(箱)连接时,进线和出线处应采用抱脚连接,并用螺丝紧固。金属线槽的末端应加装封堵。

(4)建筑物的表面如有坡度时,线槽应随其坡而变化。待线槽全部敷设完毕后,应进行调整检查。

(5)吊装金属线槽安装时,根据不同需要,可以开口向上安装,也可以开口向下安装。

(6)吊装金属线槽安装时,应先安装干线线槽,后安装支线线槽,将吊装器与线槽用碟形夹卡,与吊杆固定在一起,把线槽组装成形,如图2-97所示。

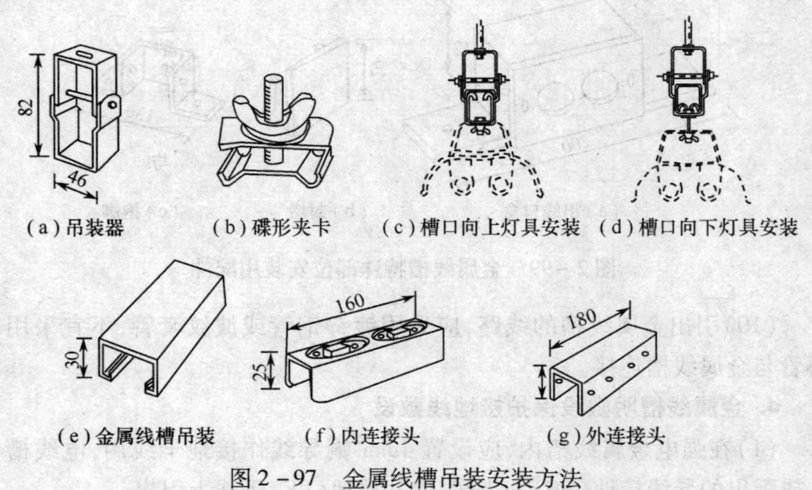

(a)吊装器　(b)碟形夹卡　(c)槽口向上灯具安装　(d)槽口向下灯具安装

(e)金属线槽吊装　(f)内连接头　(g)外连接头

图2-97　金属线槽吊装安装方法

(7)线槽与线槽应采用内连接头或外连接头,用沉头或圆头螺栓配上平垫和弹簧垫用螺母紧固。

(8)吊装金属线槽分支时,应采用二通、三通、四通进行连接,转弯部分应采用立上弯头和立下弯头,按图2-98进行连接,安装角度要适宜。

(9)在线槽出线口处应利用出线口盒进行连接,末端部位要装上封堵进行封闭,在盒(箱)进出线处应采用抱脚进行连接,安装配件如图2-99所示。

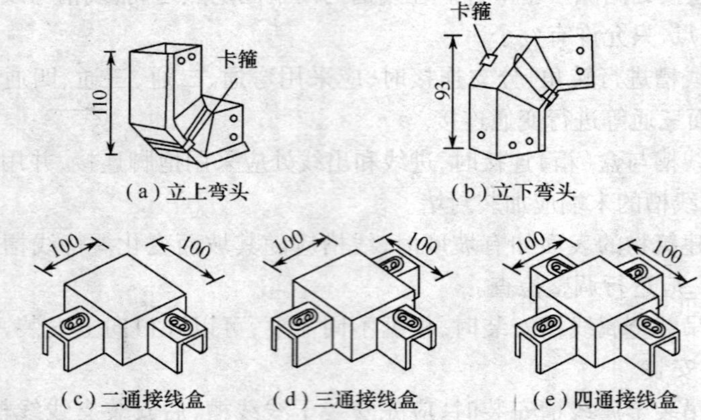

图2-98　金属线槽分支安装方法示意图

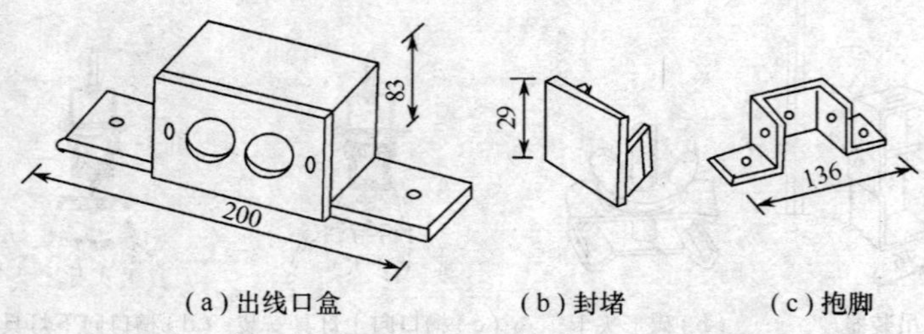

图2-99　金属线槽特殊部位安装用配件

(10)引出金属线槽的线路,应采用镀锌钢管或波纹套管,不宜采用塑料管与金属线槽连接。

4. 金属线槽明敷设保护接地线敷设

(1)在强电金属线槽内,应设置 $4mm^2$ 铜导线作接地干线用,电线槽分支或配出的导线接地(PE)线支线,应从接地(PE)干线上引出。

(2)若线槽内敷设导线回路不需接地保护,当线槽底板对地距离高于2.4m时,线槽内可不设保护(PE)线。当线槽底板低于2.4m时,线槽本身盒线槽盖板均须加装保护(PE)地线。

5. 塑料线槽明敷设方法

1)塑料线槽无附件安装

塑料线槽槽底用塑料胀管盒半圆头木螺丝固定在墙壁上,线槽底固定点间距及固定方法如图2-100所示。

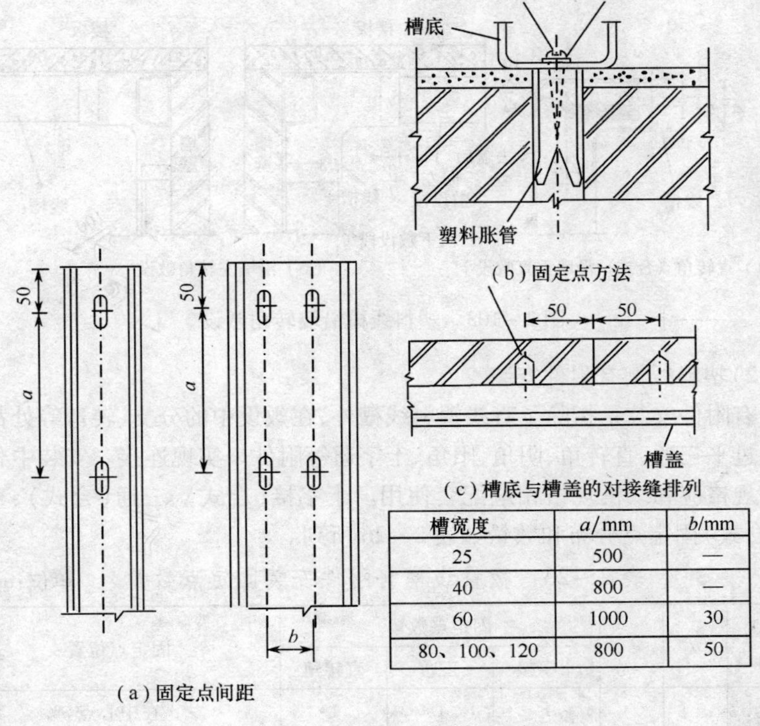

槽宽度	a/mm	b/mm
25	500	—
40	800	—
60	1000	30
80、100、120	800	50

图 2 - 100　线槽底固定点

塑料线槽十字交叉敷设，如图 2 - 101 所示，图中 $\delta = 2\text{mm} \sim 3\text{mm}$ 是为预留线槽盖侧边插入间隙。

塑料线槽分支敷设如图 2 - 102 所示。

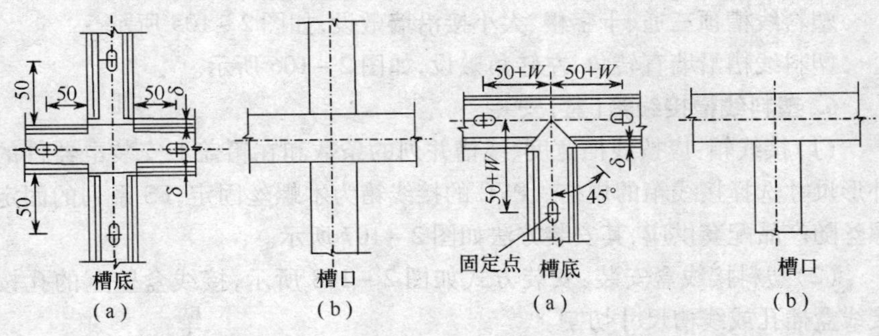

图 2 - 101　塑料线槽十字交叉敷设　　图 2 - 102　塑料线槽分支敷设

塑料线槽转角敷设如图 2 - 103 所示。

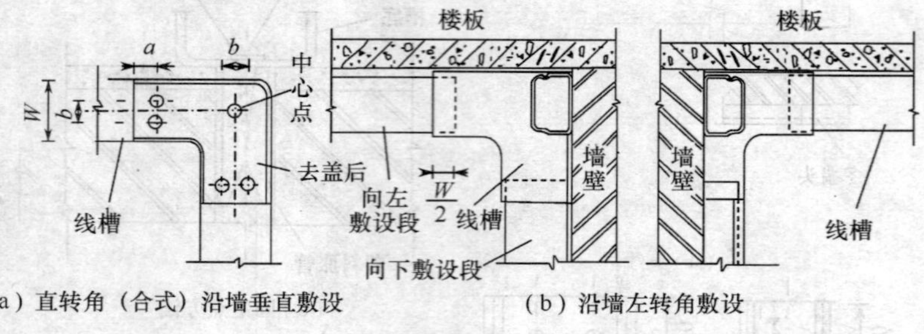

(a) 直转角 (合式) 沿墙垂直敷设　　(b) 沿墙左转角敷设

图 2 - 103　塑料线槽沿墙转角敷设

2) 塑料线槽有附件安装

有附件安装是指除了直线塑料线槽外,在敷设中的分支、转弯等处都需要通过平三通、直转角、阴角、阳角、十字通等附件来实现连接。安装中各种附件规格应和线槽规格相应配套使用。十字接(合式)、三通(合式)、直转角(合式)固定点分布和数量如表 2 - 26 所列。

表 2 - 26　数量线槽有附件安装固定点数量　　单位:mm

线槽宽 W	a	b	固定点数量			固定点位置
			十字接	三通	直转角	
25			1	1	1	在中心点
40	20		4	3	2	在中心线
60	30		4	3	2	
100	40	50	9	7	5	1 处在中心点

塑料线槽沿墙敷设如图 2 - 104 所示。

塑料线槽顶三通、十字楼、大小接沿墙敷设,如图 2 - 105 所示。

塑料线槽沿墙直转角、左转角敷设,如图 2 - 106 所示。

6. 塑料线槽接线箱(盒)安装

(1) 接线箱:应按线槽宽度、线槽并列的条数和在箱盖上安装电器件的外形尺寸选择接线箱的规格。PVC 的接线箱为木螺丝固定,FS 系列的固定螺丝随产品配套供应,其安装方法如图 2 - 107 所示。

(2) 塑料接线盒安装:安装方式如图 2 - 108 所示,接线盒壁上的孔按接线盒插孔或线槽尺寸切割。

(3) 塑料线槽灯头盒安装,如图 2 - 109 所示。

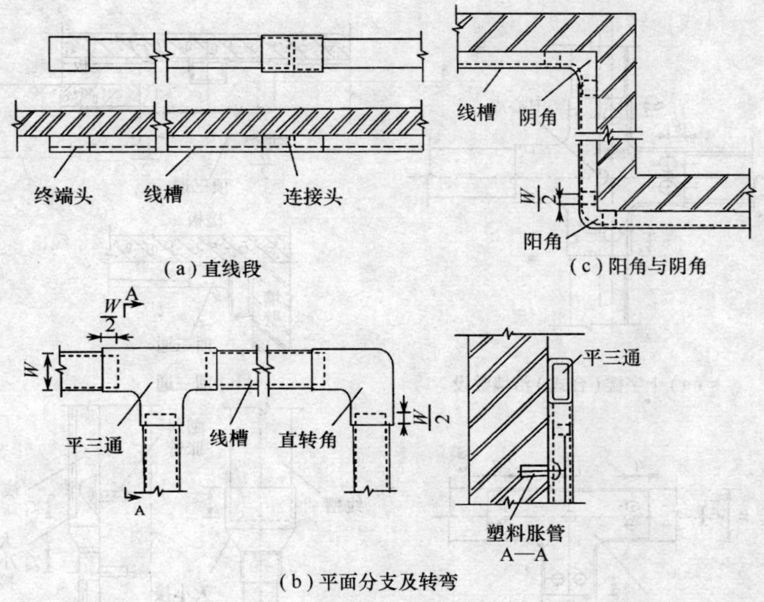

图2-104　塑料线槽沿墙敷设

7. 明敷线槽导线敷设方法

(1)线槽组装成统一整体并经清扫后,才允许将导线装入线槽内。清扫线槽时,可用抹布擦净线槽内残存的杂物,使线槽内外保持清洁。

(2)放线前应先检查导线的选择是否符合设计要求。导线分色是否正确,放线时应边放边整理,不应出现挤压背扣、把结、损伤绝缘等现象,并应将导线按回路(或系统)绑扎成捆,绑扎时应采用尼龙绑扎带或线绳,不允许使用金属导线或绑线进行绑扎,导线绑扎好后,应分层排放在线槽内并做好永久性编号标志。

(3)电线或电缆在金属线槽内不宜有接头,但在易于检查的场所,可允许在线槽内有分支接头,电线电缆和分支接头的总截面(包括外护层),不应超过该点线槽内截面的75%。

(4)强电、弱电线路应分槽敷设,消防线路(火灾和应急呼叫信号)应单独使用专用线槽敷设。

(5)同一回路的所有相线和中性线(如果有),应敷设在同一线槽内。

(6)同一路径无防干扰要求的线路,可敷设于同一金属线槽内。但同

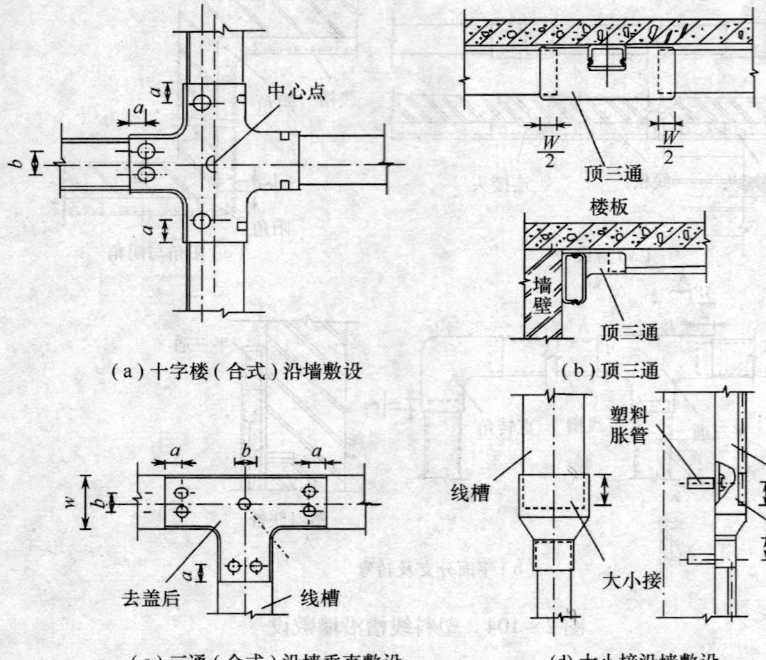

(a) 十字楼(合式)沿墙敷设　　(b) 顶三通

(c) 三通(合式)沿墙垂直敷设　　(d) 大小接沿墙敷设

图 2-105　塑料线槽特殊部位敷设

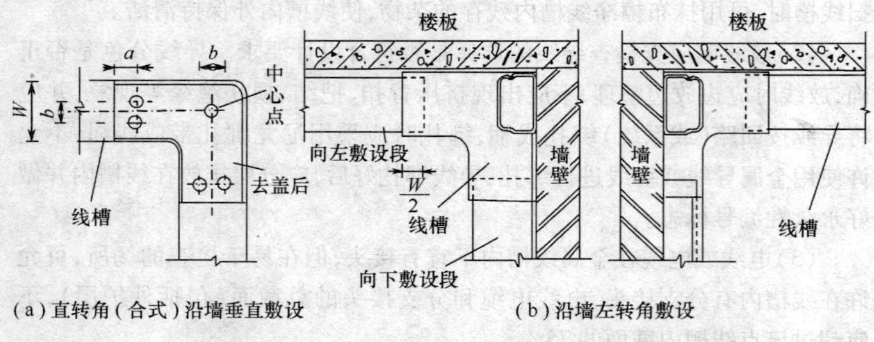

(a) 直转角(合式)沿墙垂直敷设　　(b) 沿墙左转角敷设

图 2-106　塑料线槽沿墙转角敷设

一线槽内的绝缘电线和电缆都应具有与最高标称回路电压回路绝缘相同的绝缘等级。

(7) 线槽内电线或电缆的总截面(包括外护层)不应超过线槽内截面的

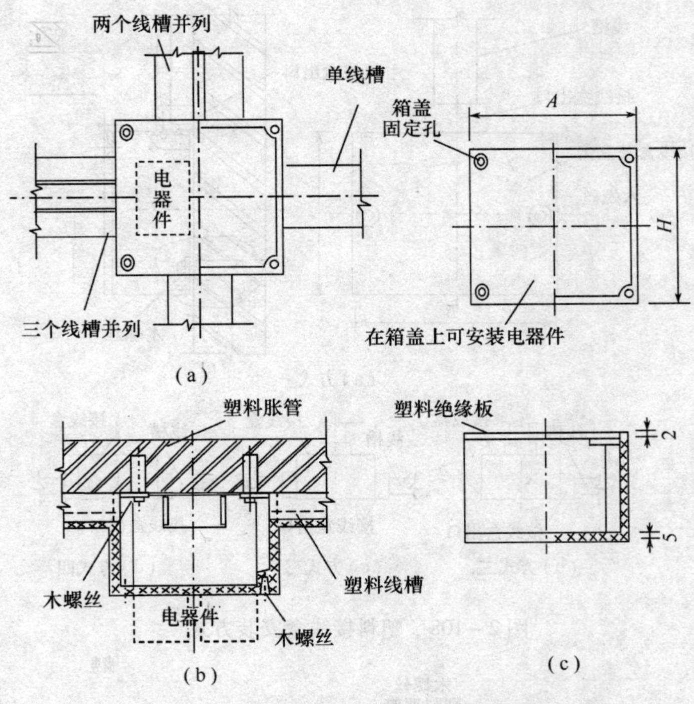

图 2-107　接线箱与塑料线槽安装

20%，载流电线不宜超过 30 根。

(8)控制、信号或与其相类似的非载流导体，电线或电缆的总截面不应超过线槽内的 50%，电线或电缆根数不限。

(9)在线槽垂直或倾斜敷设时，应采取措施防止电线或电缆在线槽内移动，使绝缘造成损坏、拉断导线或拉脱拉线盒(箱)内导线。

(10)引出线槽的配管管口处应有护口，电线或电缆在引出部位不得遭受损伤。

2.5.2　地面内金属线槽暗敷设

地面内金属线槽暗敷设分为单槽型和双槽分离型两种结构形式，当强电与弱电线路同时敷设时，为防止电磁干扰应将强、弱电线路分隔而采用双槽分离型线槽分槽敷设。在线路交叉处应设置屏蔽分线盒。

暗敷设线槽及其附件，应采用经过镀锌处理的产品。其规格、型号应符

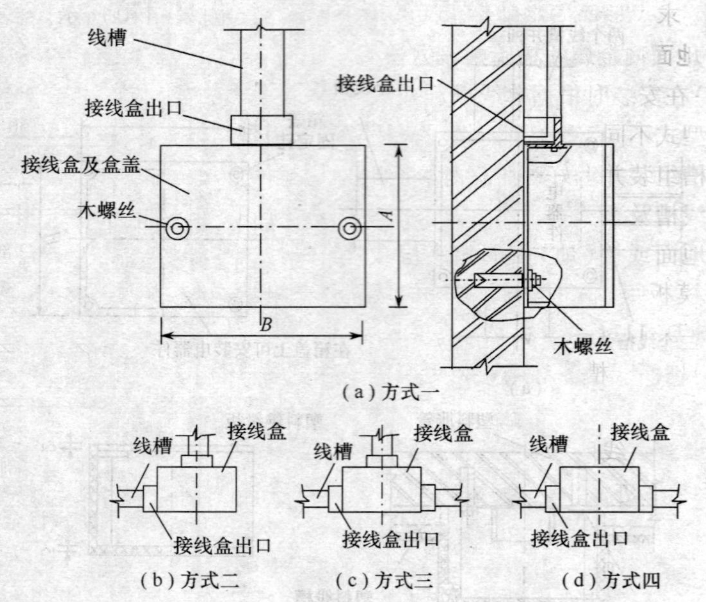

图 2－108　塑料接线盒安装方式

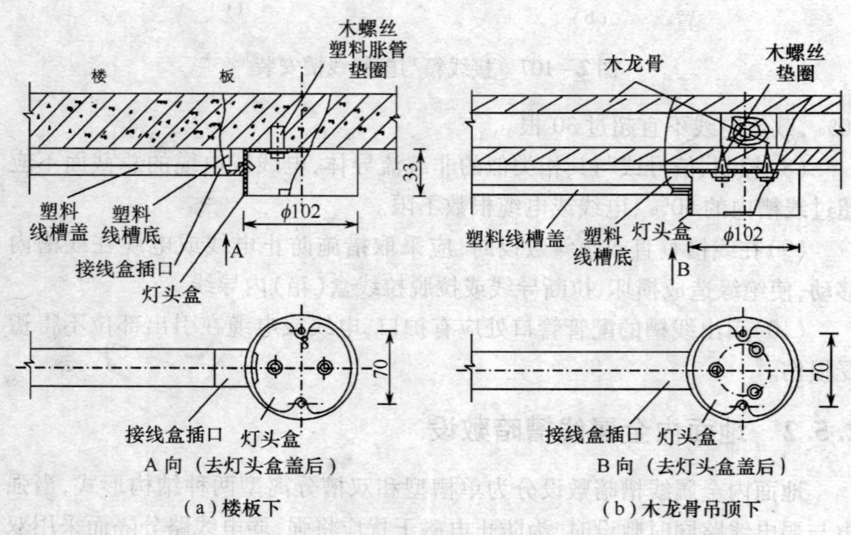

图 2－109　塑料线槽灯头盒安装

合设计要求。地面内暗敷设金属线槽外形尺寸如图2-110所示。

1. 地面内金属线槽暗敷设方法

(1)在安装时根据单线槽和双线槽结构型式不同,选择单压板或双压板与线槽组装并上好卧脚螺栓,将组合好的线槽及支架,沿线路走向水平放置在地面或楼(地)面的超平层或楼板的模板上,然后进行线槽的连接,如图2-111(a)、(b)所示。

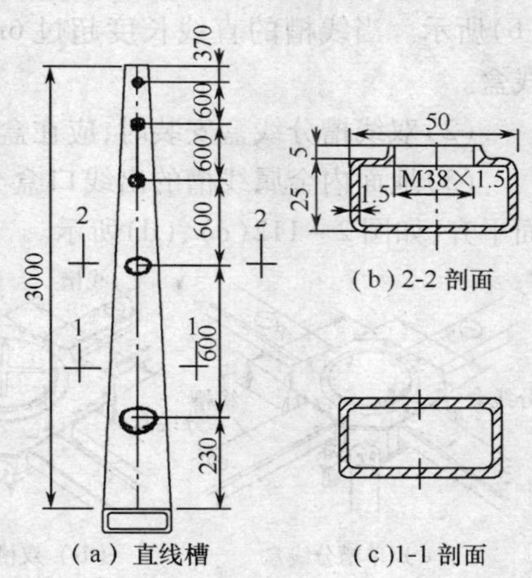

(a)直线槽　(b)2-2 剖面　(c)1-1 剖面

图2-110　地面内暗敷设金属线槽外形尺寸

(2)地面线槽的支架安装距离应按工程具体情况进行设置。一般情况下应设置直线段大于3m或在线槽接头处、线槽进入分线盒200mm处。

(3)地面内金属线槽的制造长度一般为3m,每0.6m设一个出线口,当需要线槽与线槽相互进行连接时,应采用线槽接头进行连接,如图2-111(c)所示。线槽的对口处应在线槽连接头中间位置上。

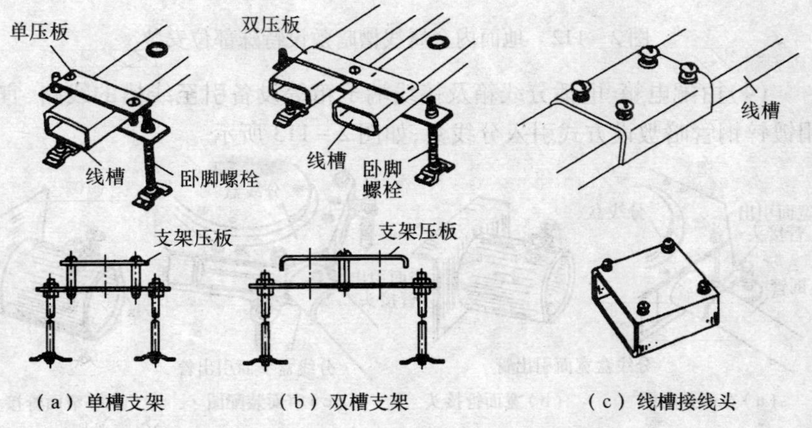

(a)单槽支架　(b)双槽支架　(c)线槽接线头

图2-111　地面内金属线槽暗敷设安装示意图

2. 地面内金属线槽暗敷设特殊部位安装

(1)地面内金属线槽暗敷设为矩形断面,不能进行线槽的弯曲加工。

当遇有线路交叉、分支或弯曲转向时，必须安装分线盒，如图 2－112(a)、(b)所示。当线槽的直线长度超过 6m 时，为方便线槽内穿线也宜加装分线盒。

(2)双线槽分线盒安装时，应在盒内安装便于分开的交叉隔板。

(3)地面内金属线槽的出线口盒分线盒出口不得突出地面，必须与地面平齐，如图 2－112(c)、(d)所示。

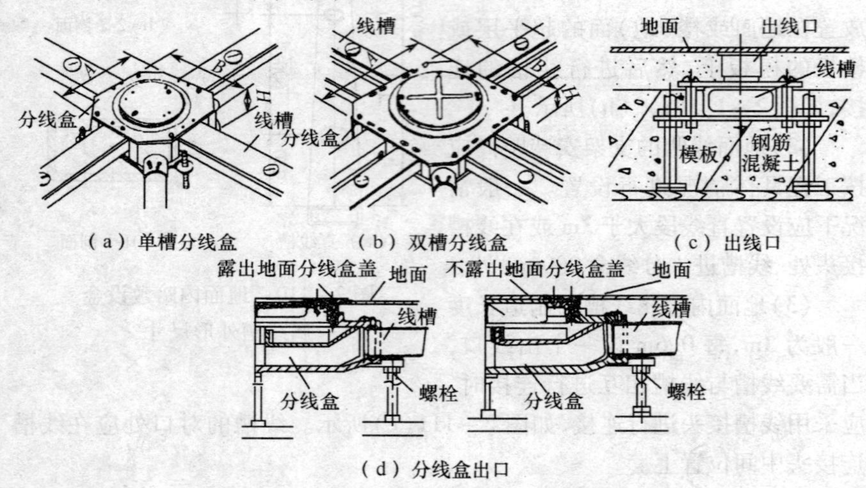

(a) 单槽分线盒　(b) 双槽分线盒　(c) 出线口

(d) 分线盒出口

图 2－112　地面内金属线槽暗敷设特殊部位安装

(4)由配电箱、电话分线箱及接线端子箱等设备引至线槽的线路，宜采用镀锌钢管暗敷设方式引入分线盒，如图 2－113 所示。

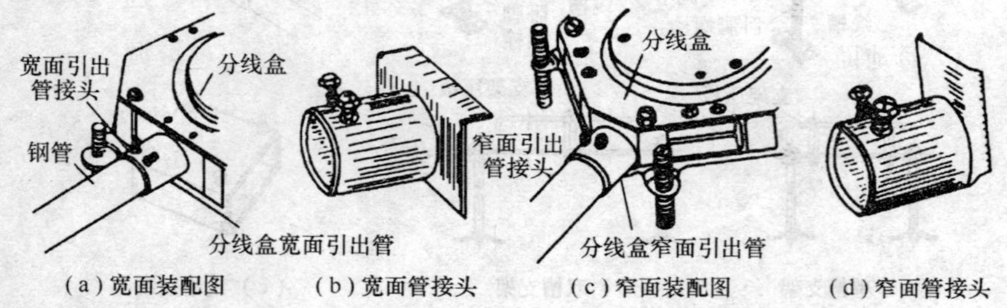

(a)宽面装配图　(b)宽面管接头　(c)窄面装配图　(d)窄面管接头

图 2－113　镀锌钢管暗敷设引入分线盒安装方法

(5)地面线槽端部与配管连接时，应使用线槽与管过渡接头，如图 2－114 所示。

(6)当金属线槽的末端无连接管时,应用封端堵头拧牢堵严,如图 2-115 所示。

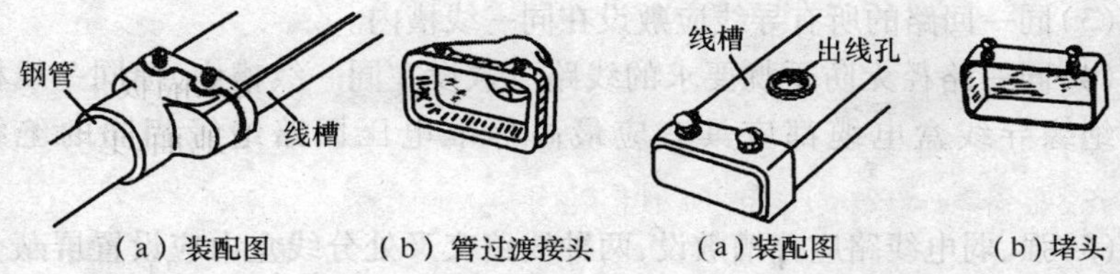

图 2-114　线槽与管过渡接头做法　　　图 2-115　线槽末端封堵方法

(7)线槽地面出线口处,应用不同需要零件与出线口安装好,如图 2-116 所示。

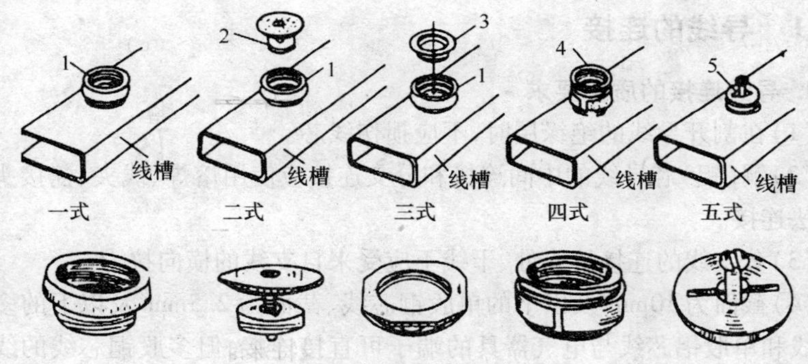

图 2-116　地面内金属线槽暗敷设出线口零件及其装配图

1—根部过渡连接头; 2—三型出线口盖; 3—设备压接锁母;
4—调节高度用双螺套; 5—四型出线口盖。

(8)地面内金属线槽及附件全部组装好后,再进行一次系统调整,主要根据地面厚度,仔细调整金属线槽干线、分支线和分线盒接头、出线口等处水平高度应与室内地平线平齐,以免不利于行走和有碍观瞻,应将各盒盖好或堵严,以防水泥浆进入,直至配合土建地面面层施工结束为止。

3. 线槽暗敷设电线敷设

(1)放线时,将导线放开、伸直、理顺、剥出两端部绝缘层,与引线结扎后从出线一端线槽内穿入到另一端抽出。穿线时,在线槽中间导线或电缆不得有接头,接头应在分线盒内进行。导线如在分线盒内无分支接头时,导线应直接通过不断线。盒内导线接头断线连接时,导线的预留长度出盒口不应小于 150mm。导线在箱(盒)内的预留长度不应小于箱(盒)面的半周长。

(2)线槽内电线或电缆的总截面(包括外护层)不应超过线槽内截面的40%。

(3)同一回路的所有导线应敷设在同一线槽内。

(4)同一路径无防干扰要求的线路可敷设在同一线槽内,但同一线槽内的绝缘导线盒电缆都应具有应最高标准电压回路绝缘相同的绝缘等级。

(5)强、弱电线路应分槽敷设,两种线路交叉处分线盒内应设置屏蔽分线板。

2.6 导线连接与封端

2.6.1 导线的连接

1. 导线连接的质量要求

(1)在割开导线的绝缘层时,不应损伤线芯。

(2)铜(铝)芯导线的中间连接和分支连接应使用熔焊、线夹、瓷接头或压接法连接。

(3)分支线的连接接头处、干线不应受来自支线的横向拉力。

(4)截面为$10mm^2$及以下的单股铜芯线、截面为$2.5mm^2$及以下的多股铜芯线和单股铝芯线与电气器具的端子可直接连接,但多股铜芯线的线芯应先拧紧挂锡后再连接。

(5)多股铝芯线和截面$2.5mm^2$的多股铜芯线的终端,应焊接或压接端子后再与电气器具的端子连接。

(6)使用压接法连接铜(铝)芯导线时,连接管、接线端子、压模的规格应与线芯截面相符;使用气焊法或电弧焊接法连接铜(铝)芯导线时,焊缝的周围应有凸起呈圆形的加强高度,凸起高度为线芯直径15% ~30%,不应有裂缝、夹渣、凹陷、断股及根部末焊接的缺陷。导线焊接后,接头处的残余焊药和焊渣应清除干净。

(7)使用锡焊法连接铜芯线时,焊锡应灌得饱满,不应使用酸性焊剂。

(8)绝缘导线的中间和分支接头,应用绝缘带包缠均匀、严密,并不低于原有的绝缘强度;在接线端子的端部与导线绝缘层的空隙处应用绝缘带包缠严密。

2. 铜芯导线的连接

1)铜芯导线的连接方法(表2-27)

表2-27　铜芯导线的连接

名称	连接方法	图示
单股铜芯导线的直接法	把两根芯线成X形相交	
	两芯线互相绞合3圈	
	扳直两芯线线端,分别紧贴另一根芯线缠绕6圈,余端割弃并钳平芯线末端	
单股铜芯导线的T字分支接法	把支路芯线的线头与干线芯线垂直相交	
	按顺时针方向缠绕支路芯线	
	缠绕6圈~8圈后,割弃余线并钳平芯线末端	
7股芯线的直接法	将剖去绝缘层的芯线逐根拉直,绞紧占全长1/3的根部,把余下2/3的芯线分散成伞状	1/3
	把两个伞状芯线隔根对插,并捏平两端芯线	
	把一端的7股芯线按2、2、3根分成三组,接着把第一组2根芯线扳起,按顺时针方向缠绕2圈后扳直余线	

(续)

名 称	连 接 方 法	图 示
7 股芯线的直接法	再把第二组的 2 根芯线，按顺时针方向紧压住前 2 根扳直的余线缠绕 2 圈，并将余下的芯线向右扳直	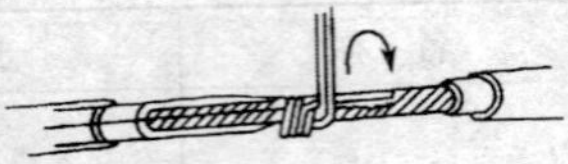
	再把下面的第三组的 3 根芯线按顺时针方向紧压前 4 根扳直的芯线向右缠绕	
	缠绕 3 圈后，弃去每组多余的芯线，钳平线端，用同样方法再缠绕另一边芯线	
7 股铜芯线 T 字分支接法	把支路芯线松开钳直，将近绝缘层 1/8 处线段绞紧，把 7/8 线段的芯线分成 4 根和 3 根两组，然后用螺钉旋具将干线也分成 4 根和 3 根两组，并将支线中一组芯线插入干线两组芯线间	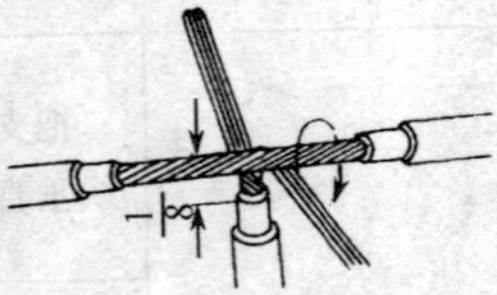
	把右边 3 根芯线的一组往干线一边顺时针紧紧缠绕 3 圈 ~ 4 圈，再把左边 4 根芯线的一组按逆时针方向缠绕 4 ~ 5 圈	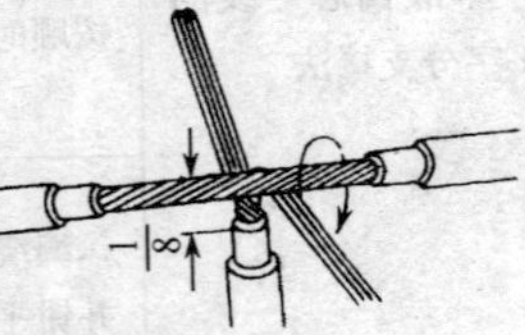
	钳平线端并切去余线	
接头处的锡焊	$10mm^2$ 及以下的铜芯线接头，可用 150W 电烙铁进行锡焊；$16mm^2$ 及以上的铜芯线接头，应采用浇焊法	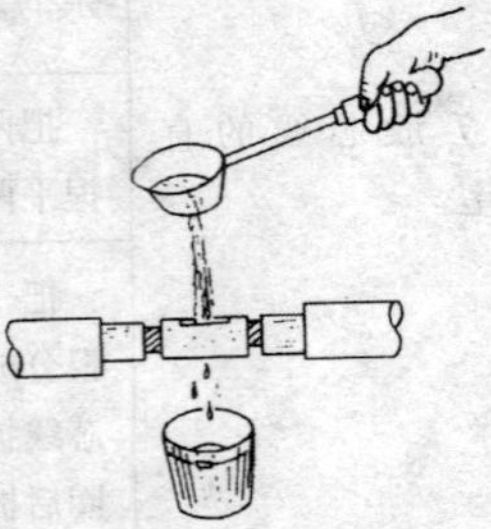

2)铝芯导线的连接

铝芯导线的连接方法如表 2－28 所列。

表 2－28　铝芯导线的连接

名　称	连　接　方　法	图　示
螺钉压接法连接	把削去绝缘层的铝芯线头用钢丝刷刷去表面的铝氧化膜，并涂上中性凡士林	
	做直线连接时，先把每根铝芯导线接近线端处卷上 2 圈～3 圈，以备线头折断可再次连接	
单股铝芯导线的压接法	然后把四个线头两两相对地插入两只瓷接头的四个接线桩上，并旋紧接线桩上的螺钉	
	若要做分路连接时，要把支路导线的两个芯线头分别插入两个瓷接头的两个接线桩上，然后旋紧螺钉	
	最后在瓷接头上加罩铁皮盒盖或木罩盒盖	
	$2.5mm^2$ ～ $10mm^2$ 的单股铝芯导线压接，应选用单股导线压接钳及圆形或椭圆形铝连接管，铝连接管的尺寸如表 2－29 所列	

（续）

名称	连接方法	图示
单股铝芯导线的压接法	压接前把导线两端绝缘层各剥去 50mm ~ 55mm，然后将铝芯线和铝连接管内壁表面氧化层清除，并涂上中性凡士林油膏	凡士林
	用圆形铝连接管时，导线两端各插入连接管的一半	C B
	用椭圆形铝连接管时，应使两线端插入后各露出 4mm 长度	C B
	用压接钳压接时，应压到必要的极限尺寸，并使所有压坑的中心线处在同一条直线上	
多股铝芯导线的压接	$16mm^2$ ~ $240mm^2$ 的多股铝芯导线可采用手提式油压钳及相应的铝连接管，铝连接管规格如表 2－30 所列	L d_1 d_2
	压接前将两根铝芯导线的绝缘各剖去连接管长度一半加上 5mm，散开芯线刷去氧化层并涂上中性凡士林油膏。同时除去连接管内壁氧化层并涂上中性凡士林油膏，然后将两根铝芯线各插入连接管 1/2，划好压坑标记	1 3 4 2
	根据连接导线截面的大小，选好压模装到钳口内压接，压接时按 1、2、3、4 顺序压接四个坑，压完一个坑后，稍停 10s ~ 15s 后再压另一坑，压完后用细锉锉去棱角，并用砂布打光。压坑间距及深度如表 2－31 所列	b_3 b_2 b_1 h_1 h_2

（续）

名　称	连　接　方　法	图　示
多股铝芯导线的分支线压接	将干线断开，与分支导线同时插入铝连接管内进行压接	

小截面积铝连接管尺寸如表2－29所列。

表2－29　小截面积铝连接管尺寸

连接管形式	导线截面/mm²	铝线外径/mm	铝套管尺寸/mm					压坑尺寸/mm	
			d_l	d_2	D_1	D_2	L	B	C
圆　形	2.5	1.76	1.8	3.8			31	2	2
	4	2.24	2.3	4.7			31	2	2
	6	2.73	2.8	5.2			31	2	1.5
	10	3.55	3.6	6.2			31	2	1.5
椭圆形	2.5	1.76	1.8	3.8	3.6	5.6	31	2	8.8
	4	2.24	2.3	4.7	4.6	7	31	2	8.4
	6	2.73	2.8	5.2	5.6	8	31	2	8.4
	10	3.55	3.6	6.2	7.2	9.8	31	2	8

铝连接管的规格和尺寸如表2－30所列。

表2－30　铝连接管的规格和尺寸　　单位：mm

规　格	芯线截面/mm²	L	d	D	Z
QL－16	16	66	5.2	10	2
QL－25	25	68	6.8	12	2
QL－35	35	72	8.0	14	3
QL－50	50	78	9.6	16	4
QL－70	70	82	11.69	18	4
QL－95	95	86	13.6	21	5
QL－120	120	92	15.0	23	5
QL－150	150	95	16.6	25	5
QL－185	185	100	18.6	27	6
QL－240	240	110	21.0	31	6

铝连接管的压坑间距及深度尺寸如表 2－31 所列。

表 2－31　铝连接管的压坑间距及深度尺寸　单位:mm

适用范围	压坑间距			压坑深度 h_1	剩余厚度 h_2
	b_1	b_2	b_3		
QL－16	3	3	4	5.4	4.6
QL－25	3	3	4	5.9	6.1
QL－35	3	5	4	7.0	7.0
QL－50	3	5	6	8.3	7.7
QL－70	3	5	6	9.2	8.8
QL－95	3	5	6	11.4	9.6
QL－120	4	5	7	12.5	10.5
QL－150	4	5	7	12.8	12.2
QL－185	5	5	7	13.7	13.3
QL－240	5	6	7	16.1	14.9

3)线头与接线桩的连接

线头与接线桩的连接方法如表 2－32 所列。

表 2－32　线头与接线桩的连接

名　称	连　接　方　法	图　示
线头与针孔式接线桩连接	如单股芯线与接线桩头插线孔大小适宜,则把芯线线头插入针孔并旋紧螺钉。如单股芯线较细,可将芯线线头折成双根,插入针孔再旋紧螺钉	在针孔式接线桩头上接线
线头与螺钉平压式接线桩的连接	如较小截面单股心线,则必须将线头按螺钉旋紧方向弯成羊眼圈。较大截面芯线则应装上接线耳,由接线耳与接线桩连接	在螺钉压接式接线桩头上接线

2.6.2　导线的封端

对于导线截面大于 10mm^2 的多股铜、铝芯导线,一般都必须用接线端子

(又称接线鼻或接线耳)对导线端头进行封端,再由接线端子与电器设备相连。

1. 铜芯导线的封端

铜芯导线的封端方法如表2-33所列。

表2-33 铜芯导线的封端

名 称	封 端 方 法	图 示
锡焊封端	剥掉铜芯导线端部的绝缘层,除去芯线表面和接线端子内壁的氧化膜,涂以无酸焊锡膏	铜芯导线端部 铜接线端子
	用一根粗铁丝系住铜接线端子,使插线孔口朝上并放到火里加热	
	把锡条插在铜接线端子的插线孔内,使锡受热后熔解在插线孔内	
	把芯线的端部插入接线端子的插线孔内,上下插拉几次后把芯线插到孔底	
	平稳而缓慢地把粗铁丝和接线端子浸到冷水里,使液态锡凝固,芯线焊牢	
	用锉刀把铜接线端子表面的焊锡除去,用砂布打光后包上绝缘带,即可与电器接线桩连接	

（续）

名 称	封 端 方 法	图 示
压接封端	把剥去绝缘层并涂上石英粉一凡士林油膏的芯线插入内壁也涂上石英粉一凡士林油膏的铜接线端子孔内	接线端子
	用压接钳进行压接，在铜接线端子的正面压两个坑，先压外坑，再压内坑，两个坑要在一条直线上	压坑
	从导线绝缘层至铜接线端子根部包上绝缘带	绝缘恢复层 螺母 弹簧垫圈 平垫圈

2. 铝芯导线的封端

铝芯导线一般采用铝接线端子压接法进行封端。铝接线端子的外形及规格如图 2-117 所示，其各部分尺寸如表 2-34 所列。

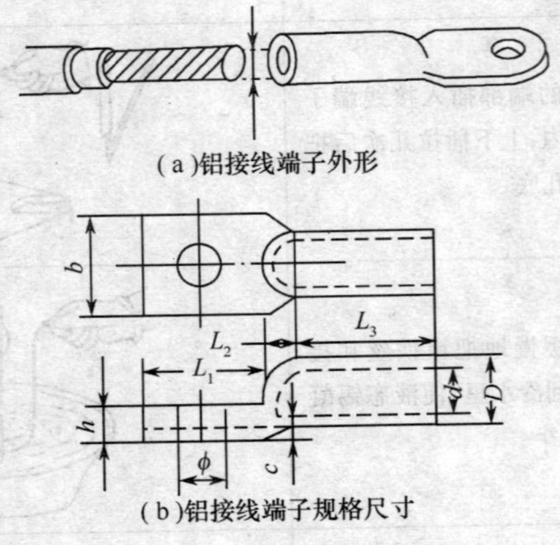

(a)铝接线端子外形

(b)铝接线端子规格尺寸

图 2-117　铝接线端子

铝芯导线用压接法进行封端的方法如表 2-35 所列。

表 2-34　铝接线端子尺寸　　单位:mm

适用导线截面/mm^2	端子各部分尺寸									压模深
	d	D	C	L_1	L_2	L_3	b	h	ϕ	
16	5.5	10	1	18	5	32	17	3.6	6.5	5.4
25	6.8	12	1	20	8	32	17	4.0	8.5	5.9
35	7.7	14	1	24	9	32	20	5.0	8.5	7.0
50	9.2	16	1	28	10	37	20	5.0	10.5	7.8
70	11.0	18	1	35	10	40	25	6.5	10.5	8.9
95	13.0	21	1	36	11	45	28	7.0	13.0	9.9
120	14.0	22.5	1	36	11	48	34	7.0	13.0	10.8
150	16.0	24	1	36	11	50	34	7.5	17.0	11.0
185	18.0	26	1	41	12	53	36	7.5	17.0	12.0

表 2-35　铝芯导线压接法封端

封端方法	有关要求	图示
选用合适的铝接线端子	根据铝芯线的截面查表2-34选用合适的铝接线端子,然后剥去芯线端部绝缘层	铝芯绝缘线 铝接线端子
	刷去铝芯线表面氧化层并涂上石英粉—凡士林油膏	
	刷去铝接线端子内壁氧化层并涂上石英粉—凡士林油膏	
将铝芯线插入铝接线端子	铝芯线要插到孔底	
用压接钳压接	用压接钳在铝接线端子正面压两个坑,先压靠近插线孔处的第一个坑,再压第二个坑,压坑的尺寸见表2-36	B A C A L
包缠绝缘带	在剖去绝缘层的铝芯导线和铝接线端子根部包上绝缘带(绝缘带要从导线绝缘层包起),并刷去接线端子表面的氧化层	

铝接线端子压接坑尺寸如表 2－36 所列。

表 2－36　铝接线端子压接坑尺寸　单位:mm

导线截面/mm^2	A	C	B	L	导线截面/mm^2	A	C	B	L
16	13	2	2	32	95	17	3	4	45
25	13	2	2	32	120	17	5	5	48
35	13	2	2	32	150	18.4	5	5	50
50	14	3	3	37	185	18.7	6	6	53
70	15	3	4	40	240	20.8	6	6	60

2.6.3　绝缘包扎

1. 基本要求

(1)在包扎绝缘带前,应先检查导线连接处是否有损伤线芯,是否连接紧密,以及是否存有毛刺,如有毛刺必须先修平。

(2)缠包绝缘带必须掌握正确的方法,才能达到包扎严密、绝缘良好,否则会因绝缘性能不佳而造成短路或漏电事故。

2. 包扎工艺

(1)绝缘带应先从完好的绝缘层上包起,先裹如 1 个 ~2 个绝缘带的带幅宽度开始包扎,在包扎过程中应尽可能的收紧绝缘带,直线路接头时,最后在绝缘层上缠包 1 圈 ~2 圈,再进行回缠。

(2)用高压绝缘胶布包缠时,应将其拉长 2 倍进行包缠,并注意其清洁,否则无黏性。

(3)采用黏性塑料绝缘包布时,应半叠半包缠不少于 2 层。当用黑胶布包扎时,要衔接好,应用黑胶布的黏性使之紧密地封住两端口,并防止连接处线芯氧化。

(4)并接头绝缘包扎时,包缠到端部时应再多缠 1 圈 ~2 圈,然后由此处折回反缠压在里面,应紧密封住端部,如图 2－118(a)所示。

(5)还要注意绝缘带的起始端不能露在外部,终了端应再反向包扎 2 回 ~3 回,防止松散。连接线中部应多包扎 1 层 ~2 层,使之包扎完的形状呈枣核型,如图 2－118(b)所示。

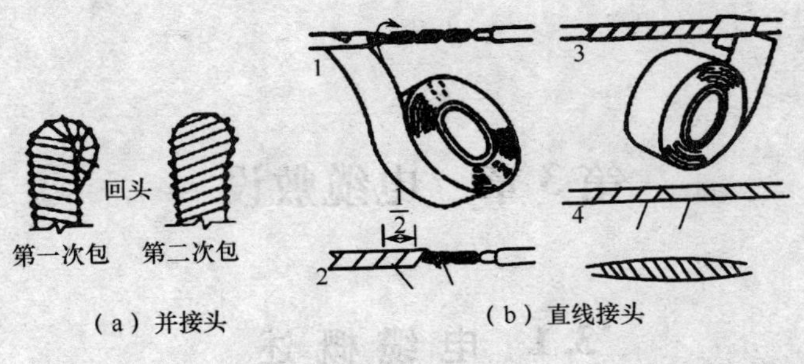

图 2-118　绝缘包扎工艺示意图

第3章 电缆敷设

3.1 电缆概述

3.1.1 电缆的选择

电力电缆一般由导电芯线(电缆线芯)、绝缘层、护套和外护套四部分组成。

1. 电缆规格型号

电缆型号按如下方法表示,各部分代号的内容及含义如表3-1所列。

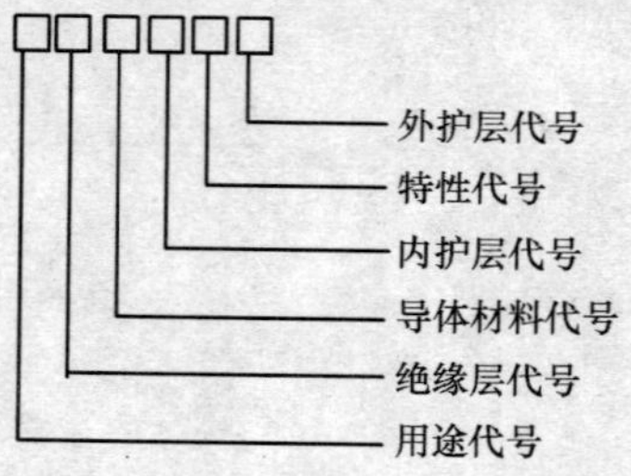

表3-1 电缆型号各部分的代号及其含义

用途	绝缘层	导体材料	内护层	特性	外护层
字母不写,电力电缆 K:控制电缆 Y:移动电缆 N:农用电缆 P:信号电缆	Z:纸绝缘 V:聚氯乙烯 X:橡皮绝缘 Y:聚乙烯	L:铝导线 T:铜导线 (一般省略)	H:橡套 Q:铅包 L:铝包 V:聚氯乙烯	P:贫油式 D:不滴流 E:分相铅包 C:重型滤尘器用	1:麻皮 2:钢带铠装 20:裸钢带铠装 3:细钢丝铠装 30:裸细钢丝铠装 5:单层粗钢丝铠装 11:防护层 12:钢带 120:裸钢带铠装有防护层

例:ZLQ20 型表示铝芯绝缘分相铅包裸钢带铠装电力电缆。ZLQ2 表示铝芯纸绝缘铅包钢带铠装电力电缆。

2. 电力电缆的种类

以汉语拼音字母代表相应线芯材料(以每个拼音的第一个大写字母表示),电力电缆按其使用的绝缘材料不同,其种类如表 3-2 所列。

表 3-2　电力电缆的种类

<table>
<tr><th>绝缘类型</th><th colspan="2">电缆名称</th><th>电压等级
/kV</th><th colspan="2">允许最高工作
温度</th><th>代表产品型号</th></tr>
<tr><td rowspan="8">油浸纸
绝缘电缆</td><td rowspan="2">普通黏性浸渍纸电缆</td><td>统包型</td><td rowspan="4">1~35</td><td rowspan="2">1kV~3kV
80℃</td><td>6kV,65℃
10kV,60℃</td><td>ZLL,ZL,ZLQ,ZQ</td></tr>
<tr><td>分相铅(铝)包型</td><td>20kV~35kV,50℃</td><td>ZLLF,ZLQF,ZQF</td></tr>
<tr><td rowspan="2">不滴流电缆</td><td>统包型</td><td colspan="2" rowspan="2">65℃~80℃</td><td>ZDQD,ZQD</td></tr>
<tr><td>分相铅(铝)包型</td><td>ZLLDF,ZQDF</td></tr>
<tr><td colspan="2">自容式充油电缆</td><td rowspan="2">110~750</td><td colspan="2" rowspan="2">80℃~85℃</td><td>ZQCY</td></tr>
<tr><td colspan="2">钢管充油电缆</td><td rowspan="3"></td></tr>
<tr><td colspan="2">钢管压气电缆</td><td>110~220</td><td colspan="2">80℃</td></tr>
<tr><td colspan="2">充气电缆</td><td>35~110</td><td colspan="2">75℃</td></tr>
<tr><td rowspan="3">塑料绝缘
电缆</td><td colspan="2">聚氯乙烯电缆</td><td>1~10</td><td colspan="2">65℃</td><td>VLV,VV</td></tr>
<tr><td colspan="2">聚乙烯电缆</td><td rowspan="2">6~220</td><td colspan="2">70℃</td><td>YLV,YV</td></tr>
<tr><td colspan="2">交联聚乙烯电缆</td><td colspan="2">10kV 及以下,90℃
20kV 及以上,80℃</td><td>YJLV,YJV</td></tr>
<tr><td rowspan="3">橡皮绝缘
电缆</td><td colspan="2">天然丁苯橡皮电缆</td><td>0.5~6</td><td colspan="2">65℃</td><td rowspan="3">XLQ,XQ,XLV,XV,
XLHF,XLF</td></tr>
<tr><td colspan="2">乙丙橡皮电缆</td><td rowspan="2">1~35</td><td colspan="2">80℃~85℃</td></tr>
<tr><td colspan="2">丁基橡皮电缆</td><td colspan="2">80℃</td></tr>
<tr><td>气体绝缘
电缆</td><td colspan="2">压缩气体绝缘电缆</td><td>220~500</td><td colspan="2">90℃</td><td></td></tr>
</table>

通常根据线路的电压等级来选择电缆的额定电压。中小型企业常用电缆额定工作电压有 1kV、3kV、6kV、10kV。

3. 电缆的选择

(1)电缆的额定电压应不小于电网的额定电压。

(2)按发热条件选择电缆截面:

$$I_{yx} \geq I_{js}$$

式中:I_{yx}为电缆芯线安全载流量(A);I_{js}为通过电缆的计算电流(A)。

当数根电缆敷设在地中或管中,其安全载流量除了要乘以温度校正系数外,还应乘以并列在地中的工作电缆校正系数。

(3)根据环境和敷设方法来选择电缆。

根据环境和敷设方法来选择电缆如表 3-3 所列。

表 3-3　根据环境和敷设方法来选择电缆

环境特征	电缆敷设方法	常用电缆型号
正常干燥环境	明敷或放在沟中	ZLL、ZLL11、VLV、XLV、ZLQ
潮湿和特别潮湿环境	明敷	ZLL11、VLV、XLV
多尘环境(不包括火灾及爆炸危险尘埃)	明敷或放在沟中	ZLL、ZLL11、VLV、XLV、ZLQ
有腐蚀性环境	明敷	VLV、ZLL11、XZV
有火灾危险的环境	明敷或放在沟中	ZLL、ZLQ、VLV、XLV、XHFL
有爆炸危险的环境	明敷	ZLl20、ZQ20、VV20
户外配线	电缆埋地	ZLl 1、ZLQ2、VLV、VLV2

(4)电缆保护层的选择。

电缆内护层直接包在绝缘层上,保护绝缘不与空气、水分或其他物质接触。内护层有铅包、铝包和聚氯乙烯三种。铅包的优点是防潮、耐腐蚀、质地柔软对电缆弯曲影响小,但价格贵;铝包的优点是质量小、价廉,但是耐腐蚀性较差。外护层的作用是保护内护层不受外界机械损伤和化学腐蚀。正确选择电缆保护层才能保证电缆的使用寿命。各种电缆保护层的适用敷设场合如表 3-4 所列。

表 3－4　各种电缆保护层的适用场合

型号	名称	适用保护对象	主要适用敷设场所												
			敷设方式									特殊环境条件			
			架空	室内	隧道	电缆沟	管道	埋地 一般土壤	埋地 多砾石	竖井	水下	易燃	强电干扰	严重腐蚀	大拉力
02	聚氯乙烯套	铅套	△	△	△	△	△					△		△	
		铝套	△	△	△	△	△	△		△		△		△	
		皱纹钢套或皱纹铝套	△	△	△	△	△	△				△		△	
03	聚乙烯套	铅套	△	△		△	△							△	
		铝套	△	△		△	△	△		△				△	
		皱纹钢套或皱纹铝套	△	△		△	△	△						△	
20	裸钢带铠装	铅套		△	△	△						△			
(21)	钢带铠装纤维外被	铅套						△	△						
22	钢带铠装聚氯乙烯套	铅套	△	△	△			△	△			△		△	
		铝套或皱纹铝套	△	△	△				△			△	△	△	
		非金属套	△	△	△				△			△		△	
23	钢带铠装聚乙烯套	铅套	△		△			△	△					△	
		铝套或皱纹铝套	△		△				△				△	△	
		非金属套	△		△				△					△	
30	裸细圆钢丝铠装	各种金属套和非金属套								△		△		△	
(31)	细圆钢丝铠装纤维外被	铅套						△	△		△				
32	细圆钢丝铠装聚氯乙烯套	各种金属套和非金属套						△	△	△	△	△		△	
33	细圆钢丝铠装聚乙烯套	各种金属套和非金属套						△	△	△	△			△	
(40)	裸粗圆钢丝铠装	铅套和非金属套								△		△			△
41	粗圆钢丝铠装纤维外被										△			▲	△
(42)	粗圆钢丝铠装									△		△		△	△
(43)	粗圆钢丝铠装聚乙烯套									△		△		△	△
441	双粗圆钢丝铠装纤维外被										△			▲	△
241	钢带—粗圆钢丝铠装纤维外被										△			▲	△
2441	钢带—双粗圆钢丝铠装纤维外被										△			▲	△

注：① 括号内型号不推荐采用，若用户需要也可生产；

② △表示适用，▲表示当采用涂塑钢丝等具有良好非金属防蚀层的钢丝时适用

3.1.2 电缆的敷设方式

电缆的敷设方式主要有直埋敷设、电缆沟敷设、沿墙敷设、电缆隧道敷设和适用于公路、铁路等狭窄情况的排管敷设等。

3.1.3 电缆敷设的规程

(1)根据用电场所的特点而采用电缆线路时,应选择不易遭受各种损坏的有利走向。电缆一般采用铠装电缆,但敷设在电缆沟内或敷设在确无直接机械损伤和化学侵蚀危险的场所,也可采用无铠装电缆。

(2)一般在对电缆无侵蚀作用的地区且同一路径电缆不超过 6 根时,应尽量采用直埋敷设。当电缆线路与地下管网交叉不多,地下水位较低,同一路径电缆根数较多,可采用电缆沟敷设,但沟内一般不要超过 12 根。在同一路径电缆根数在 15 根以上时,可采用电缆隧道敷设。

(3)电缆在管道内敷设的方式,因施工复杂,电缆的敷设、检修和更换也不便,且散热不好,一般不宜采用。

(4)电缆的埋设深度、电缆与各种设施接近和交叉的距离、电缆之间的距离和电缆明敷时的支持距离如表 3-5 所列。

表 3-5 电缆敷设时的最小距离

项 目		最小距离/m
直埋电缆的埋设深度	一般情况	0.7
	机耕农田	1.0
电缆与各种设施平行与交叉净距	穿越路面	1.0
	离建筑物基础	0.6
	与排水沟底的交叉	0.5
	与热力管道平行	2.0
	与热力管道交叉	0.5
	与其他管道平行或交叉	0.5
电缆相互间的净距	平行时	0.1
	交叉时	0.5
电缆明敷时的支持间距	铅包电缆垂直敷设时	1.5
	其他各类电缆垂直敷设时	2.0
	各种电缆水平敷设时	1.0

(5)直埋电缆,沟底应平整,无硬质杂物,否则应铺100mm厚的细土,电缆上加盖100mm细土后,再盖混凝土盖板或砖保护。盖土前应测绘1:500电缆实际走向详图,并同电缆有关资料一起保存。地面上应装设电缆走向标志,以利于运行和检修。

(6)电缆在弯曲的地方,其曲率半径不应小于表3-6所列的值。

(7)穿越路面和建筑物及引出地面高度在2m以下的部分,均应穿在保护管内,保护管的内径不小于电缆外径的1.5倍,每根1管。一根单芯电缆不得穿在磁性保护管内,但可将同一回路的单芯电缆一起穿入同一管内。

表3-6 电缆的曲率半径

电缆种类	曲率半径为电缆外径的倍数
纸绝缘铅包电缆	多芯15,单芯25
纸绝缘铝包电缆	30
橡胶绝缘或塑料绝缘电缆(有金属屏蔽层)	多芯8,单芯10
橡胶绝缘或塑料绝缘电缆(无金属屏蔽层)	多芯6,单芯8
橡胶绝缘或塑料绝缘电缆(铠装)	12

(8)铠装电缆或铅包、铝包电缆的金属外皮在两端应可靠接地,接地电阻应不大于10Ω。

(9)同一根纸绝缘电缆两端的高度差不应超过25m。

(10)电缆在敷设前应做潮气检查。检查潮气的方法有以下几种:

① 火烧法。将电缆绝缘纸点燃后,纸的表面有泡沫,即表明有潮气存在。

② 油浸法。将电缆绝缘纸浸入150℃的电缆油中,如油中出现泡沫,则可确定有潮气存在。

(11)电缆过河或过桥的两端应留有0.3m~0.5m的余量;建筑物进出口电缆终端处应留有1m~1.5m的余量,以备重新封端用。

3.2 电缆明敷设

3.2.1 电缆明敷设的距离要求

电缆在明敷设一般有沿墙、沿柱安装和沿墙吊挂以及在楼板下及沿梁吊装和扁钢支架上安装等几种形式。电缆明敷设不应有黄麻或其他易燃烧的外护层。在腐蚀性介质的房屋内明敷设电缆,宜采用塑料护套电缆。无铠装的电缆在明敷设时的距离要求如表 3－7 所列。

表 3－7　明敷设电缆的距离要求

<table>
<tr><th rowspan="2">与非热力管道间距离/m</th><th rowspan="2">与热力管道间距离/m</th><th colspan="2">线间最小距离/mm</th><th colspan="2">与地面最小距离/m</th></tr>
<tr><th>不同电压</th><th>相同电压</th><th>水平布线</th><th>垂直布线</th></tr>
<tr><td>0.5</td><td>1</td><td>150</td><td>35</td><td>2.5</td><td>1.8</td></tr>
</table>

明敷设的电缆管应安装牢固,不应将电缆管直接焊在支架上。电缆管支持点间的距离,当无设计规定时,不应大于如表 3－8 所列的规定。当塑料管的直线长度超过 30m 时应加装伸缩节。

表 3－8　明敷设电缆管支持点间的距离

<table>
<tr><th rowspan="2">电缆管类型 / 支持点间的距离/m / 电缆管直径/mm</th><th rowspan="2">硬质塑料管</th><th colspan="2">钢管</th></tr>
<tr><th>薄壁钢管</th><th>厚壁钢管</th></tr>
<tr><td>≤20</td><td rowspan="2">1.0</td><td>1.0</td><td>1.5</td></tr>
<tr><td>25～32</td><td rowspan="2">1.5</td><td rowspan="3">2.0</td></tr>
<tr><td>32～40</td><td rowspan="2">1.5</td></tr>
<tr><td>40～50</td><td rowspan="2">2.0</td></tr>
<tr><td>50～70</td><td rowspan="2">2.0</td><td>2.5</td></tr>
<tr><td>>70</td><td>2.5</td><td>3.5</td></tr>
</table>

3.2.2　电缆明敷设

电缆明敷设的做法如图 3－1 至图 3－9 所示。

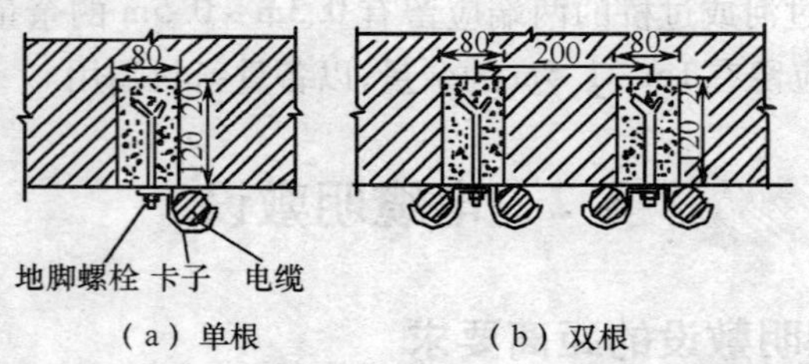

（a）单根　　（b）双根

图 3－1　用镀锌扁钢卡子固定电缆

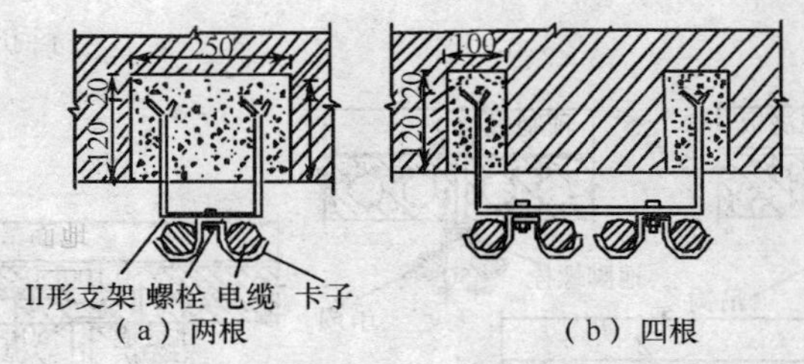

图 3－2　用Ⅱ形支架和卡子固定电缆

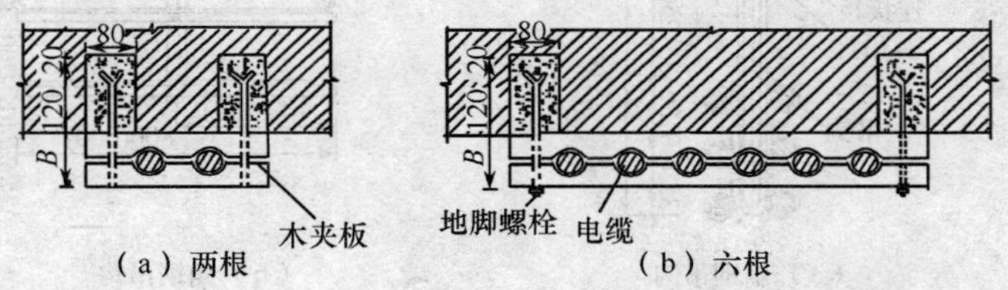

图 3－3　用木夹板固定电缆

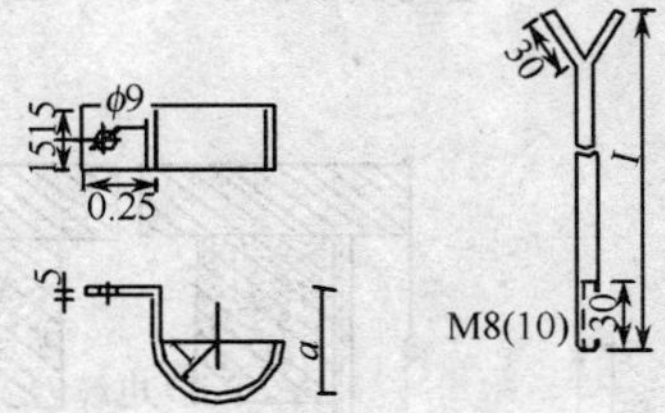

图 3－4　扁钢卡子和预埋地脚螺栓加工图

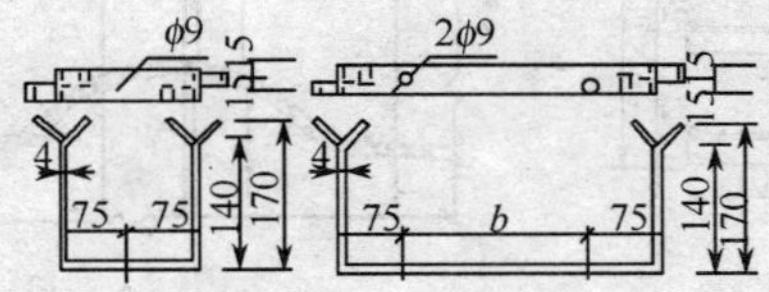

图 3－5　Ⅱ形扁钢支架规格

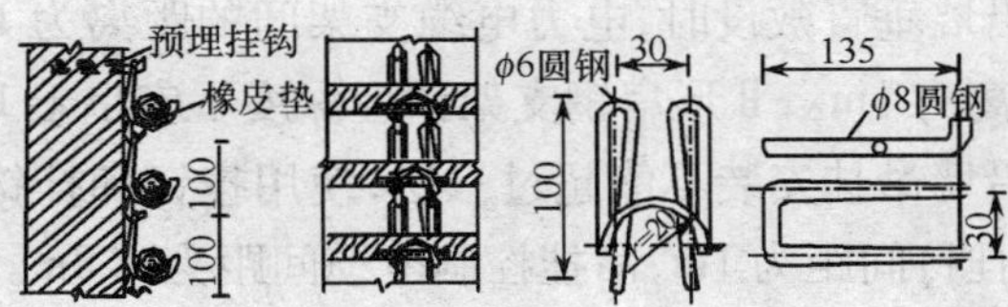

图 3－6　电缆沿墙水平吊挂安装

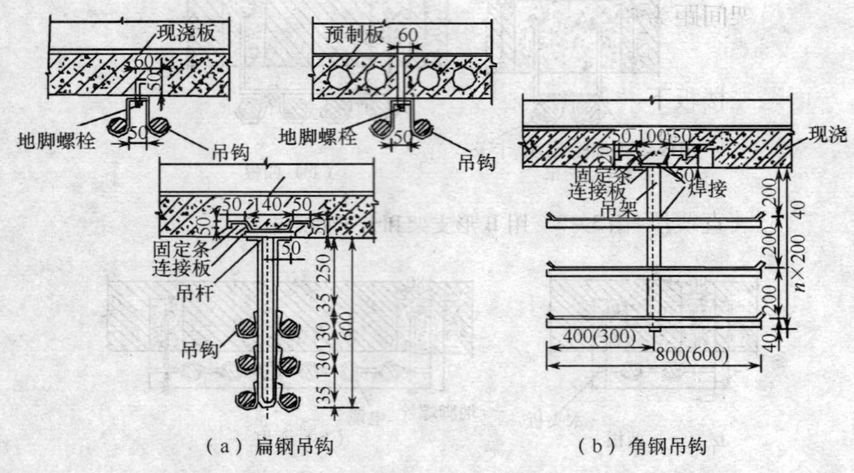

（a）扁钢吊钩　　　　（b）角钢吊钩

图3-7　电缆在楼板下吊装工艺

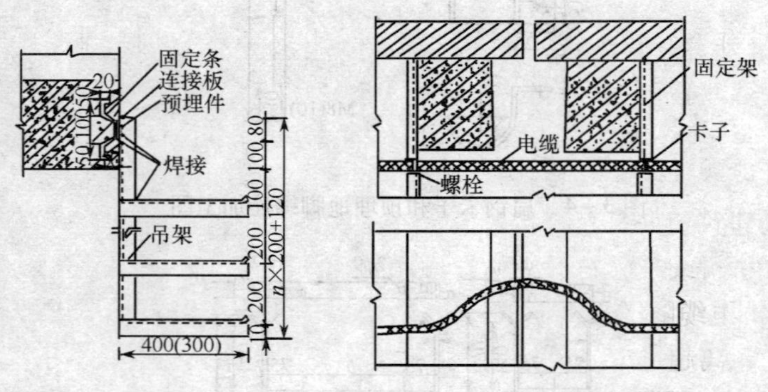

图3-8　角钢吊架沿梁水平安装　　图3-9　电缆通过伸缩缝工艺

（1）电缆沿墙垂直敷设时，电力电缆支架间的距离为1.5m，控制电缆支架间的距离为1m。Ⅱ形扁钢支架预埋深度不应小于120mm。

（2）电缆沿墙吊挂安装不能超过三层，使用挂钉和挂钩吊挂。吊挂安装电力电缆挂钉间距为1m，吊挂控制电缆间距为0.8m。

（3）电缆在楼板下吊装，使用扁钢吊钩。扁钢吊钩数量根据实际层数需要组装，但最多不超过三层。吊架横档的层数根据工程需要确定，但最多不超过四层。楼板下吊挂安装时，电力电缆吊架间距为 1m；控制电缆吊架间距为 0.8m。

（4）电缆沿梁水平吊装时，应使用角钢吊架安装，其安装有关规定与电缆在楼板下吊装一致。

（5）明敷设电缆通过建筑物伸缩变形缝时，应做补偿装置。在伸缩缝处将电缆弯曲，弯曲半径应满足规定值，在变形缝两侧的电缆固定支架应随其直线段的电缆支架一并考虑。

3.3 电缆沟（隧道）内敷设

3.3.1 电缆沟（隧道）的技术要求

（1）当电缆与地下管网交叉不多、地下水位较低且无高温介质和熔化金属液体流入可能的地区，同一路径的电缆根数为 18 根及以下时，宜采用电缆沟敷设。多于 18 根时，宜采用电缆隧道敷设。

（2）电缆沟和电缆隧道应采取防水措施，其底部应做成坡度不小于 0.5% 的排水沟。积水可直接接入排水管或经集水坑用泵排出。

（3）电缆沟在进入建筑物处应设防火墙。电缆隧道的净高不应低于 1.9m，有困难时局部地段可适当降低。其他管线不应横穿电缆隧道。电缆隧道和其他地下管线交叉时，应尽可能避免隧道局部下降。电缆隧道进入建筑物处以及在变电所围墙处，应设带门的防火墙，此门应采用非燃烧材料或难燃烧材料制成，并应加锁。

（4）电缆隧道长度大于 7m 时，两端应设出口（包括人孔），两个出口间的距离超过 75m 时，应增加出口。人孔井的直径不应小于 0.7m。

（5）电缆隧道内应有电压不超过 36V 的照明，否则应采取安全措施。隧道内应采取自然通风措施。

（6）电缆沟和电缆隧道内，支架层间垂直距离和通道宽度不应小于如表 3－9 所列的数值。

（7）支架层间允许最小距离，当设计无规定时，可采用如表 3－10 所列的规定。但层间间距不应小于电缆外径的 2 倍加 10mm，35kV 及以上高压电缆不应小于电缆外径的 2 倍加 50mm。支架各横档间的垂直净距与设计偏差不应大于 5mm。

表 3－9　支架层间垂直距离和通道宽度的最小净距 单位:m

<table>
<tr><th colspan="2" rowspan="2">敷设条件
名称</th><th rowspan="2">电缆隧道
（净高 1.9m）</th><th colspan="2">电缆沟</th></tr>
<tr><th>沟深 0.6m 以下</th><th>沟深 0.6m 及以上</th></tr>
<tr><td rowspan="2">通道宽度</td><td>两侧设支架</td><td>1.00</td><td>0.30</td><td>0.50</td></tr>
<tr><td>一侧设支架</td><td>0.9</td><td>0.30</td><td>0.45</td></tr>
<tr><td rowspan="2">支架层间
垂直距离</td><td>电力电缆</td><td>0.20</td><td>0.15</td><td>0.15</td></tr>
<tr><td>控制电缆</td><td>0.12</td><td>0.10</td><td>0.10</td></tr>
</table>

表 3－10　电缆支架的层间允许最小距离值　　单位:mm

<table>
<tr><th colspan="2">电缆类型和敷设特征</th><th>支(吊)架</th><th>桥架</th></tr>
<tr><td colspan="2">控制电缆</td><td>120</td><td>200</td></tr>
<tr><td rowspan="5">电力电缆</td><td>10kV 及以下(除 6kV～10kV 交联聚乙烯绝缘外)</td><td>150～200</td><td>250</td></tr>
<tr><td>6kV～10kV 交联聚乙烯绝缘</td><td rowspan="2">200～250</td><td rowspan="2">300</td></tr>
<tr><td>35kV 单芯</td></tr>
<tr><td>35kV 三芯 110kV 及以上,每层多于 1 根</td><td>300</td><td>350</td></tr>
<tr><td>110kV 及以上,每层 1 根</td><td>250</td><td>300</td></tr>
<tr><td colspan="2">电缆敷设于槽盒内(h:槽盒外壳高度)</td><td>$h+80$</td><td>$h+100$</td></tr>
</table>

(8)电缆支架最上层及最下层至沟顶、楼板或沟底、地面的距离,当无设计规定时,不宜小于如表 3－11 所列的数值。

表 3－11　电缆支架最上层及最下层至够顶、楼板或沟底、地面的距离

单位:mm

敷设方式	电缆隧道及夹层	电缆沟	吊架	桥架
最上层至沟顶或楼板	300～350	150～200	150～200	350～450
最下层至沟底或地面	100～150	50～100	—	100～150

(9)电缆支架间或固定点间的距离,应符合设计规范的规定。当无设计时,不应大于如表 3－12 所列数值。电缆支架应安装牢固、横平竖直,各支架的同层横档应在同一水平面上,高低偏差不应大于 5mm。

表 3-12 电缆各支持点间的距离 单位:mm

电缆种类		敷设方式	
		垂直	水平
电力电缆	全塑型	400	1000
	除全塑型外的中低压电缆	800	1500
	35kV 及以上高压电缆	1500	2000
控制电缆		800	1000
注:全塑型水平敷设能把电缆固定时,间距允许为 800mm			

(10)在有坡度的电缆沟内或建筑物上安装的电缆支架,应与电缆沟或建筑物相同的坡度。

3.3.2 电缆支架的制作与安装

(1)电缆在电缆沟和电缆隧道敷设常用的支架有角钢支架和装配式支架,如图 3-10、图 3-11 所示。下料误差应在 5mm 范围内。

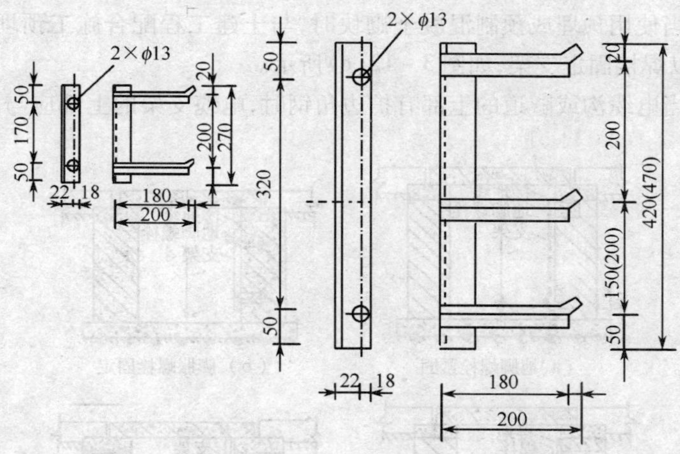

图 3-10 电缆角钢支架样式

(2)电缆支架的长度,在电缆沟内不宜大于 350mm,在隧道内不宜大于 500mm。电缆支架应焊接牢固,无明显变形。金属电缆支架所有铁件必须涂磷化底漆一遍、过氯乙烯两遍进行防腐处理。

(3)电缆支架安装方式由工程设计决定,应与土建密切配合安装。电

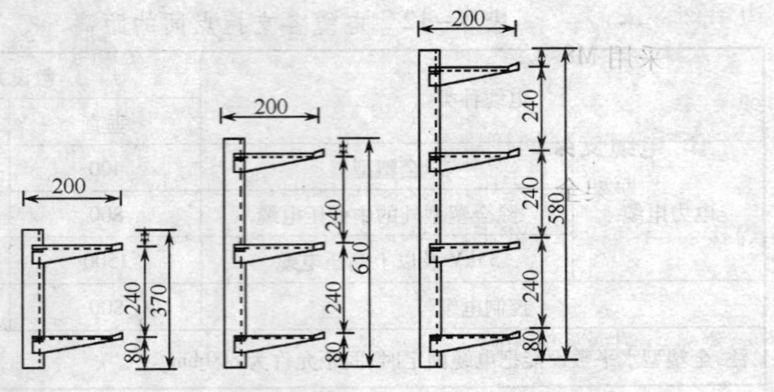

图 3－11　电缆装配式支架

缆支架在电缆沟内的安装方法有以下几种：

① 与土建配合施工用 M12×125mm 地脚螺栓固定的支架如图 3－12(a)所示。

② 电缆沟或隧道为 C15 及以上混凝土或钢筋混凝土结构上安装电缆架，可使用 M10×100mm 沉头螺栓固定，如图 3－12(b)所示。

③ 当使用预埋或预制混凝土砌块时，与土建工程配合施工预埋（或砌筑），用以焊接固定支架，如图 3－12(c)所示。

④ 当电缆沟或隧道的上部有护边角钢时，电缆支架的上部应与沟的护

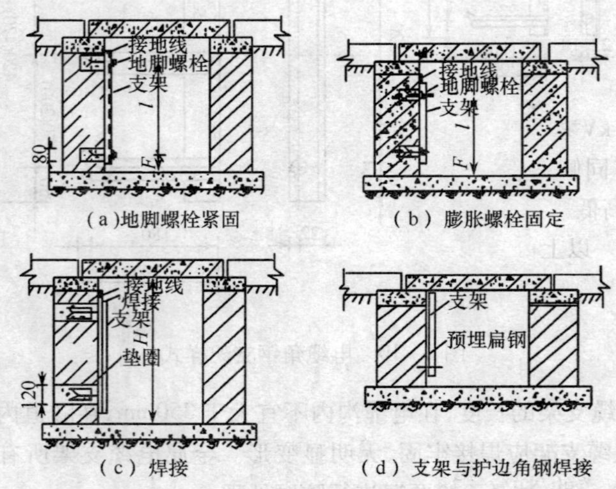

图 3－12　电缆支架安装方式

边角钢焊接，支架下部与沟壁上的预埋扁钢焊接，如图 3－12(d)所示。

⑤ 采用 M8 ×85mm 的射钉螺栓，用射钉枪射入混凝土或砖墙内固定电缆支架。

3. 电缆支架的接地

电缆支架全长均应有良好的接地，接地线应在电缆敷设前与支架进行焊接。当电缆支架利用沟或护边角钢作为接地线时，不需再敷设专用的接地线。

3.3.3 电缆施放

(1)在同一条电缆沟(隧道)内敷设很多电缆时，为了做到电缆按顺序分层配置，电缆施放前，应充分熟悉图纸，弄清每根电缆的型号、规格、编号、走向以及在电缆支架上的位置和大约长度等。敷设电缆时，可先敷设长的截面大的电源干线，再敷设截面小而又较短的电缆。

(2)每放完一根电缆，应随时把电缆的标志牌挂好。这样的敷设顺序，有利于电缆在支架上合理布置与排列整齐，避免交叉和混乱现象。

(3)电缆标志牌应在电缆终端头、电缆接头、拐弯处、电缆沟(隧道)的两端及人孔井内等地方装设。标志牌上应注明线路编号。当无编号时，应写明电缆型号、规格及起止地点。并联使用的电缆应有顺序号。

(4)标志牌规格应统一，字迹清晰、不易脱落。标志牌挂装应牢固。

(5)电缆排列：

① 电缆排列时，电力电缆和控制电缆不应敷设在同一层支架上。但 1kV 以下的电力电缆和控制电缆可并列敷设在同一层支架上。当两侧均有支架时，1kV 以下的电力电缆和控制电缆宜与 1kV 及以上的电力电缆分别敷设在不同侧的支架上。

② 高低压电力电缆、强电、弱电控制电缆应按顺序由上而下敷设，但在含有 35kV 以上高压电缆引入柜(盘)时，为满足电缆弯曲半径的要求，可由下而上敷设。但控制电缆在支架上敷设不宜超过一层。交流三芯电力电缆在支架上也不宜超过一层。

③ 交流三相单芯电力电缆，应敷设在同侧支架上。当按紧贴的正三角形排列时，应每隔 1m 用绑带绑扎。

④ 电力电缆在电缆沟(隧道)内并列敷设时，水平净距为 35mm，但不应小于电缆的外径。

⑤ 电缆敷设时，在电缆终端头及中间头和伸缩缝的附近及电缆转弯的

地方，电缆都要留有余量，以便于补偿电缆本身和其所依附的结构件因温度变化而产生的变形，也便于将来检修接头用。

（6）电缆固定：

① 电缆在超过45°的倾斜电缆沟内敷设时，应在每个支架上进行固定。水平敷设的电缆，在电缆的首末两端及转弯、电缆接头的两端应加以固定。当对电缆的间距有要求时，应每隔5m～10m处进行固定。

② 单芯电缆的固定应符合设计要求。电缆在支架上固定常用的方法如图3－13所示。

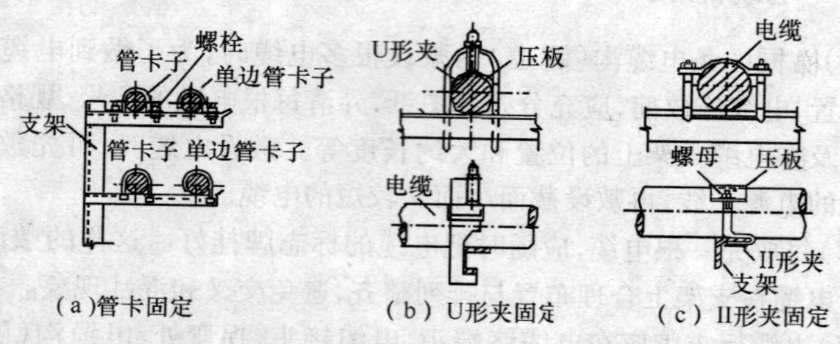

（a）管卡固定　（b）U形夹固定　（c）II形夹固定

图3－13　电缆在支架上的固定方法

③ 交流系统的单芯电缆或分相后的分相铅套电缆的固定夹具不应构成闭合磁路。

④ 裸铅（铝）套电缆的固定外，应外加软垫保护。护层有绝缘要求的电缆，在固定处应加绝缘衬垫。

⑤ 电缆在进入电缆沟（隧道）、建筑物的出入口应封闭，管口应密封。

⑥ 电缆敷设经检查完毕后，应及时清除杂物，盖好盖板，必要时，尚应将盖板缝隙密封。

⑦ 电缆沟宜采用钢筋混凝土盖板，每块盖板的质量不应超过50kg。

⑧ 绝缘子沿墙壁垂直排列敷设时，导线弛度不得大于5mm，沿屋架或水平支架敷设时，导线弛度不得大于10mm。

3.4　电缆桥架工程

电缆桥架布线适用于电缆数量较多或较集中的室内外及电气竖井内等场所。

3.4.1 电缆桥架概述

1. 电缆桥架的选择

1)电缆桥架的分类

根据桥架的结构类型可分为有孔托盘、无孔托盘、梯架和组装式托盘等。

(1)有孔托盘是由带孔眼的底板和侧边所构成的槽形部件或由整块钢板冲孔后弯制成的部件。

(2)无孔托盘是由底板与侧边构成的或由整块钢板制成的槽形部件。

(3)梯架是由侧边与若干个横档构成的梯形部件。

(4)组装式托盘是由适用于工程现场任意组合的有孔部件用螺栓或插接方式连接成托盘的部件。

2)电缆桥架的结构

电缆桥架无论哪种型式,均由直线段和弯通组成。直线段是指一段不能改变方向或尺寸的用于直接承托电缆的刚性直线部件。弯通是指一段能改变方向或尺寸的用于直接承托电缆的刚性非直线部件。

弯通按作用可分为:水平弯通、水平三通、垂直三通、水平四通垂直四通、上弯通、下弯通、变径直通。

3)电缆桥架的附件

附件是指用于直线段之间、直线段与弯通之间的连接,以构成连续性刚性桥架系统所必须的连接固定部件或补充直线段、弯通功能的部件。主要包括各种连接板(直线连接板、水平绞链连接板、垂直绞链连接板、连续绞连扳、变高绞连扳、伸缩绞连扳、转弯连接板、30°上下连接板、45°上下连接板、60°上下连接板和90°上下连接板)、盖板、隔板、压板、终端板、引下板和紧固件等。

4)电缆桥架的支吊架

桥架的支吊架是指直接支承托盘、梯架的部件。

(1)托臂是直接支承托盘、梯架且单端固定的刚性部件,分卡板式、螺栓固定式。

(2)立柱是直接支承托臂的部件,分工字钢、槽钢、角钢、异形钢立柱等。

(3)吊架是悬吊托盘、梯架的刚性部件,分圆钢单、双杆式;角杆单、双杆式;工字钢单、双杆式;槽钢单、双杆式;异形钢单、双杆式。

(4)其他固定支架,如垂直、斜面等固定支架。

5)桥架按安装场所选择的原则

(1)需屏蔽电气干扰的电缆回路,或有防护外部影响如油、腐蚀性液体、易燃粉尘等环境的要求时,应选用有盖无孔型托盘。当需要因地制宜组装的场所,宜用组装式托盘。此外可用有孔托盘或梯架。

(2)在容易积灰和其他需遮盖的环境或户外场所,宜带有盖板。在公共通道或户外跨越道路段,底层梯架上宜加垫板,或在该段使用托盘。

(3)低压电力电缆与控制电缆共用同一托盘或梯架时,相互间宜设置隔板;在托盘、梯架分支、引上、引下处宜有适当的弯通;因受空间条件限制不便装设弯通或有特殊要求时,可选用软连板、铰连板;伸缩缝应配置伸缩板;若连接两段不同宽度或高度的托盘、梯架时,可配置变宽或变高板。

(4)弯曲段的尺寸要按电缆的最小弯曲半径来定,敷设各种电缆时以其中外径最大的来决定桥架的弯曲半径。

(5)电缆桥架的材质目前有钢制、铝合金制、不锈钢制和玻璃纤维。其牌号和优点如表 3-13 所列。

表 3-13 电缆桥架材质牌号

材料	规格	优　点
钢	Q235 或 AISIA446	电气屏蔽、镀层可选择,热膨胀小
铝合金	6063-T6 和 5052-H32	防腐蚀,导电性能好,质量轻,现场制作方便
不锈钢	AISI304 或 316	超防腐蚀、耐高温
玻璃纤维		自重轻、耐腐蚀、绝缘性能好

6)托盘、桥架的选择

托盘、桥架的宽度、高度,应按下列要求选择:

(1)电缆在桥架内的填充率,电力电缆不应大于 40%;控制电缆不应大于 50%。并应留有一定的备用空位,以便为今后增添电缆用。

(2)所选托盘、桥架规格的承载能力应满足规定。其工作均布载荷不应大于所选托盘、桥架载荷等级的额定均布载荷。

(3)工作均布载荷下的相对挠度不宜大于 1/200。

托盘、梯架直线段可按单件长度选择。

各类弯通及附件规格,应适合工程布置条件,并与托盘、梯架相配套。

2. 电缆桥架的安装要求

1)桥架的位置要求

(1)电缆桥架应尽可能在建筑物、构筑物(如墙、柱梁、楼板等)上安装，与土建专业密切配合。

(2)电缆桥架的总平面布置应做到距离最短、经济合理、安全运行，并应满足施工安装、维修和敷设要求。

(3)桥架或托盘式桥架(有孔托盘)水平敷设时的距地面高度一般不宜低于2.5m，槽板桥架(无孔托盘)距地高度可降低到2.2m。

(4)桥架垂直敷设时，在距地1.8m以下易触及部位，为防止人直接接触或避免电缆遭受机械损伤，应加金属盖保护，但敷设在电气专用房间(如配电室、电气竖井、技术层等)内时除外。

(5)电缆桥架多层敷设时，为了散热和维护及防止干扰的需要，桥架层间应留有一定的距离；桥架上部距离棚或其他障碍物不应小于0.3m；弱电电缆与电力电缆间不应小于0.5m，如有屏蔽盖板可减少到0.3m；控制电缆间不应小于0.2m；电力电缆间不应小于0.3m。

(6)几组电缆桥架在同一高度平行或有交叉敷设时，各相邻电缆桥架间应考虑维护、检修距离，一般不小于0.6m。

(7)电缆桥架与各种管道平行敷设时，其净距应符合表3-14的规定。

表3-14 电缆桥架与各种管道的最小净距

管道类别		平行净距/m	交叉净距/m
一般工艺管道		0.4	0.3
具有腐蚀性液体(或气体)管道		0.5	0.5
热力管道	有保温层	0.5	0.5
热力管道	无保温层	1.0	1.0

2)电缆支架、吊架的配置要求

电缆支架、吊架是承受桥架系统自重、电缆自重和短期载荷的永久性受力部件选择各支架、吊架必须慎重。

(1)水平直线段支架、吊架的设置，宜使托盘、梯架接头连接点处于支、吊点与1/4跨距之间。在一个伸缩连接板每侧的600mm以内，应各装一个支、吊架。

(2)在变宽、变高铰接板每侧600mm以内各设一个支、吊架。

(3)水平弯通与直通连接端一侧600mm处应设支、吊架。在转弯角度$\alpha/$

2 处，应设支、吊架。

（4）在三通、四通与每个接口转弯半径尺的 2/3 处，应设置一支、吊架。

（5）在垂直活动连接两端 600mm 处应设支、吊架。

（6）$\alpha=60°$、$45°$、$30°$ 的上下弯通连接端，距 125mm 处，应设一个支、吊架。

（7）$\alpha=90°$ 的上下弯通与直通连接端，距 600mm 处，应设一个支、吊架。在上下弯通连接处也应设一个支、吊架。

（8）异形件安装尺寸如下：

① 水平弯通、水平异形件支架的位置应在该异形件两侧外缘 600mm 距离内，并在如下位置：90°弯通设在弧形的 45°点上、60°支架在弧形 30°点上、45°支架在弧形的 22.5°点上（弯曲半径 $R=300$mm 者除外）、30°支架在弧形的 15°点上。

② 对弯曲半径为 300mm 的水平三通距其三侧开口与其桥架连接处 600mm 范围内要设置支架；对所有其他弯曲半径的情况，在该三通本身的三侧，至少每侧设一个支架。

③ 水平 Y 形弯通在三侧开口与其桥架连接处外的 600mm 范围内，要设置支架，并侧向在圆弧的 22.5°处设支架。

④ 对 300mm 弯曲半径的水平四通，在其四侧开口与其桥架连接处外 600mm 范围内要设置支架。在四通本身的四面，至少每侧设一个支架。

⑤ 在大小头变径直通两侧外缘 600mm 范围内设置支架。

⑥ 应在垂直弯通上部弯曲处两端设支架，在中部弯曲处的上下两侧 600mm 范围内设置支架。

⑦ 在垂直三通距各侧外缘 600mm 范围内设置支架。

3.4.2 支架制作安装

1. 支架的制作

1）门型支架的制作

梯形桥架沿墙垂直安装时，可使用门型角钢支架，几种常用的门型角钢支架如图 3-14 所示。

2）梯形角钢支架制作

桥架沿墙、柱水平敷设时，可使用梯形角钢支架，几种常用梯形角钢支架制作如图 3-15 所示。尺寸数据如表 3-15 所列。焊接时，焊角高度为 5mm。

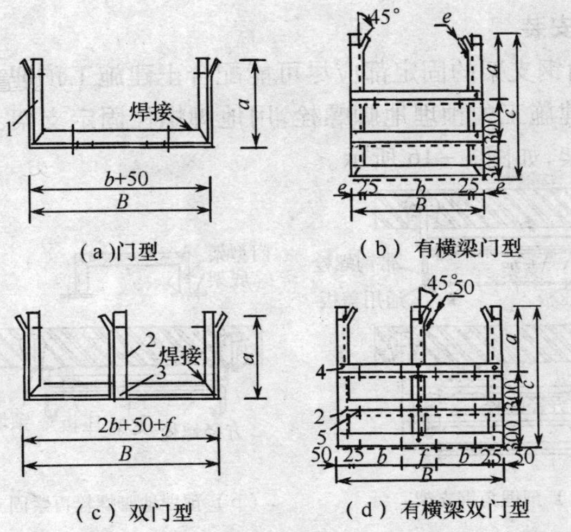

图 3－14　常用门型角钢支架加工图

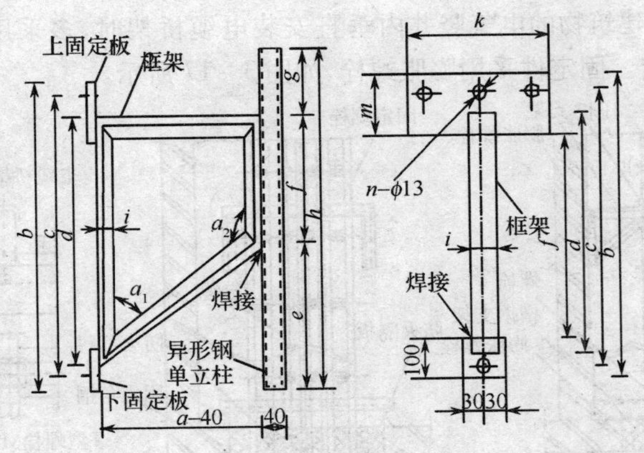

图 3－15　梯形角钢支架制作

表 3－15　梯形角钢支架制作尺寸表　　单位:mm

N	a	b	c	d	e	f	g	h	i	j	k	m	n
1	100～400	300	260	190	100	100	100	300	L40×4	120	140	80	3
2	100～400	400	360	290	300	200	100	600	L50×5	220	240	80	4
3	100～400	500	460	390	400	300	200	900	L50×5	260	140	140	5
4	100～400	600	560	490	500	400	300	1200	L50×5	360	240	140	6

2. 支架的安装

(1)门型角钢支架的固定都应尽可能配合土建施工预埋。有些门型角钢支架应在土建施工中预埋地脚螺栓,用地脚螺栓固定支架。也可用膨胀螺栓来固定支架,如图 3-16 所示。

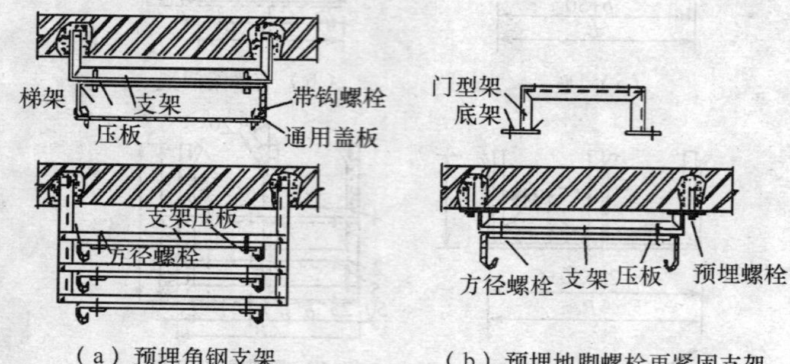

(a) 预埋角钢支架　　(b) 预埋地脚螺栓再紧固支架

图 3-16　角钢支架的固定方法

(2)在建筑物的电气竖井内垂直安装电缆桥架时,多采用三角形角钢支架来固定。固定件采用膨胀螺栓,如图 3-17 所示。

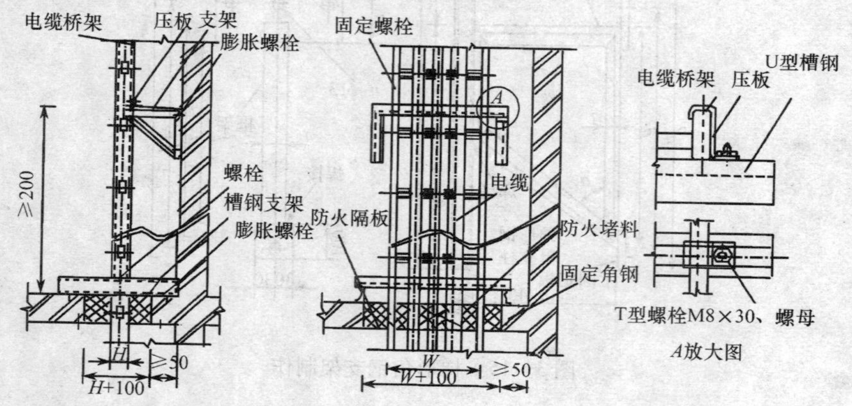

图 3-17　三角型角钢支架在电气竖井内的安装

3.4.3　立柱的安装

1. 立柱侧壁式安装

(1)工字钢立柱侧壁式安装时。工字钢立柱与墙体内的预制砌块内预埋件采用焊接固定,焊角高度为 6mm,如图 3-18 所示。

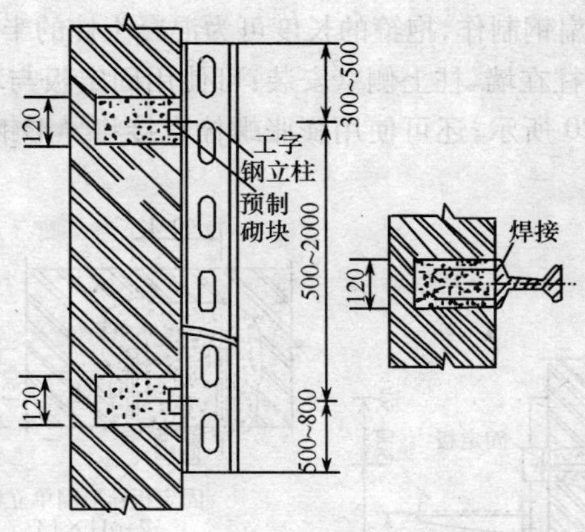

图 3-18　工字钢立柱与预埋预制砌块侧装

（2）工字钢立柱靠混凝土柱安装有两种方法：一种是将预埋件与柱筋固定后一同浇注在混凝土柱内，立柱与柱内铁件采用焊接固定，焊角高度为 6mm，如图 3-19（a）所示；另一种是当混凝土柱为独立柱时，也可采用抱箍焊接固定，工字钢立柱焊角高度为 4mm，如图 3-19（b）所示。抱箍应使用

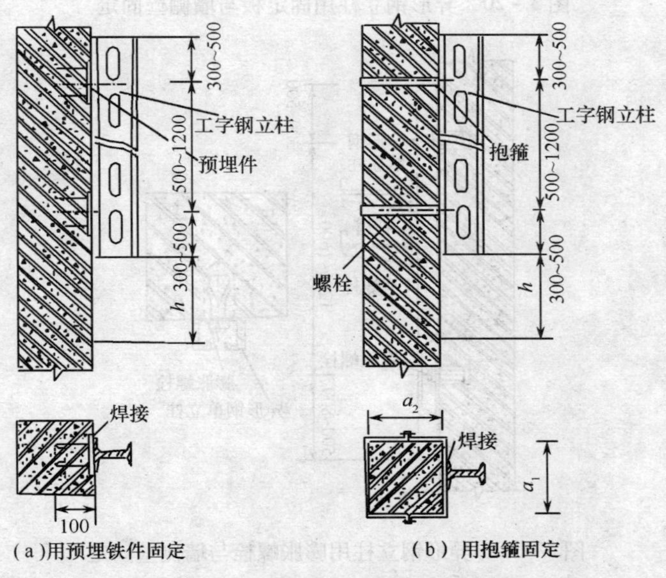

图 3-19　工字钢立柱靠混凝土柱侧装

40mm × 4mm 镀锌扁钢制作，抱箍的长度可为混凝土柱的半周长加 80mm。

(3) 异形钢立柱在墙、柱上侧壁安装：可使用固定板与墙体内的预埋螺丝紧固，如图 3－20 所示；还可使用膨胀螺栓直接将异形钢立柱固定，如图 3－21 所示。

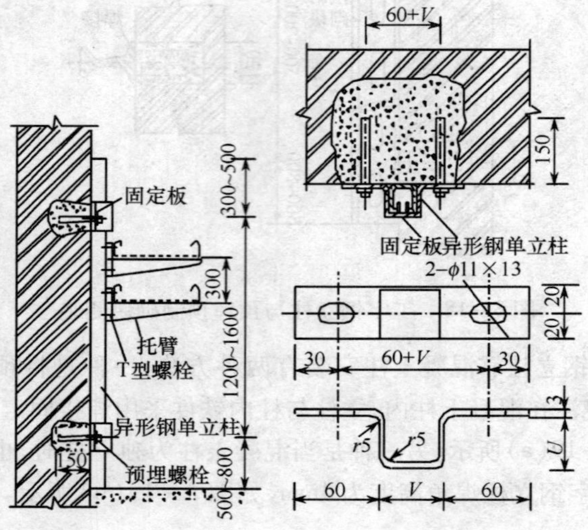

图 3－20　异形钢立柱用固定板与墙侧壁固定

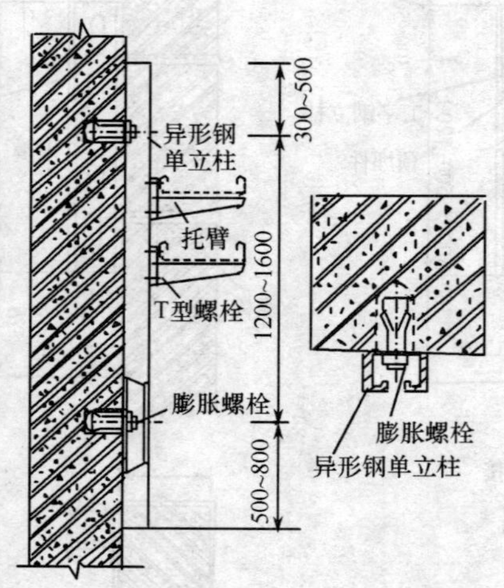

图 3－21　异形钢立柱用膨胀螺栓与墙侧壁固定

（4）工字钢立柱直立式安装：工字钢立柱直立式安装方式很多，可采用预埋钳形夹板或固定板进行连接固定，如图 3－22 所示；钳形夹板和固定板也可与墙体内预埋螺栓进行固定，如图 3－23 所示。

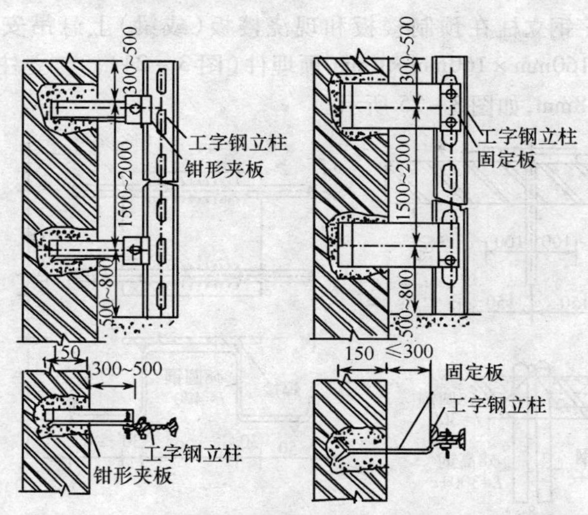

图 3－22　工字钢立柱与预埋钳形夹或固定板直立式安装

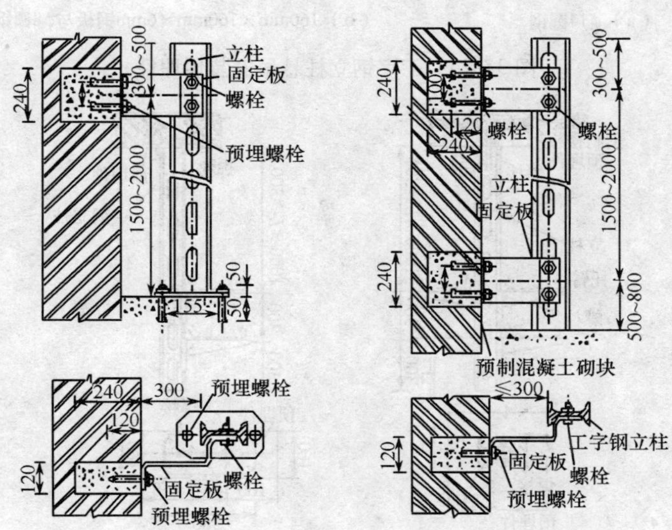

图 3－23　工字钢立柱与钳形夹板、固定板与预埋螺栓直立式安装

带有底座的工字钢立柱，底座安装时，应在混凝土楼面内预埋 M10 × 200mm 地脚螺栓固定，地脚螺栓间距为 155mm。

2. 立柱悬吊式安装

(1)工字钢立柱在预制楼板和现浇楼板(或梁)上悬吊安装：可采用 ϕ14 圆钢或 160mm × 160mm × 6mm 预埋件(图 3 – 24)。与立柱焊接固定，焊接高度为 8mm，如图 3 – 25 所示。

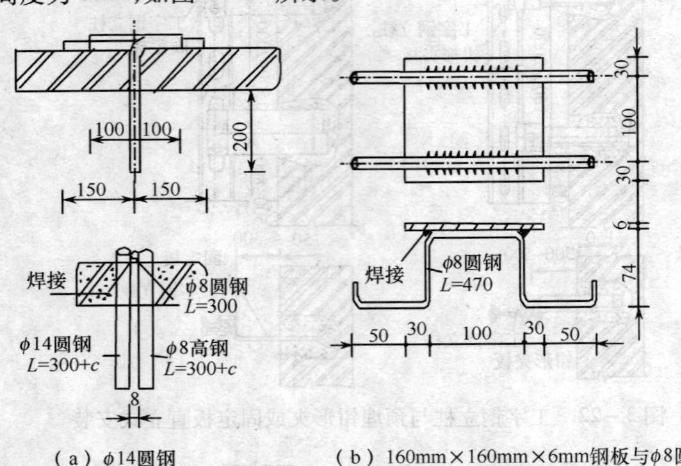

(a) ϕ14圆钢　　(b) 160mm×160mm×6mm钢板与ϕ8圆钢

图 3 – 24　工字钢立柱悬吊安装预埋件

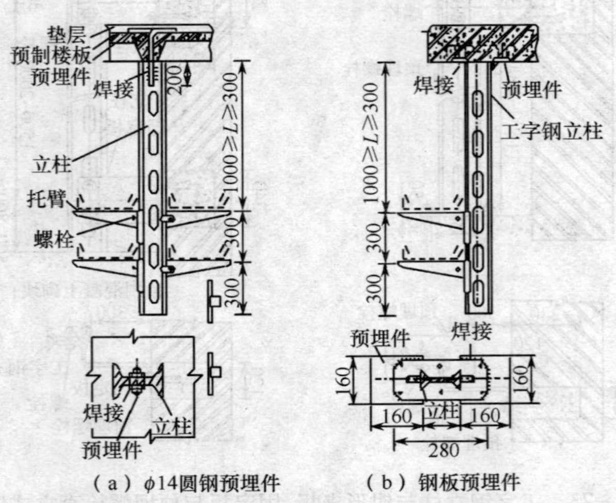

(a) ϕ14圆钢预埋件　　(b) 钢板预埋件

图 3 – 25　工字钢立柱在楼板下悬吊式安装示意图

(2)工字钢立柱沿现浇矩型梁悬吊安装：采用长 470mmϕ8 圆钢与 120mm×120mm×6mm 钢板焊接做预埋件，焊接悬吊工字钢立柱，焊接高度 8mm，如图 3-26 所示。

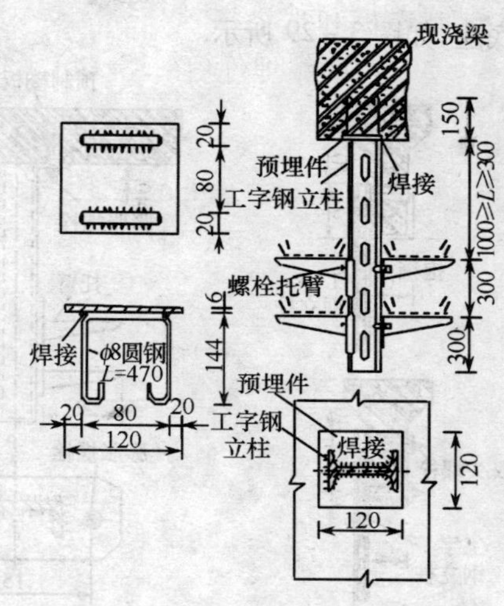

图 3-26　工字钢立柱在现浇梁下悬吊安装示意图

(3)工字钢立柱、角钢立柱和槽钢立柱沿现浇矩型梁侧面悬吊安装方法相同，工字钢立柱悬吊安装时采用长 390mmϕ8 圆钢与 120mm×120mm×6mm 钢板焊接做预埋件，焊接悬吊工字钢立柱，焊接高度 8mm，如图 3-27 所示。

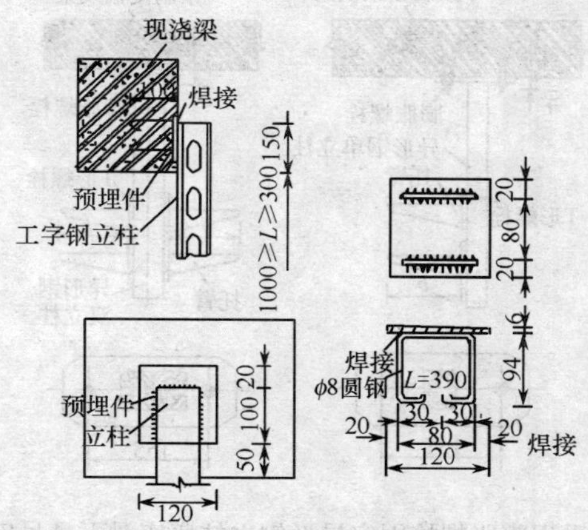

图 3-27　工字钢立柱沿现浇矩型梁侧悬吊安装示意图

(4)工字钢、槽钢、角钢立柱在工字形和梯形梁上悬吊安装，可采用 $\phi16$ 抱箍和 M16 双头螺栓固定，如图 3－28 所示。

(5)槽钢立柱、角钢立柱在预制楼板或梁上安装时，可用 M12 × 105mm 膨胀螺栓固定立柱底座，如图 3－29 所示。

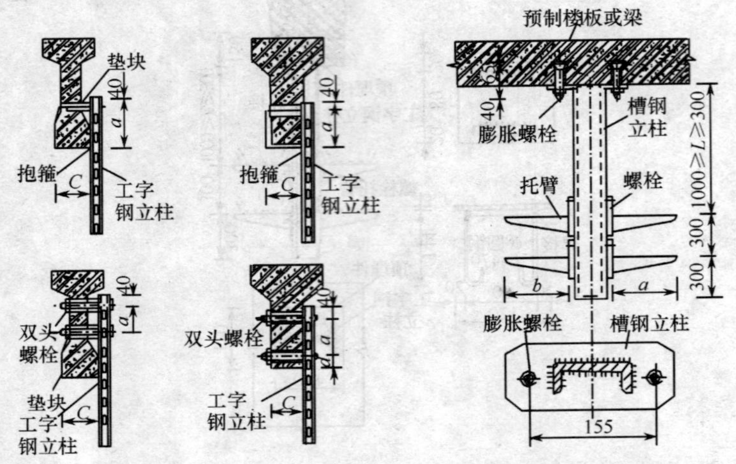

图 3－28 工字钢立柱在工字形和梯形梁上悬吊安装示意图

图 3－29 用膨胀螺栓固定槽钢、角钢立柱底座楼板下悬吊安装示意图

(6)异形钢立柱在预制混凝土梁下悬吊安装时，采用 M12 × 105mm 膨胀螺栓固定异形钢立柱底座，如图 3－30 所示。

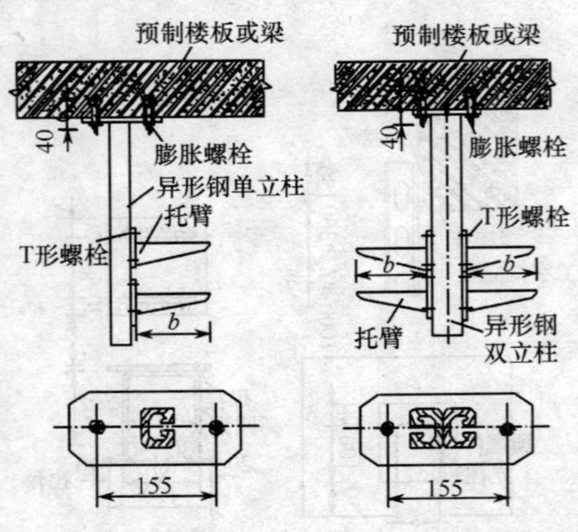

图 3－30 采用膨胀螺栓固定异形钢立柱底座梁下悬吊安装示意图

(7)异形钢立柱在现浇混凝土楼板或梁上悬吊安装先配合土建施工阶段做好预埋件，待安装时将异形钢立柱与预埋件焊接，焊接高度为4mm，如图3－31所示。

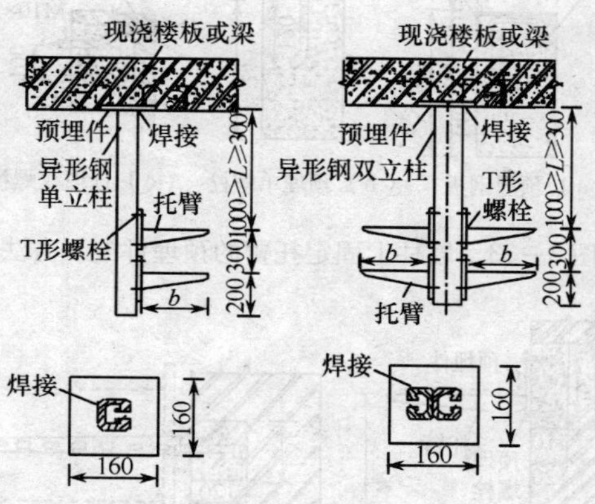

图3－31　与预埋件固定异形钢立柱悬梁下悬吊安装示意图

3. 立柱在斜面上安装

工字钢、槽钢、角钢立柱需要与建筑物倾斜面安装或在墙壁上作倾斜支撑时，倾斜底座可与建筑物采用膨胀螺栓固定，如图3－32(a)所示。如斜面为钢结构时，可将底座与钢结构支架焊接，焊角高度为10mm。主柱与底座的连接应使用连接板或连接螺栓进行连接，如图3－32(b)所示。

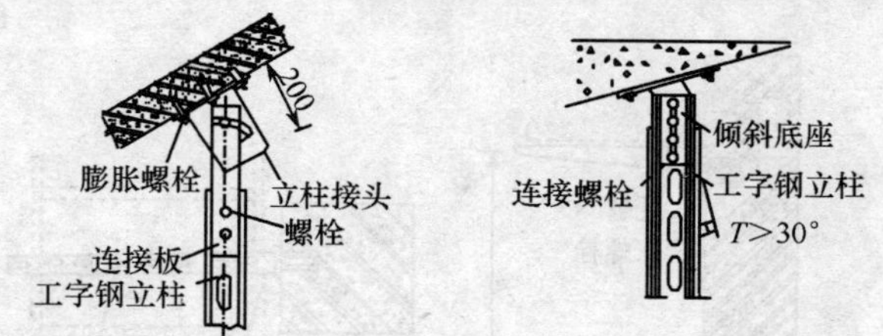

(a) 采用膨胀螺栓固定立柱倾斜底座　　(b) 底座与钢结构焊接

图3－32　立柱在斜面上安装工艺示意图

3.4.4　托臂的安装

(1)墙柱上固定托臂的预埋件制作与施工方法如图3－33所示。

(2)托臂在墙体上使用预埋螺栓固定安装方法如图3－34所示。

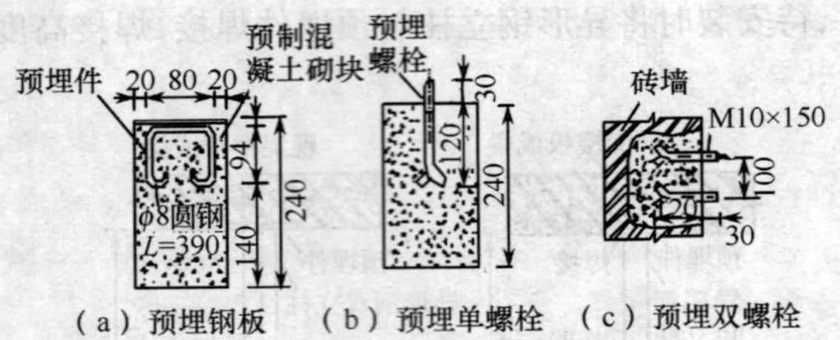

图 3－33　墙柱上固定托臂的预埋件施工方法

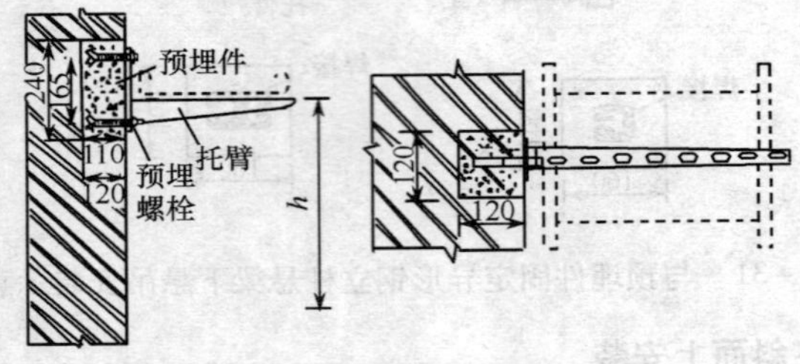

图 3－34　托臂与预埋螺栓固定安装示意图

(3)托臂用膨胀螺栓固定如图 3－35 所示，混凝土构件强度不应小于 C15，在相当于 C15 混凝土强度的砖墙上也允许使用，但不宜在空心砖建筑物上使用。

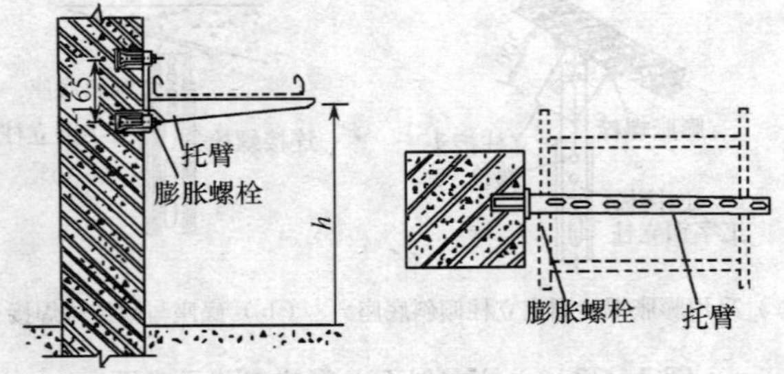

图 3－35　托臂与膨胀螺栓固定做法示意图

(4)托臂在工字钢立柱上卡接固定，如图 3－36 所示；托臂在槽钢、角钢立柱上安装时用 M10×50mm 螺栓连接固定，如图 3－37 所示。

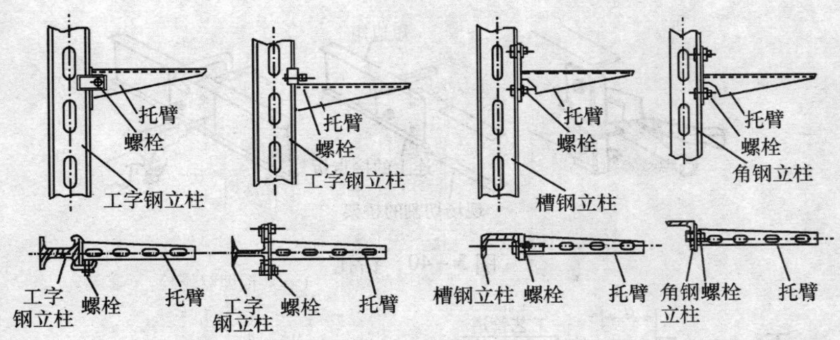

图 3－36　托臂在工字钢立柱上卡接固定方法

图 3－37　托臂在槽钢、角钢立柱上安装时用 M10×50mm 螺栓连接固定方法

3.4.5　电缆桥架的安装、组装与接地

1. 电缆桥架连接方法

(1)划线:用直角尺横跨桥架,在桥架的各面上量出要割去的位置,在边轨腹板上用划针或划线器划好线,如图 3－38 所示。

(2)切割:可用手推弓锯手工切割,重要的是锯缝要直,要保证锯口尺寸,这样才能获得良好的接口。锯口要锉平,主要除掉毛刺,如图 3－39 所示。

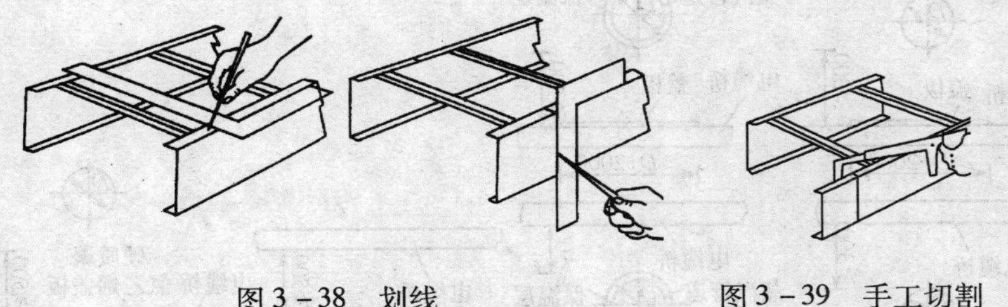

图 3－38　划线　　　图 3－39　手工切割

(3)钻孔:在经切割后的桥架上必须钻连接孔,一般是用钻孔靠模钻。但在现场可用连接板,一端先连接好,用轧头轧牢,利用节点连接板上的孔径用电钻钻出等径的孔。拆卸后清除铁屑再锪平,即可修补,如图 3－40 所示。

2. 电缆桥架的安装方法

(1)电缆桥架在工艺管道上的安装应布置在管架的一侧焊接固定。在混凝土管架上,立柱与预埋件焊接。立柱还可以用膨胀螺栓固定,如图 3－41所示。

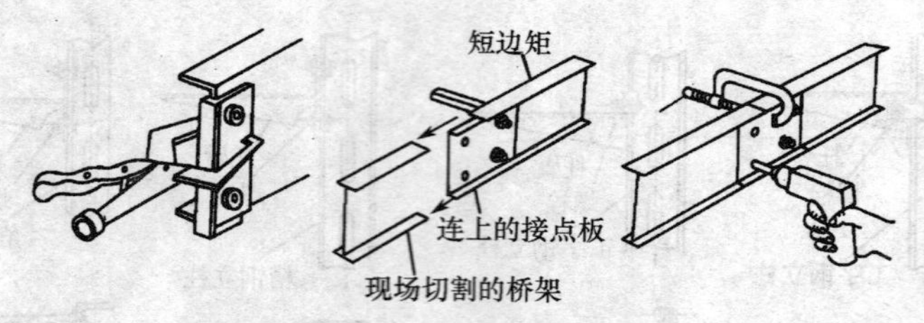

图 3－40　钻孔

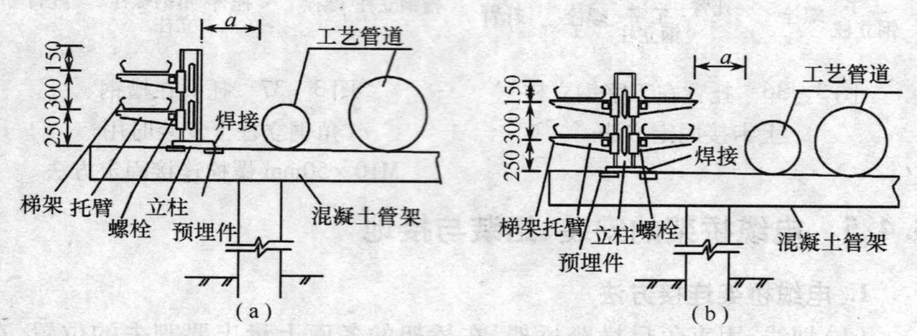

图 3－41　电缆桥架在工艺管架上安装示意图

(2)电缆桥架与管道交叉安装应按如图 3－42 所示进行,在液体管道下方或具有腐蚀性气体管道上方交叉安装时,按如图 3－43 所示进行。

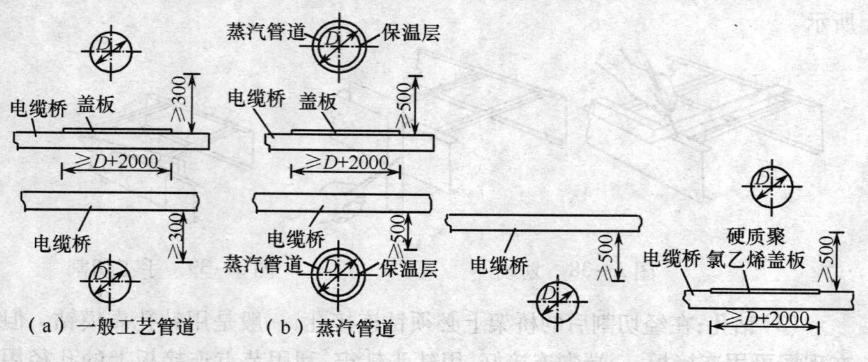

图 3－42　电缆桥架与管道交叉作法示意图

图 3－43　电缆桥架与具有腐蚀性液体管道交叉安装作法

(3)梯架或托盘在门型角钢支架上沿墙垂直安装,应使用压板连接固定。梯架安装用压板,如图 3－44 所示。

(4)梯架沿墙垂直安装可使用膨胀螺栓与夹板固定,如图 3－45 所示。

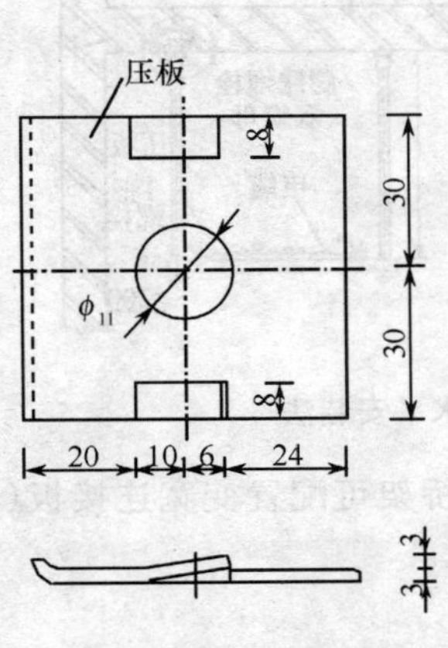

图 3－44　梯架安装用压板

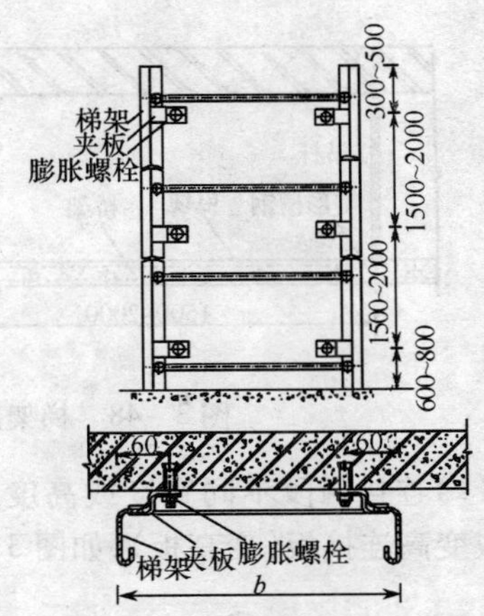

图 3－45　梯架使用膨胀螺栓与夹板固定沿墙垂直安装

(5) 电缆桥架与托臂使用固定压板安装，如图 3－46 所示；桥架在扁钢托臂上使用连接螺栓固定，如图 3－47 所示。

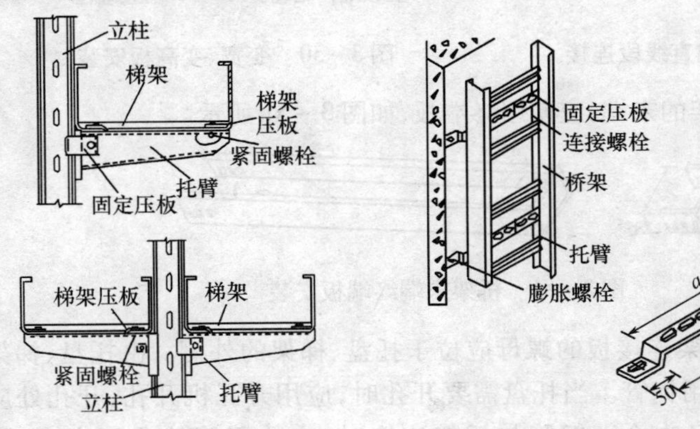

图 3－46　梯架与托臂使用固定压板安装

图 3－47　梯架在扁钢托臂上使用连接螺栓固定

(6) 桥架采用圆钢吊杆水平安装法如图 3－48 所示。

3. 电缆桥架的组装

(1) 桥架的直线段之间、直线段与弯通之间需要连接时，可用直线连接板进行连接。有的桥架直线段之间连接时还在侧边内侧使用内衬板，如图 3－49 所示。

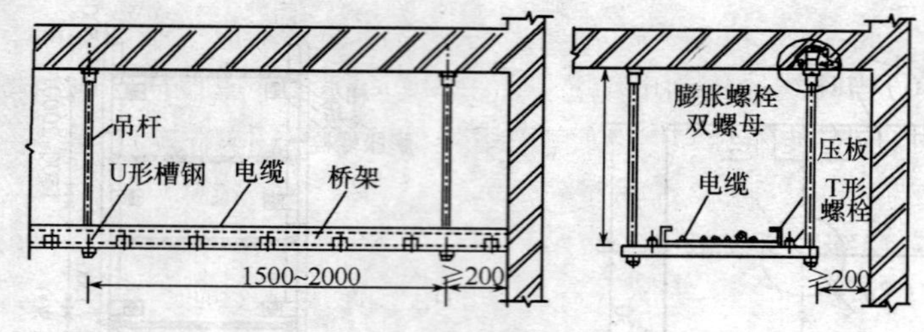

图 3-48　梯架采用吊杆水平安装法

(2)连接两段不同宽度或高度的托盘,桥架可配置变宽连接板(变宽板)或变高连接板(变高板),如图 3-50 所示。

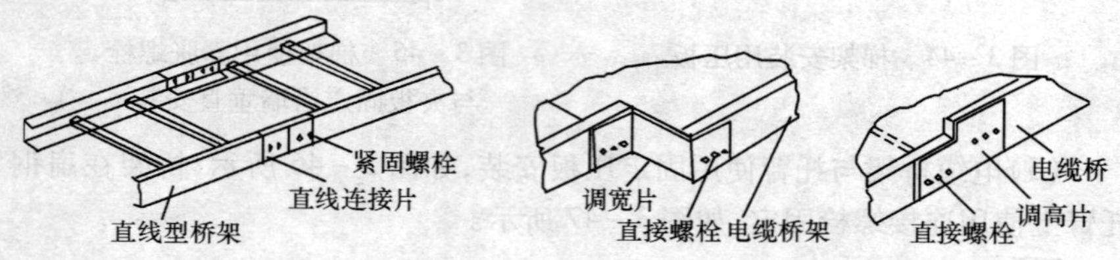

图 3-49　桥架直线段连接　　　　图 3-50　变宽、变高板安装

(3)电缆桥架的末端,应使用终端板,如图 3-51 所示。

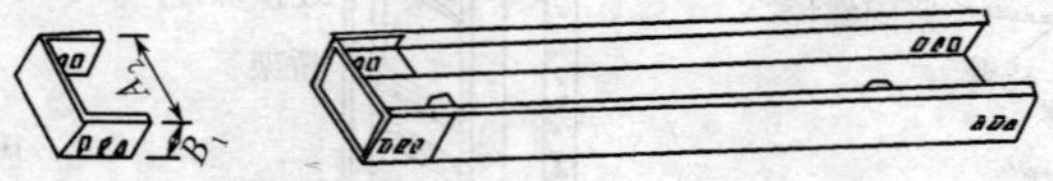

图 3-51　桥架末端终端板安装

(4)托盘、桥架连接板的螺母应位于托盘、梯架的外侧。由托盘、梯架引出的配管应使用钢管。当托盘需要开孔时,应用开孔机开孔,开孔处应切口整齐,管孔径吻合。钢管与桥架连接时,应使用管接头固定,如图 3-52所示。

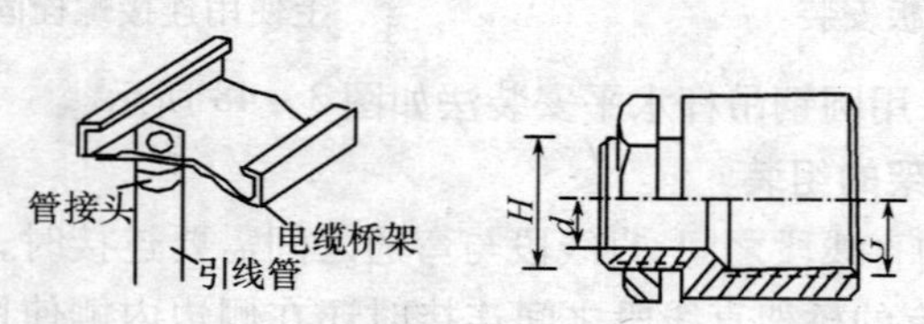

图 3-52　配管与桥架连接

(5)桥架的支、吊架沿桥架走向左右的偏差不应大于10mm。

(6)当直线段钢制电缆桥架超过30m、铝合金或玻璃钢电缆桥架超过15m时，应有伸缩缝，其连接宜采用伸缩连接板(伸缩板)；电缆桥架跨越建筑物伸缩缝处应设置好伸缩板。

4. 电缆桥架的接地

(1)电缆桥架系统应具有可靠的电气连接并接地。

(2)当允许利用桥架系统构成接地干线回路时，应符合以下要求：

托盘、桥架端部之间连接电阻不应大于0.00033Ω。接地孔应清除绝缘涂层；在伸缩缝或软连接处需采用编织铜线连接。

(3)沿桥架全长另敷设接地干线时，每段(包括非直线段)托盘、桥架应至少有一点与接地干线可靠连接。

(4)对于振动场所，在接地部位的连接处应装置弹簧垫圈。

3.4.6 电缆桥架内敷设工艺

1. 敷设前的准备

(1)电缆敷设前应对电缆进行详细检查：规格型号、截面、电压等级等均应符合设计要求。外观应无扭曲、损坏现象。

(2)高压电缆敷设前应进行耐压和泄漏电流试验，试验标准按国家和当地供电部门规定。

(3)对1kV以下电缆，用1kV兆欧表测量线间及对地绝缘电阻应不低于10MΩ。

(4)室内电缆桥架布线时，为了防止发生火灾时蔓延，电缆不应有黄麻或其他易燃材料外护层。在有腐蚀或特别潮湿的场所采用电缆桥架布线时，应选用塑料护套电缆。

(5)电缆沿桥架敷设前，应防止电缆排列不整齐、交叉严重，须事先将电缆排列好，画出排列图表，按图表进行施工。

2. 电缆敷设

(1)电缆沿桥架敷设时，应单层敷设，并敷设一根整理一根、卡固一根。垂直敷设的电缆每隔1.5m~2m处加以固定；水平敷设的电缆，在电缆的首尾端、转弯及每隔5m~10m处固定。

(2)电缆桥架内的电缆应在首端、尾端、转弯及每隔50m处设有编号、型号及起止点等标记。

(3)电缆在桥架上可以无间距敷设，但桥架内电力电缆的总截面(包括外护层)不应大于桥架横断面的40%,控制电缆不应大于50%。拐弯处电缆的弯曲半径应以最大截面电缆允许弯曲半径为准。

(4)为了保障线路运行安全和避免相互间的干扰影响,下列不同电压、不同用途的电缆不宜敷设在同一层桥架上:

① 1kV以上和1kV以下电缆;

② 同一路径向一级负荷供电的双路电源电缆;

③ 应急照明和其他照明电缆;

④ 强电和弱电电缆。

如受条件限制需安装在同一层桥架上时,应用隔板隔开。

(5)电缆敷设完成后,应及时清除杂物,有盖板的盖好盖板,并进行最后调整。

(6)托盘、梯架在承受额定均布载荷时的相对挠度不应大于1/200。

(7)吊架横档或侧壁固定的托臂在承受托盘、梯架额定载荷时的最大挠度值与其长度之比,不应大于1/100。

3.4.7 电缆保护管敷设

1. 电缆保护管的选择

(1)常用的电缆保护管有石棉水泥管、水泥管、钢管、硬质塑料管等。硬质塑料管不得用在温度过高或过低的场所。在易受机械损伤的地方和在受力较大处直埋时,应采用强度足够的管材。无塑料护套电缆尽可能少用钢管,因为当电缆金属护套和钢管之间有电位差时,容易因腐蚀导致电缆发生故障。电缆钢保护管管径选择如表3-16所列。

表3-16 电缆钢保护管管径选择 单位:mm

钢管直径	纸绝缘三芯电缆			四芯电缆
	1kV	6kV	10kV	
50	≤70	≤25		≤50
70	90~150	35~70	≤50	70~120
80	185	95~150	70~120	150~135
100	240	185~240	150~240	240

(2)电缆保护管不应有穿孔、裂缝和显著的凹凸不平,内壁应光滑,

金属电缆保护管不应有严重锈蚀。

(3)电缆保护管的内径与电缆外径之比不得小于1.5,当电缆与城镇街道、公路或铁路交叉时,保护管管径不应小于100mm。

2. 电缆保护管弯曲的要求

(1)一根电缆保护管的弯曲处不应超过3个,直角弯不应超过2个。弯曲处不应有裂缝和显著的凹痕现象,管弯曲处的弯扁程度不宜大于管外径的10%。

(2)保护管的弯曲处弯曲半径不应小于所穿入电缆允许的最小弯曲半径。

(3)保护管的管口处应无毛刺和尖锐棱角,管口应做成喇叭口形。

3. 电缆保护管敷设要求

(1)电缆与热力管道(沟)平行、交叉时,电缆应穿石棉水泥管保护,并应采取隔热措施。

(2)直埋电缆敷设时,应事先埋设好电缆保护管,待电缆敷设时穿在国内,以保护电缆管免受损伤及方便更换和便于检查。

(3)敷设在铁路、公路下的保护管深度不应小于1m,管的长度除应满足路面的宽度外,还应在两端个伸出2m。

(4)电缆与热力管道交叉时,敷设的保护管两端各伸出长度不应小于2m。

(5)电缆保护管与其他管道(水、石油、煤气管)交叉时两端各伸出长度不应小于1m。

(6)引至设备的电缆管管口位置,应便于与设备连接并不妨碍设备拆装和进出。

(7)并列敷设的电缆管管口应排列整齐。

(8)保护管敷设完毕应将两端管口堵严,防止进入异物影响电缆敷设。

4. 电缆穿保护管敷设

(1)电缆在穿入保护管前,管道内应无积水,且无杂物堵塞。保护管应安装牢固,不应将电缆管直接焊接在支架上。

(2)穿入管中的电缆数量,应符合设计要求。交流单芯电缆不得单独穿入钢管内。保护管内穿电缆时,不应损伤电缆保护层,可采用无腐蚀性的润滑剂(粉)。

(3)电缆穿入管子后,管口应密封。

(4)电缆进入建筑物内的保护管敷设如图 3－53 所示。保护管伸出建筑物散水坡的长度不应小于 250mm。电缆保护管过墙需做防水时，保护管与电缆间用油浸黄麻填实，如图 3－53(b)所示。

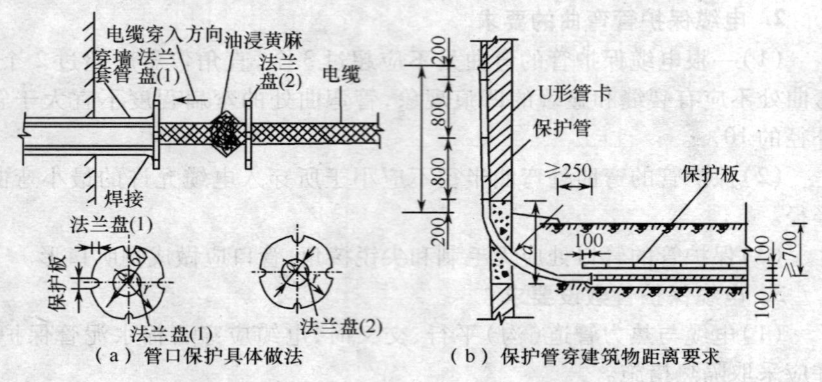

(a) 管口保护具体做法　　(b) 保护管穿建筑物距离要求

图 3－53　保护管穿过建筑物敷设

(5)电缆由电缆沟道引至电杆，应在距地高度 2m 以下的一段穿钢管保护，管的下端埋入深度不应小于 250mm，如图 3－54 所示。

(6)电缆通过墙、楼板时，应穿保护管，穿管内径不应小于电缆外径 1.5 倍，如图 3－55 所示。

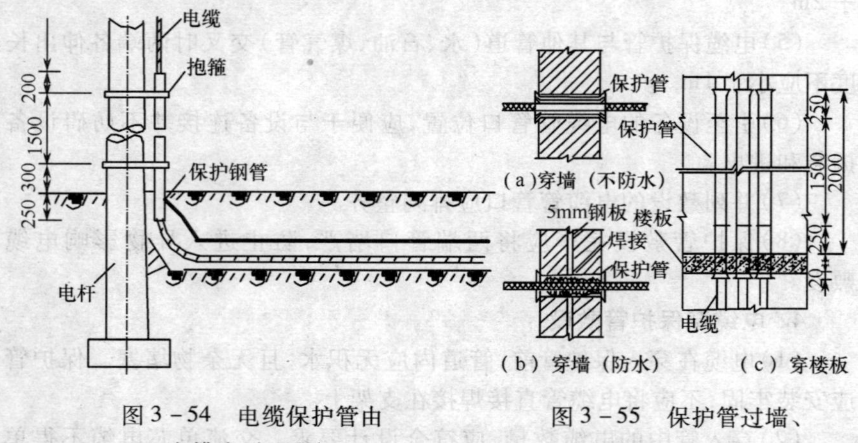

(b) 穿墙（防水）　　(c) 穿楼板

图 3－54　电缆保护管由电缆沟引至电杆

图 3－55　保护管过墙、楼板施工工艺

(7)保护管沿柱垂直安装做法如图 3－56 所示。

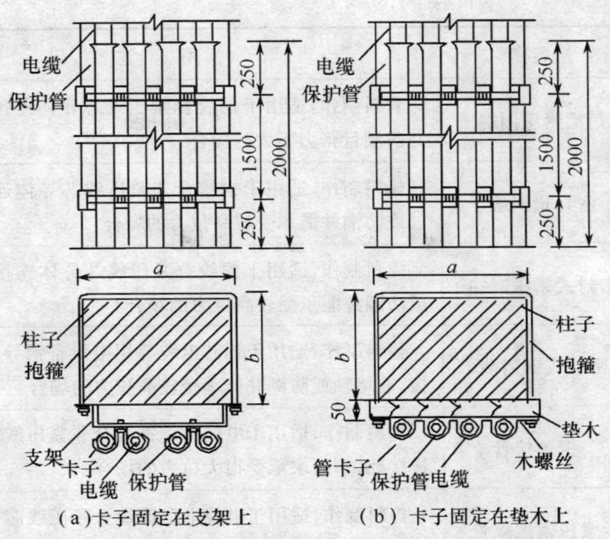

图 3-56　保护管沿柱垂直安装

3.5　电缆头制作

3.5.1　材料选用

1. 接线端子、连接管

(1)防水式铜接线端子:DTMZ 型用于中低压户外热收缩成型终端引出线铜导体的连接。

(2)普通接线端子和连接管:其性能和主要用途如表 3-17 所列。

表 3-17　普通接线端子和连接管的性能和主要用途

型号	名称	用　途
DT	铜端子	管料制作,适用于非紧压线芯,不需承受较大拉力的场合
DTJ	紧压铜端子	管料制作,适用于紧压线芯,不需密封防潮,能够承受较大拉力的场合
DTS	短型铜端子	管料制作,适用于铜绞合非紧压线芯导体连接处,不需密封防潮且张力不大的场合

（续）

型号	名称	用　　途
DTJS	短型紧压铜端子	管料制作，适用于铜绞合紧压线芯导体连接处，不需密封防潮且张力不大的场合
DTM	密封式铜端子	棒料制作，适用于铜绞合非紧压线芯导体连接处，能堵油或防潮并能承受较高拉力的场合
DTMJ	密封式紧压铜端子	棒料制作，适用于铜绞合紧压线芯导体连接处，能堵油或防潮并能承受较高拉力的场合
DTLM	密封式铜铝端子	棒料制作，适用于铝芯电缆与用电设备铜导体的过渡连接，能堵油或防潮并能承受较高拉力的场合
GT	铜连接管	棒料制作，适用于电线电缆铜绞合非紧压线芯导体直通连接处，不要求承受很大拉力的场合
GTJ	紧压铜连接管	棒料制作，适用于电线电缆铜绞合紧压线芯导体直通连接处，不要求承受很大拉力的场合
注：对应铝制品的用途与此相同，型号中的 T 改为 L		

2. 绝缘材料

（1）自粘性橡胶绝缘带：用于 1kV ~ 35kV 橡塑绝缘电缆、通信电缆接头与中间连接的绝缘和密封，也可用于其他场合的绝缘和密封。自粘性橡胶绝缘带技术参数如表 3 - 18 所列。

表 3 - 18　自粘性绝缘带技术参数

型号	电压等级	正常工作温度	用　　途
DJ - 10	≤1kV	≤75℃	一般绝缘和密封
DJ - 20	≤10kV	≤75℃	橡塑绝缘电线电缆终端的绝缘和密封
DJ - 21	≤10kV	≤90℃	橡塑绝缘电线电缆中间接头的绝缘和密封
DJ - 30	≤35kV	≤90℃	橡塑绝缘电线电缆终端和中间连接的绝缘和密封

（2）自黏性橡胶半导电带：DB - 20 型自黏性丁基半导电带，用于 10kV 及以下，正常工作温度不超过 75℃ 的固体绝缘电线电缆接头、终端及其他场合屏蔽；DB - 50 型自黏性异丙基半导电带，用于工作温度不超过 90℃ 的橡胶绝缘电线电缆接头、终端的电场屏蔽，也可用于其他场合的电场屏蔽。

(3)防水带:FSD－70 型防水带用于 1kV 及以下电缆接头主绝缘的一次恢复,各类不规则接头的防水保护;架空绝缘线的防水和绝缘;各类电气设备的基本防水和绝缘保护。

(4)温固化型铠装带:DKF－88 型温固化型铠装带,用于加固电缆外护层及加固电缆接头、终端的外护层,加强接头与电缆的机械保护。

3. 中低压电缆附件

1)1kV～10kV 热缩式电缆附件

产品由绝缘管、半导电管、应力管、保护管、隔油管、分支手套、雨裙等组成。用于 10kV 及以下、标称截面 $25mm^2$～$500mm^2$ 的交联聚乙烯绝缘、乙丙橡胶绝缘、聚氯乙烯绝缘、油浸纸绝缘的单芯、二芯、三芯、四芯及五芯电力电缆的户内、外终端及中间接头,起绝缘、密封、连接作用。

2)预制式终端

由预制终端、热缩绝缘管、热缩分支手套组成。用于 10kV～35kV 单芯或三芯 XLPE 电力电缆的连接、绝缘和密封作用。

3)预制式冷缩终端

由预制终端、冷缩绝缘管、冷缩分支手套组成。用于 10kV～35kV 单芯或三芯 XLPE 电力电缆的连接、绝缘和密封作用

4)冷缩式电缆附件

用于 10kV～35kV 单芯或三芯 XLPE 及橡胶绝缘电力电缆,起连接、密封和绝缘作用。

3.5.2 电缆头制作的基本操作

1. 材料准备

在制作电缆头之前,应将需用的材料准备齐全。主要材料及半成品必须经过检验合格后方可使用,为了缩短操作时间,下列材料应进行加工处理。

(1)绝缘带应卷成 5m～10m 的小卷,并应妥善保管,不得受潮。

(2)灌注绝缘胶的电缆头内所用的绝缘带必须经除潮、除蜡处理。

(3)铜鼻子、铜连接管应打磨干净,并用盐酸等除去氧化层,均匀地镀上一层焊锡,铜、铝线鼻子上连接用的接触面应锉平。

(4)环氧树脂电缆头外壳及附件的有关部位应打毛,以利于粘接。

2. 现场准备

(1)施工现场光线应充足,否则加装临时照明。

(2)施工现场应保持清洁干燥，相对湿度在60%以下，1kV以下电缆允许达到80%，如有积水和脏污杂物，应予清除。

(3)室外施工时应搭防护棚。

(4)在带电设备附近施工时，事先做好安全措施。

(5)施工现场符合安全防火规定，易燃易爆品应妥善保管，使用喷灯时必须注意防火、防爆。

(6)施工现场温度低于5℃时，应采取保暖措施。

(7)制作环氧树脂电缆头时，施工现场的通风必须良好。

3. 电缆绝缘检查

用兆欧表测量线芯对地绝缘电阻，3kV及以下电缆用1000V兆欧表，测定值换算到长度1km和温度20℃时应不小于50MΩ；6kV～10kV电缆用2500V兆欧表，测定值换算到1km和温度20℃时应不小于100MΩ，换算公式为

$$R = \alpha R_t / L \quad (\mathrm{M\Omega/km})$$

式中：α为绝缘电阻温度系数，如表3－19所列；R_t为电缆的绝缘电阻测定值(MΩ)；L为被测电缆的长度(km)。

表3－19 绝缘电阻温度系数

温度/℃	0	5	10	15	20	25	30	35	40
α	0.48	0.57	0.70	0.85	1.0	1.13	1.41	1.66	1.92

3.5.3 电缆头的制作

1. 塑料电缆头制作

6kV分相屏蔽塑料电缆，其每相线芯均有屏蔽铝箔带，作头时必须将铝箔带进行处理，图3－57为6kV～10kV分相屏蔽电缆终端头结构图，其结构尺寸如表3－20所列，制作工艺如下：

表3－20 6kV～10kV分相屏蔽塑料电缆头结构尺寸表

单位：mm

电压等级		A	B	C	D	ϕ_1	ϕ_3
6kV	户内 户外	300	100 200	70	50	$\phi+12$	ϕ_2+4
10kV	户内 户外	400	120 200	90	70	$\phi+16$	ϕ_2+4

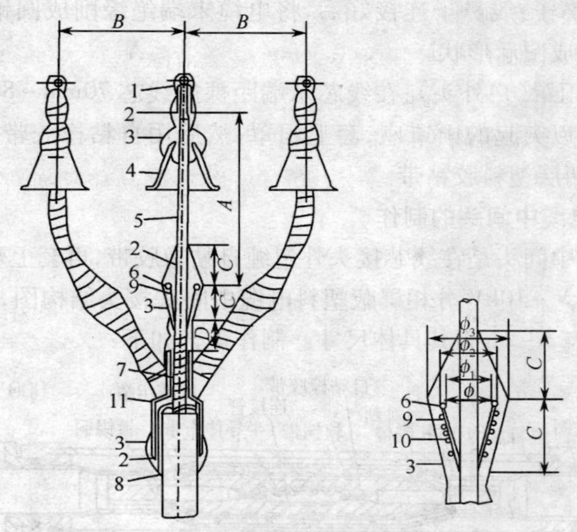

图 3-57　6kV~10kV 分相屏蔽塑料电缆终端头结构

1—线鼻子；2—自粘橡胶带；3—两层半搭盖塑料粘胶带；4—雨罩（户外电缆头用）；5—电缆绝缘线芯；6—软铅丝屏蔽环；7—电缆屏蔽层；8—接地铜线；9—铝屏蔽带；10—半导体布带；11—三叉手套；ϕ—电缆线芯绝缘外径；ϕ_1—增绕绝缘外径；ϕ_2—应力锥屏蔽外径；ϕ_3—应力锥总外径。

（1）剥切电缆：按实际需要剥切电缆，必须保护屏蔽带，以免松脱。

（2）焊接地线：用多股镀锡软铜线在每芯屏蔽带上绕 3 圈扎紧后焊牢，然后与钢带焊接作为接地线。

（3）套分支手套：套手套前用自粘带包缠填充分叉口处，使手套内径与包缠绝缘外径配合，再在图示部位包自粘带和塑料粘胶带。

（4）剥切分相屏蔽：在分支手套指部上端约 50mm~70mm 处用绑线扎牢，切除绑线上部的屏蔽带。

（5）包应力锥：将切去屏蔽部分的半导体带剥下，不要切断，将其完整地绕在手套根部以备包应力锥使用；按图示尺寸用自粘橡胶带包应力锥，在应力锥上包绕剥下的半导体布带直至应力锥顶（最大外径处）；自电缆屏蔽带起往上半搭包绕 0.09mm~0.1mm 厚的铝箔带，直至应力锥顶，然后用 ϕ2.0mm 软铅丝或镀锡铜线扎紧；锥顶多余铝箔带切除后，尖突部分向外反折，以免电场过于集中，最后用自粘橡胶带在应力锥外绕包一层，再用塑料粘胶带包绕两层。

(6)装线鼻子:线鼻子连接好后,将电缆末端绝缘削成圆锥形,然后用自粘橡胶带包成图示形状。

(7)加装雨罩(户外头):在线芯末端距裸露线芯 70mm ~ 80mm 处用塑料粘胶带包绕以突起的雨罩座,套上雨罩,然后用自粘橡胶带包绕将它固定,其外再包两层塑料胶粘带。

2. 塑料电缆中间头的制作

塑料电缆中间头是在线芯接头外包缠自粘橡胶带,再套上塑料盒构成。图 3 - 58 为 6kV ~ 10kV 分相屏蔽塑料电缆中间头接头结构图,图中只详细画出了一相,表 3 - 21 为其具体尺寸。制作工艺如下:

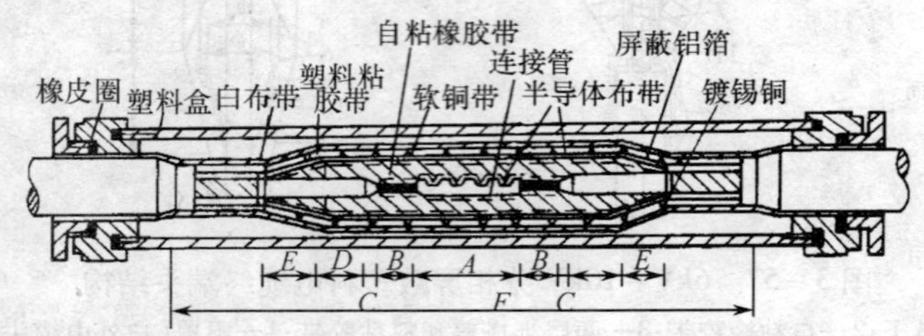

图 3 - 58　6kV ~ 10kV 分相屏蔽塑料电缆中间头结构

(1)电缆切割:套上塑料盒,盒体两端螺盖分别套在两端电缆上;把要连接的电缆调直,重叠 100mm ~ 200mm,而后在中间锯断。

(2)剥切电缆:按图 3 - 58 和表 3 - 21 所示尺寸剥除电缆护层,电缆的布带及填充黄麻暂时卷到电缆根部,在相反方向卷起来;在预计的屏蔽带切断处(长度为 $A/2 + B + C + D$)用铜绑线扎紧,而后把屏蔽带剥除并切断,切口尖角应向外反折。绝缘外半导体带剥离并卷到根部,以备后用。

表 3 - 21　6kV ~ 10kV 分相屏蔽塑料电缆中间接头尺寸

电缆截面 /mm²	各部尺寸/mm								
	A	*B*	*C*	*D*	*E*	*F*	*H*	*J*	*M*
35	80	10	20/25	30/40	80/100	520/640	14	34/42	74/91
50	84	10	20/25	30/40	80/100	530/650	16	3644	78/95
70	90	10	20/25	30/40	80/100	550/670	18	38/46	83/100
95	100	10	20/25	30/40	80/100	560/690	21	41/49	89/106
120	105	15	25/30	30/40	90/110	650/780	23	43/51	94/111
150	105	15	25/30	30/40	90/110	680/820	25	45/53	98/115
185	110	15	25/30	30/40	90/110	710/850	27	47/55	102/120
240	120	15	25/30	30/40	90/110	710/910	31	51/59	110/128
注:表中 *H* 为压接管外径,*M* 为三芯恢复原形后尺寸,*J* 为每芯绝缘包缠直径									

(3)导体压接：将电缆绝缘按图示($A/2+B$)长度剥开，端部削成反应力锥，而后插入连接管压接，压接后锉平突起部分，并用汽油布擦净接管和绝缘表面。

(4)包绕绝缘：先将压坑用环氧腻子填满，用半导体布带或半导体橡胶带将连接管和裸露线芯缠一层，再用自粘橡胶带包缠，直至达到图示形状与尺寸。再将两边的半导体布带紧密而又完整无隙地缠包在整个绝缘表面。

(5)包绕屏蔽层：用厚度约0.1mm的铝箔半搭盖方式平滑紧密地卷绕在半导体布带上，并使其与电缆两端的铜屏蔽带有20mm的重叠。再用镀锡铜线将其两端扎紧，并用软铜线在整个屏蔽上交叉缠绕，将铜线交叉处及两端与铜扎线接触处焊好，其外包两层塑料粘胶带，再外包一层白布带。

(6)三芯合并恢复原形：将已包好绝缘的线芯并拢，以黄麻等填充，使之恢复原有形状，并用宽布带包缠扎紧。

(7)装配塑料盒：若不灌胶，恢复原形后，以半搭式包缠两层塑料粘胶带作为防水封层，然后将置于一端的塑料盒位置移正，旋紧螺盖。若灌胶，于塑料盒装好后，在一端浇注口灌1#沥青胶或低温绝缘树脂，待另一端浇注口冒出即可。也可不装塑料盒，恢复原形后用自粘橡胶带包缠，其外再用塑料粘胶带包缠2层~3层即可。

对于3kV及以下和6kV统包屏蔽塑料电缆，其中间头的制作工艺与上述工艺基本相同，区别就在于屏蔽层的处理。6kV统包屏蔽型电缆应在三芯并拢后包0.1mm铝箔作为屏蔽层，并与原电缆统包屏蔽层有20mm的重叠，用铜线扎紧。3kV及以下电缆则不用作屏蔽层的处理。

3. 交联电缆热缩型终端头的制作

(1)剥切电缆和焊接地线：根据终端头支架与连接设备之间的距离决定剥切外护套的尺寸，在外护套切断口30mm处扎绑线，剥除其余钢铠。自钢铠断口处起，保留20mm内护层，其余切除。摘除内部填充物，将三相线芯分开。磨光钢铠上焊接地线的部位，用地线连同每相铜屏蔽层和钢铠并焊牢。

(2)包绕填充胶带、固定手套：在三叉口根部包绕填充胶带，形似橄榄状，最大直径为电缆外径加15mm。将手套套入三叉根部，由手指根部开始，依次向两端加热固定。

(3)剥铜屏蔽层、固定手套：自手套指端开始，保留55mm铜屏蔽层，其余剥除。再自铜屏蔽层断口开始保留 20mm 半导体层,其余剥除。

(4)固定应力管、装线鼻子:按图 3-59(a)所示给每相芯线套入应力管,与铜屏蔽层搭接长度为 20mm,加热固定。接线鼻子孔深加 5mm 剥去线芯绝缘,端部削成"铅笔头"状。线鼻子压好后,在"铅笔头"处包绕填充胶带,并搭接线鼻子 10mm。

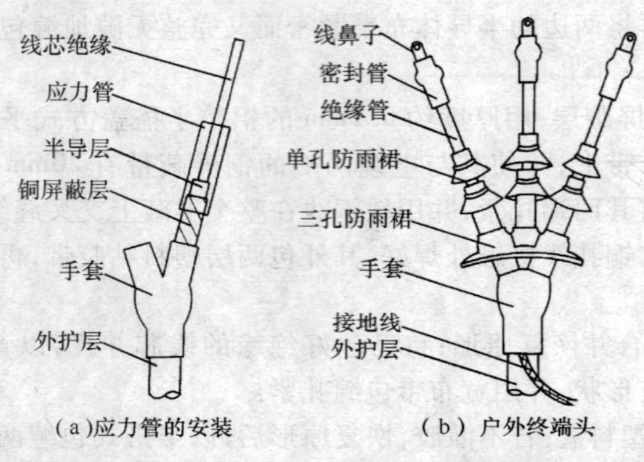

图 3-59 交联电缆热缩型终端头

(5)固定绝缘管和相色管:套入绝缘管至三叉口根部,管上端超出填充胶 10mm 由根部起加热固定。再套相色管并加热固定,方法与纸绝缘终端头相同。至此户内头安装完毕,户外头再套入三孔和单孔防雨裙并加热固定。如图 3-59(b)所示,为户外头外形。

4. 交联电缆热缩型中间头的制作

(1)剥切电缆:按图 3-60(a)所示量取所需尺寸剥去外护层,在距断口 50mm 的钢铠上扎绑线,其余钢铠剥除;保留 20mm 内护层,其余剥除并摘去填充物。

(2)锯芯线、剥屏蔽层及半导层:按图 3-60(a)所示尺寸对正芯线,在中点处锯断;自中心点向两端芯线各量 300mm,剥去其余铜屏蔽层,自铜屏蔽层断口起保留 20mm 半导层,其余剥除并清除芯线绝缘体表面半导电质。

(3)固定应力管、套入管材:在两侧各相芯线上分别套入应力管,搭接铜屏蔽层 20mm,加热固定;在剥切电缆较长一端套入护套端头、密封套及护套筒部,每相芯线上套入绝缘管 2 根、半导管 2 根和铜网,在剥切较短一端套入护套端头及密封套。

(4)压接连接管:在芯线端部量取 1/2 两接管长加 5mm,切除绝缘体;

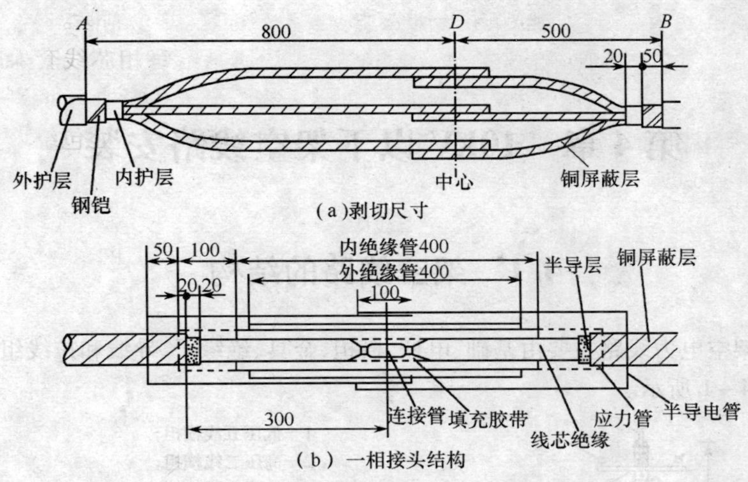

图 3－60　交联电缆热缩型终端头

由绝缘体断口量取 35mm，削成 30mm 长的锥体，留 5mm 半导层将连接管压接。

(5)缠半导带、包缠填充胶带，固定内、外绝缘管：在连接管上包半导电带，并与两端半导层搭接；在连接管两端的锥体之间包缠填充胶带，厚度不小于 3mm，锥体部位应填平；将内绝缘管套在两端应力管之间，由中间向两端加热固定；再将外绝缘管套在绝缘管的中心位置上，加热固定。

(6)固定半导管，安装屏蔽网及地线：将两根半导管套在绝缘管上，两端搭接铜屏蔽层各 50mm，依次由两端向中间加热固定；用屏蔽网连通两端铜屏蔽层，端部绑扎牢固；用地线旋绕扎紧芯线，两端在钢铠上扎紧焊牢，并在两侧屏蔽层上焊牢。

(7)固定护套：将两端的护套端头与护套筒安装好，两端绑扎在钢铠上；将密封套套在护套端头上，两端各搭接筒部和电缆外护套 100mm，加热固定。

第4章 10kV以下架空线路安装

4.1 架空线路的结构

架空电力线路主要由基础、电杆、横担、金具、绝缘子、导线和拉线组成，如图4-1所示。

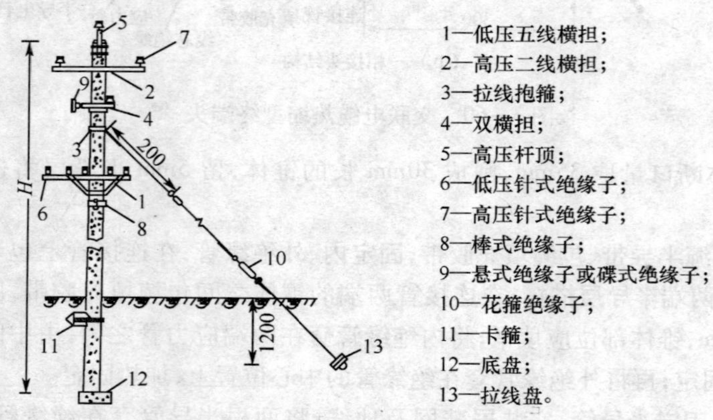

图4-1 钢筋混凝土电杆装置示意图

4.1.1 电杆

电杆是用来支持架空导线的。把它埋设在地上，装上横担及绝缘子，导线固定在绝缘子上。电杆应有足够的机械强度、造价低及寿命长等条件。

1. 电杆按材料分类

电杆按材料分为木杆、钢筋混凝土杆、钢杆、铁塔。木杆目前已较少使用、钢筋混凝土杆广泛用于110kV以下架空线路、钢杆用于居民区35kV或110kV的架空线路、铁塔用于110kV和220kV的架空线路。

2. 电杆按受力分类

电杆按受力情况的不同，一般可分为直线杆(即中间杆)、耐张杆(即分段杆)、转角杆、终端杆、分支杆、跨越杆五种电杆，其用途如表4-1所列。

表 4-1　电杆按受力分类及用途

杆　型	用　途	有无拉线	图　示
直线杆(即中间杆)	能承受导线、绝缘子、金具及凝结在导线上的冰雪重量,同时能承受侧面的风力。广泛应用,占全部电杆数的80%以上	无拉线	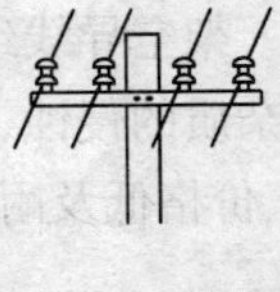
耐张杆(即分段杆)	能承受一侧导线的拉力,当线路出现倒杆、断线事故时,能将事故限制在两根耐张杆之间,防止事故扩大。在施工时还能分段紧线	采用四面拉线或顺线路方向人字拉线	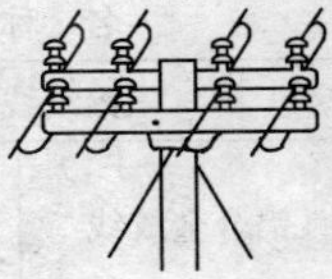
转角杆	用于线路的转角处,能承受两侧导线的合力。转角在15°~30°时,宜采用直线转角杆;转角在30°~60°时,应采用转角耐张杆;当转角在60°~90°时应采用十字转角耐张杆	采用导线反向拉线或反合力方向拉线	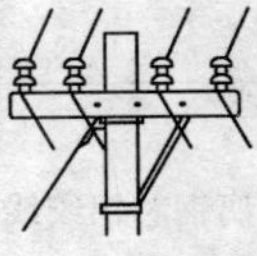
终端杆	用于线路的始端和终端,承受导线的一侧拉力	采用导线反向拉线	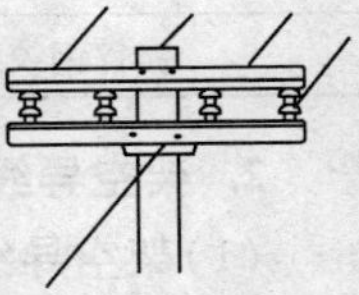
分支杆	用于线路分接支线时的支持点。向一侧分支的为"T"型分支杆;向两侧分支的为"十"字型分支杆	采用在支线路的对分应方向拉线	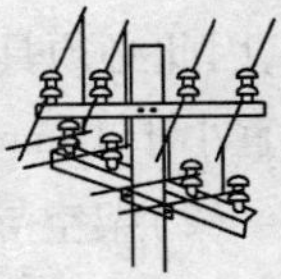
跨越杆	用于跨越河道、公路、铁路、工厂或居民点等地的支持点,故一般需加高	采用人字拉线	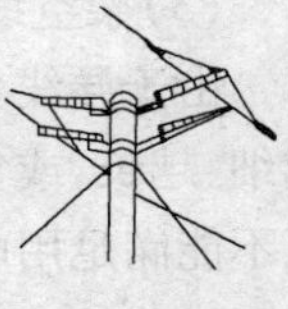

4.1.2 导线

1. 架空导线的型号和用途

架空导线经常受风、冰、雨及空气温度等的作用，以及周围空气所含化学杂质的侵蚀，因此，架空线路的导线应具备导电性能好、机械强度高、质量小、价格低及耐腐蚀等条件。常用架空导线的型号及用途如表4-2所列。

表4-2 常用架空导线的型号及用途

名称		型号	截面/mm^2	主要用途
铝绞线		LJ	10~600	用于档距较小的一般配电线路
铝合金绞线	热处理型 非热处理型	HLJ HL_2J	J10~600	用于一般输配电线路
钢芯铝绞线	普通型 轻 型 加强型	LGJ LGJQ LGJJ	10~400 150~700 150~400	用于输配电线路
防腐钢芯铝绞线	轻防腐 中防腐 重防腐	LGJF $LGJF_2$ $LGJF_3$	25~400	用于有腐蚀环境的输配电线路轻、中、重表示耐腐蚀能力的大
铜绞线		TJ	10~400	用于特殊要求的输配电线路
镀锌钢绞线		GJ	2~260	用于农用架空线或避雷线

2. 架空导线的选择

(1)架空导线应有足够的机械强度。

架空导线本身有一定的重量，在运行中还要受到风雨、冰雪等外力的作用，因此必须具有一定的机械强度，为了避免断线事故，铝导线的截面一般不宜小于16mm^2。中性线的截面不应小于相线截面的1/2。

(2)架空导线的允许载流量应满足负荷的要求。

架空导线的实际负荷电流应小于导线的允许载流量。

(3)架空线路的电压损失不宜过大。

由于导线具有一定的电阻，电流通过架空导线时会产生电压损失，导线越细、越长，或负荷电流越大，电压损失就越大，线路末端的电压就越低，甚至不能满足用电设备的电压要求。因此在选择架空线路导线截面时，一般保证线路的电压损失不超过5%。

4.1.3 横担

横担是为安装绝缘子、开关设备、避雷器等用的。

1. 横担的类型

横担的类型如表4－3所列。

表4－3 横担的类型

类型		优缺点	图示
木横担		易加工,价格低廉,有良好的防雷水平,但易腐蚀,近年来已不用	
铁横担		用角铁制成,具有坚固耐用和安装方便,但易生锈,需镀锌或刷樟丹油和灰色油漆各一遍	
瓷横担	马蹄形瓷横担	有良好的电气绝缘性能,导线可不用绝缘子而直接绑扎在槽内,但冲击碰撞易破碎	
	圆形瓷横担		

2. 横担的选择

3kV~10kV高压配电线路最好采用陶瓷横担,低压配电线路一般采用木横担或铁横担。横担的长度是根据导线的根数、相邻电杆间档距的大小和线间距离决定的。

4.1.4 绝缘子(瓷瓶)

绝缘子是用来固定导线的,并使导线之间、导线与横担、电杆和大地之间绝缘。所以对绝缘的要求主要是能承受与线路相适应的电压,并且应当具有一定的机械强度。

1. 绝缘子的类型和用途

绝缘子的类型和用途如表 4-4 所列。

表 4-4　绝缘子的类型和用途

类　型		用　途	型　号	图　示
针式绝缘子（立瓶）	高压	用于 3kV、6kV、10kV 及 35kV 高压配电线路的直线杆和直线转角杆上	P-□ □ W表示弯脚 T 表示用于铁担 M 表示用于木担 额定电压(kV)	
	低压	用于 1kV 以下低压配电线路上		
蝶形（茶台）	高压	用于 3kV、6kV、10kV 配电线路上	ED-□ 数字表示规格 数字小规格大 E为高压； ED为低压	
	低压	用于 1kV 以下低压配电线路上		
悬式绝缘子		能承受较大的拉力，用于 35kV 以上线路或 10kV 线路的耐张、转角和终端杆上。使用时由多只串联起来，电压越高串得越多	XP-□-□ 没字母表示球形连接 C表示槽形连接 机电破坏负荷 及其数值(10^4)	

2. 绝缘子的外形尺寸

(1)针式绝缘子的外形如图 4-2 所示，尺寸数据如表 4-5、表 4-6 所列。

表 4-5　低压针式绝缘子技术性能和外形尺寸

		主要尺寸/mm								
型　号	图 4-2	H	h	h_1	h_2	D	d_1	d_2	R	R_1
PD-1T	(a)	145	80	50	35	80	50	16	10	10
PD-1M	(a)	220	80	50	110	80	50	16	10	10
PD-2T	(a)	125	66	45	35	70	44	12	8	8
PD-2M	(a)	195	66	45	105	70	44	12	8	8
PD-2W	(b)	155	66	45	55	70	44	12	8	8
注：型号中，PD 表示低压线路针式绝缘子，其后所带数字为形状尺寸序数。"1"号为尺寸最大的一种，T、M、W 分别表示为铁担直脚、木担直脚、弯脚										

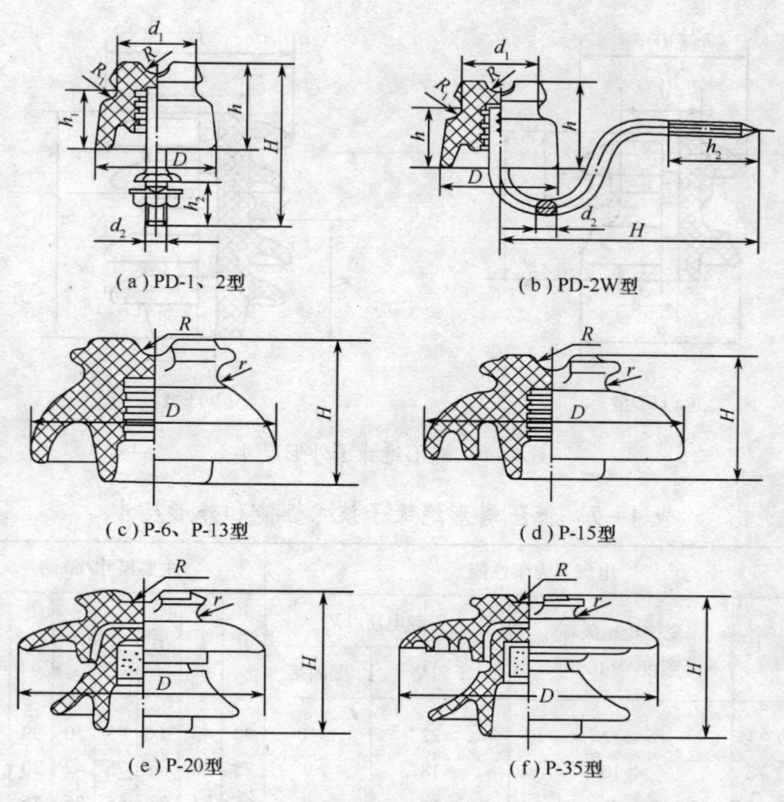

图4-2 针式绝缘子的外形尺寸

表4-6 高压针式绝缘子瓷件主要尺寸 单位：mm

绝缘子瓷件型号	图4-2	H	D	R	r	爬电距离
P-6	(c)	90	125	11	9	≥150
P-13	(c)	105	145	11	9	≥185
P-15	(d)	120	190	13	11	≥280
P-20	(e)	165	228	14	13	≥370
P-35	(f)	200	280	14	13	≥560

注：绝缘子瓷件型号中，P表示针式绝缘子，字母后所带数字为绝缘子额定电压（kV）。
P-20及P-35一般应配合木杆木横担在钢脚不接地的情况下使用

（2）蝶形绝缘子外形如图4-2所示，尺寸数据如表4-7、表4-8所列。

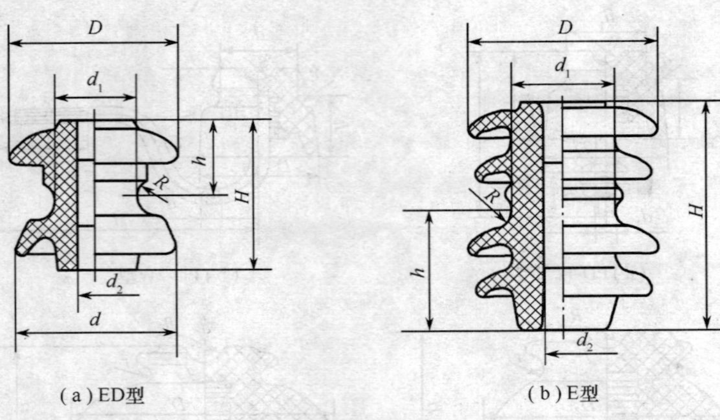

图4－3　蝶形绝缘子外形尺寸

表4－7　低压蝶形绝缘子技术性能和外形尺寸

型　号	电气与力学性能			主要尺寸/mm						
	瓷件机械破坏强度/$\times 10^3$N	工频电压/kV		H	h	D	d	d_1	d_2	R
		干闪络	湿闪络							
ED－1	≥12	≥22	≥10	90	46	100	95	50	99	12
ED－2	≥10	≥18	≥9	75	38	80	75	42	20	10
ED－3	≥8	≥16	≥7	65	34	70	65	36	16	8
ED－4	≥5	≥14	≥6	50	26	60	55	30	16	6

表4－8　高压蝶形绝缘子技术性能和外形尺寸

型　号	电气与力学性能				主要尺寸/mm					
	工频电压/kV(不小于)			机械破坏强度/$\times 10^3$N	H	h	D	d_1	d_2	R
	干闪络	湿闪络	击穿							
E－1	≥45	≥27	≥78	≥20	180	95	150	70	26	2
E－2	≥38	≥23	≥65	≥20	150	80	130	70	26	12

注：型号中，E表示高压线路蝶形绝缘子，其后所带数字为形状尺寸序数。悬式绝缘子的外形如图4－3所示，尺寸数据如表4－9所列

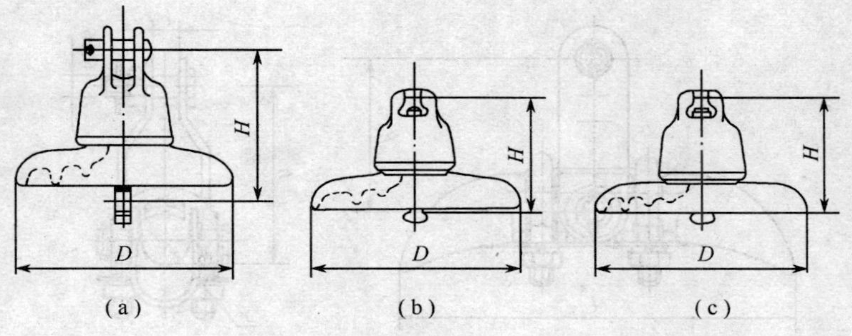

(a) (b) (c)

图4-4 悬式绝缘子外形尺寸

表4-9 悬式绝缘子外形的主要尺寸 单位:mm

绝缘子型号	图4-4	*H*	*D*	连接形式标记	爬电距离
XP-4C	(a)	140±5	190	13C	≥200
XP-6	(b)	146±5	255	16	≥280
XP-7	(b)	146±5	255	16	≥280
XP-6C	(a)	146±5	255	13C	≥280
XP-7C	(a)	146±5	255	13C	≥280
XP-10	(c)	146±5	255	16	≥280
XP-16	(c)	155±5	255	20	≥290
XP-21	(c)	170±6	280	24	≥320
XP-30	(c)	195±6	320	24	≥350
注:绝缘子型号中,X表示悬式绝缘子;P表示机电破坏负荷,破折号后面的数字为额定机电破坏负荷值吨数;卜槽形连接结构(球形连接结构不表示)					

4.1.5 电力金具

1. 悬垂线夹

悬垂线夹的型号为XGL-□型。型号中字母及数字的含义:X,悬垂线夹;G,固定;U,U形螺丝式;□(数字),适用于导线组合号。悬垂线夹适用于架空线路直线杆塔悬挂导线。悬垂线夹的外形及主要技术数据如图4-5和表4-10所示。

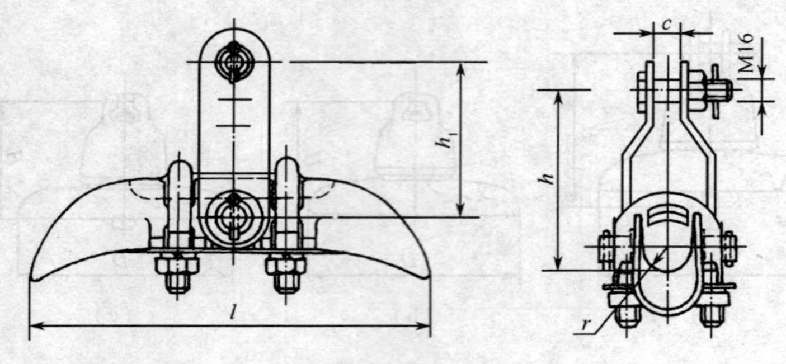

图 4-5　悬垂线夹

表 4-10　悬垂线夹的主要技术数据

型号	适用导线		c	h_1	h	l	r	质量/kg	破坏负荷/N
	型号	外径/mm	mm						
XGU-1	GJ-25~35	6.6~7.8				180	4.0	1.4	
	LGJ-16~25	5.4~6.6	18	70	82				
XGU-2	GJ-50~70	9.0~11.0				200	7.0	1.8	
	LGJ-35~70	8.4~11.4							
XGU-3	GJ-100~120	13.4~14.0			102	220	11.0	2.0	≥40000
	LGJ-95~150	13.68~16.70	18	90					
XGU-4	GJ-185~240	19.02~21.28			110	250	13.5	3.0	
	LGJ-16~25	20.88~23.92							
注：各型线夹亦适用于安装表中所列外径范围以内的其他型号的导线									

2. 带挂板的悬垂线夹

带挂板悬垂线夹的型号为 XGU-□(A)或 XGU-□(B)型。型号前面的字母及数字含义同前，型号中 A 表示带碗头挂板，B 表示带 U 形挂板。带挂板的悬垂线夹适用于架空电力线路的直线杆塔悬挂导线用。

带挂板悬垂线夹的外形及主要技术数据如图 4-6 和表 4-11 所示。

3. 螺栓型耐张线夹

螺栓型耐张线夹的型号为 NLD-□型。型号中字母及数字含义：N，耐张；L，螺栓；D，倒装式；□(数字)，适用导线组合号。它适用于架空电力线路和变电站在耐张杆塔上固定中小截面铝绞线及钢芯铝绞线。

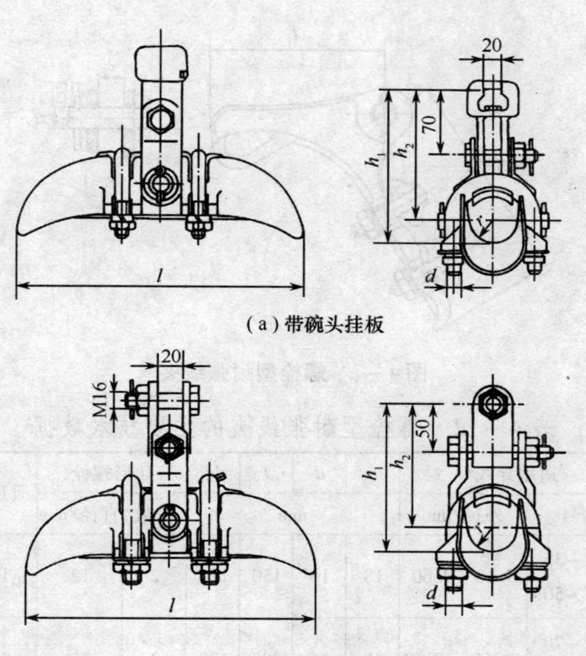

图 4－6　带挂板悬垂线夹

表 4－11　带挂板悬垂线夹的主要技术数据

型号	适用导线		c	h_1	h_2	l	r	质量
	型号	外径/mm	mm					/kg
XGU－5(A)	LGJQ－300～400 LGJ－185～240 包缠预绞丝	23.7～29.18 28.22～30.48	16	162	140	300	17.0	5.7
XGU－6(A)	LGJQ－300～400 包缠预绞丝	36.3～41.78	16	168	140	300	23.0	6.1
XGU－5(B)	LGJQ－300～400 LGJ－185～240 包缠预绞丝	23.7～29.18 28.22～30.48	16	137	120	300	17.0	5.4
XGU－6(B)	LGJQ－300～400 包缠预绞丝	36.3～41.78	16	143	120	300	23.0	5.8

注：上述型号悬垂线夹的破坏负荷不小于 60000N，各型线夹亦适用于安装表中所列外径范围以内的其他型号的导线

耐张线夹的外形及主要技术数据如图 4－7 和表 4－12 所示。

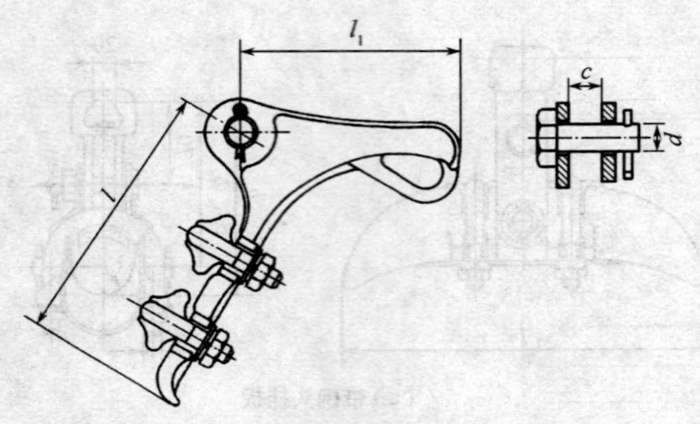

图 4－7　螺栓型耐张线夹

表 4－12　螺栓型耐张线夹的主要技术数据

型号	适用导线		c	d	l	l_1	U 形螺栓		质量/kg	破坏负荷/N
	型号	外径/mm	mm				个数	直径/mm		
NLD－1	LGJ－35 LGJ－50	5.10～9.60	18	16	150	120	2	12	1.3	≥20000
NLD－2	LGJ－70 LGJ－95	10.65～13.68	18	16	205	130	3	12	2.1	≥40000
NLD－3	LGJ－120 LGJ－150	14.00～16.72	22	18	310	160	4	16	4.6	≥60000
NLD－4	LGJ－185 LGJ－240	19.02～21.28	25	18	410	220	5	16	7.0	≥80000

4. 压缩型耐张线夹

压缩型耐张线夹的型号为 NY－□Q 或 NY－□J 型。型号中字母及数字含义：N，耐张；Y，压缩；□（数字），适用导线或钢绞线标称截面；数字后面的字母表示导线类型，如 Q 为减轻型、J 为加强型。它适用于架空电力线路上以压缩方法接续钢绞线和钢芯铝绞线。

压缩型耐张线夹的外形及主要技术数据如图 4－8 和表 4－13 所示。

5. 楔形耐张线夹

楔形耐张线夹的型号为 NX－□型、NUT－□型及 NU－□型。型号中字母及数字含义：N，耐张；X，楔；UT，U 形可调；U，U 形；□（数字），适用钢绞线组合号。它适用于架空电力线路上固定和调整钢绞线（作为避雷线或拉线）。

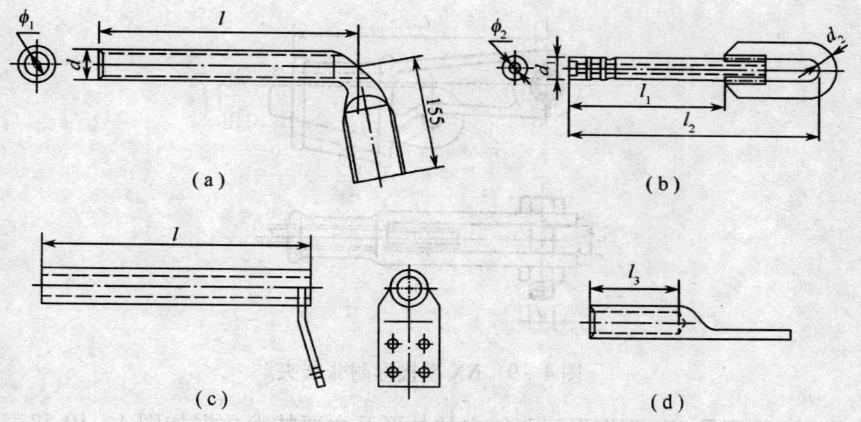

图 4－8　压缩型耐张线夹

表 4－13　压缩型耐张线夹主要技术数据

型号	适用导线		ϕ_1	ϕ_2	d	d_1	d_2	l_1	l_2	l_3	l	质量 /kg	握力应/N (不小于)
	型号	外径/mm	mm										
NY－300Q	LGJQ－300	23.70	25.5	8.5	40	22	16	160	250	110	300	2.66	≥78000
NY－400Q	LGJQ－400	27.36	29.0	9.7	45	24	18	170	275	120	340	3.45	≥100000
NY－500Q	LGJQ－500	30.16	32.0	10.7	50	26	20	180	300	130	370	4.25	≥125000
NY－600Q	LGJQ－600	33.20	35.0	11.7	55	30	22	200	340	150	400	5.43	≥146800
NY－700Q	LGJQ－700	36.24	38.0	12.7	60	32	24	220	380	165	440	6.16	≥174000
NY－185	LGJ－185	19.02	20.7	8.2	32	18	16	130	230	90	250	1.66	≥59000
NY－240	LGJ－240	21.28	23.0	9.1	36	20	16	160	260	100	300	2.2	≥70800
NY－300	LGJ－300	25.20	27.0	10.7	40	24	18	190	295	110	340	2.49	≥100000
NY－400	LGJ－400	27.68	29.5	11.7	45	26	20	200	315	120	360	3.87	≥121000
NY－185J	LGJJ－185	19.60	21.5	9.1	32	20	16	160	310	90	280	1.68	≥64800
NY－240J	LGJJ－240	22.40	24.0	10.3	36	22	18	180	260	100	320	2.35	≥84700
NY－300J	LGJJ－300	25.68	27.5	11.7	40	24	20	200	315	110	350	3.42	≥113000
NY－400J	LGJJ－400	29.18	30.8	13.4	45	28	22	220	335	120	390	4.34	≥146000

NX－□形楔形耐张线夹的外形和主要技术数据如图 4－9 和表 4－14 所示。

表 4－14　NX 型楔形耐张线夹的主要技术数据

型号	适用导线		c	d	l	r	质量/kg	破坏负荷/N
	型号	外径/mm	mm					
NX－1	GJ－25～35	6.6～7.8	18	16	150	6.0	1.2	≥60000
NX－2	GJ－50～70	9.0～11.0	20	18	180	7.3	1.8	≥90000

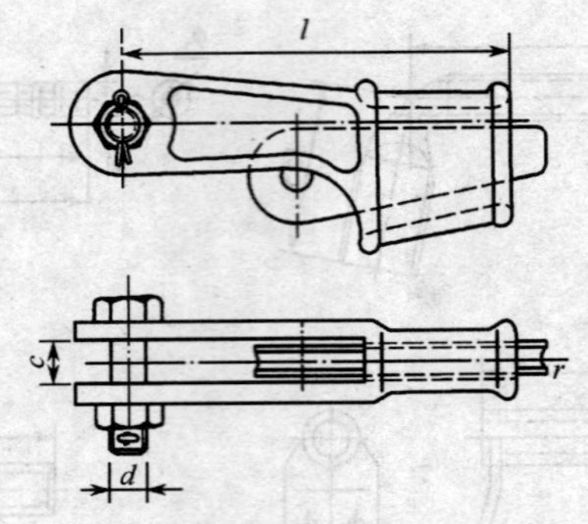

图 4-9 NX 型楔形耐张线夹

NUT 型及 NU 型楔形耐张线夹的外形及主要技术数据如图 4-10 和表 4-15所示。

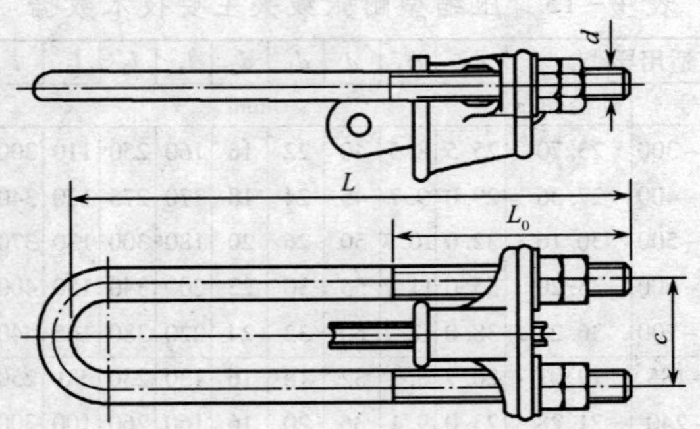

图 4-10 NUT 型及 NU 型楔形耐张线夹

表 4-15 NUT 型及 NU 型楔形耐张线夹主要技术数据

型号	适用钢绞线		d	L	l_0	c	质量/kg	破坏负荷/N
	型号	外径/mm	mm					
NUT-1	GJ-25~35	6.6~7.8	16	350	200	56	2.1	≥60000
NUT-2	GJ-50~70	9.0~11.0	18	430	250	62	3.2	≥90000
NUT-3	GJ-100~120	13.0~14.0	22	500	300	74	5.4	≥160000
NUT-4	GJ-135~150	15.0~16.0	24	580	350	82	7.2	≥200000
NU-3	GJ-100~120	13.0~14.0	22	290	60	74	4.2	≥160000
NU-4	GJ-135~150	15.0~16.0	24	340	70	82	7.3	≥200000

6. 碗头挂板

碗头挂板分为 W－□A 或 W－□B 型和 WS－□型两种。型号中字母及数字含义 W，碗头；WS，双联；□（数字），标称破坏负荷（$\times 10^4$ N）；附加字母 A，短；附加字母 B，长。它适用于架空电力线路和变电站连接悬式绝缘子串。

碗头挂板的外形及主要技术数据如图 4－11 和表 4－16 所示。

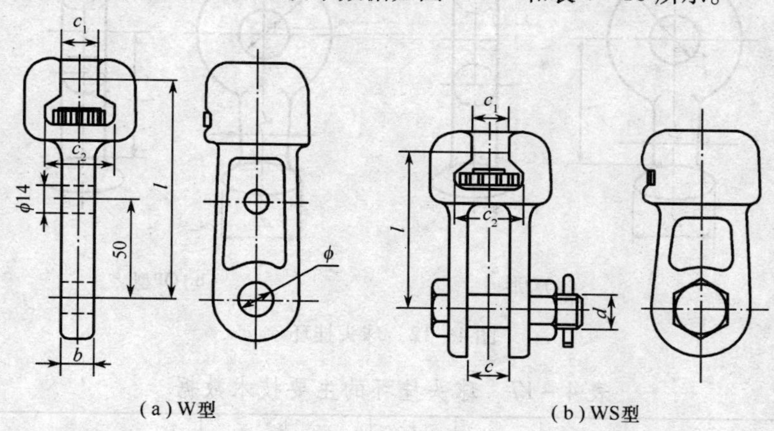

(a) W型　　(b) WS型

图 4－11　碗头挂板

表 4－16　碗头挂板的主要技术数据

型号	b	c	c_1	c_2	d	l	ϕ	质量/kg
	mm							
W－7A	16		19.5	34.5		70	20	0.80
W－7B	16		19.5	34.5		115	20	0.92
W－12	20		23.0	42.5		125	24	1.57
WS－7		18	19.5	34.5	16	70		0.97
WS－10		20	19.5	34.5	18	85		1.20
WS－12		24	23.0	42.5	22	90		1.92
WS－16		26	23.0	42.5	24	95		2.64
WS－20		30	27.5	51.0	27	100		4.30
WS－30		36	27.5	59.0	36	110		5.70

7. 球头挂环

球头挂环分为 Q－□型和 QP－□型两种。型号中字母及数字含义：Q，球头挂环；QP，球头挂环（螺栓平面接触）；□（数字），标称破坏负荷

($\times 10^4$N)。它适用于架空电力线路和变电站连接悬式绝缘子串。

球头挂环的外形及主要技术数据如图 4－12 和表 4－17 所示。

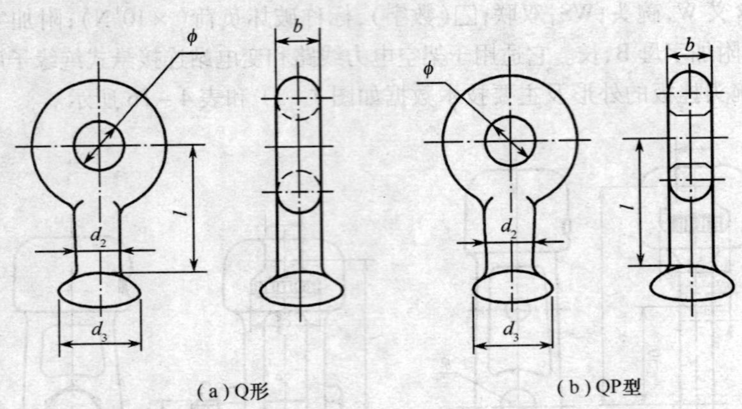

图 4－12　球头挂环

表 4－17　球头挂环的主要技术数据

型号	b	φ	d_2	d_3	l	质量/kg
	mm					
Q－7	16	22	16	32.5	50	0.27
QP－7	16	20	16	32.5	50	0.27
QP－10	16	20	16	32.5	50	0.32
QP－12	18	24	20	40.0	60	0.46
QP－16	20	26	20	40.0	60	0.50
QP－20	24	30	24	48.0	80	0.95
QP－30	28	39	24	48.0	80	1.05

8. U 形挂环

U 形挂环分为 U－□型和 UL－□型两种。型号中字母及数字含义为：U，U 形挂环；UL，延长 U 形挂环；□（数字），标称破坏负荷($\times 10^4$N)。它适用于架空电力线路和变电站连接绝缘子串或钢绞线与杆塔固定。

U 形挂环的外形及主要技术数据如图 4－13和表 4－18 所示。

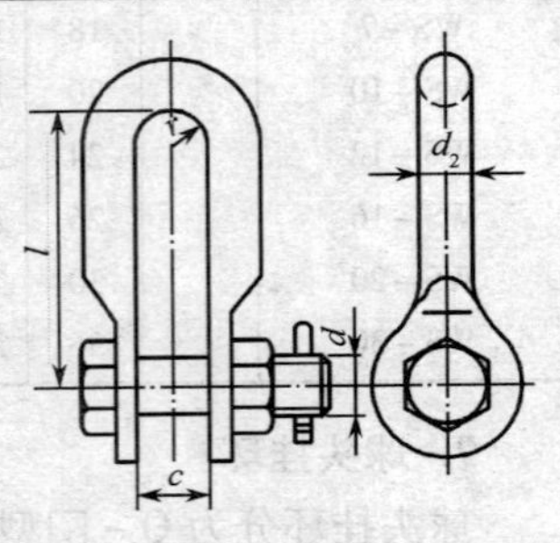

图 4－13　U 形挂环

表 4-18　U 形挂环的主要技术数据

型号	c	d	d_2	l	r	质量/kg
	mm					
U-7	20	16	16	60	10	0.44
UL-7				120	15	0.65
U-10	22	18	18	70	11	0.54
UL-10				140	17	0.92
U-12	24	22	20	80	12	0.95
U-16	26	24	22	90	13	1.47
UL-16				140	19	1.64
U-20	30	27	24	100	15	2.20
UL-20				160	22	2.90
U-25	34	30	26	110	17	2.79
U-30	38	36	30	130	19	3.70
U-50	44	42	36	150	22	6.99

9. 联板

联板的形式有：L-□型单串绝缘子与二分裂导线联板或双串绝缘子与单根导线联板及三联板；LF-□型双串绝缘子与二分裂导线联板；LV-□型双拉线并联联板；LS-□型组合母线用双联板；LJ-□型装均压环用联板。联板型号中字母及数字的含义：L，联板；F，方形；V，V 形；S，双联；J，装均压环；□（数字），前两位表示破坏负荷（$\times 10^4$N）；后两位表示孔距（cm）。它适用于架空电力线路和变电站组装多串悬式绝缘子串，分裂导线与绝缘子串的固定及多根拉线并联。

联板的外形及主要技术数据如图 4-14 和表 4-19 所示。

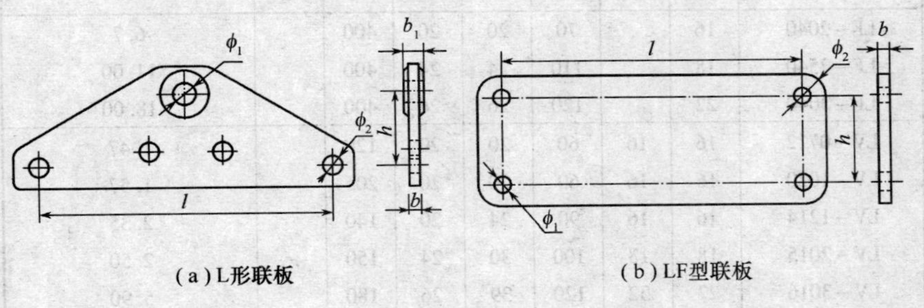

（a）L形联板　（b）LF型联板

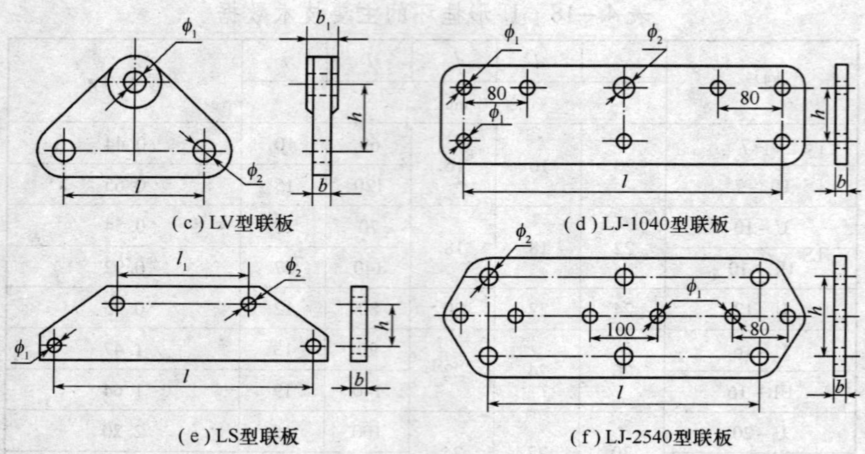

图 4－14　联板

表 4－19　联板的主要技术数据

型号	b	b_1	h	ϕ_1	ϕ_2	l	l_1	质量/kg
	mm							
L－1040	16	16	70	20	18	400		4.43
L－1240	16	16	70	24	18	400		4.66
L－1640	18	18	100	26	20	400		5.80
L－2040	18	18	100	30	20	400		6.90
L－2540	20	30	110	33	24	400		9.00
L－3040	22	32	110	39	26	400		10.00
L－2045	18	26	250	30	20	450		11.32
L－3045	22	32	250	39	26	450		16.00
L－2060	18	26	120	30	24	600		11.80
L－3060	22	32	140	39	30	600		16.70
LF－2040	16		70	20	20	400		6.7
LF－2540	18		110	24	24	400		11.00
LF－3040	22		120	26	26	400		18.00
LV－0712	16	16	60	20	20	120		1.47
LV－1020	16	16	60	20	20	205		1.57
LV－1214	16	16	90	24	20	140		2.35
LV－2015	18	18	100	30	24	150		2.50
LV－3016	22	32	120	39	26	180		5.90

（续）

型号	b	b_1	h	ϕ_1	ϕ_2	l	l_1	质量/kg
	mm							
LS－1212							120	5.00
LS－1221							210	5.35
LS－1225							250	5.54
LS－1229	16		65	20	20	400	290	5.73
LS－1233							330	5.92
LS－1237							370	6.11
LS－1255							550	8.66
LJ－1040	16		70	18	20			6.50
LJ－1240	16		70	18	24			6.45
LJ－1640	18		100	20	26	400		9.54
LJ－2540	18		120	18	24			11.10
LJ－3040	22		120	18	26			13.57

10. U 形螺丝

U 形螺丝的型号为 U－□型。型号中的□(数字)含义:前两位表示螺丝直径(mm);后两位表示螺丝间距(mm)。它适用于架空电力线路连接绝缘子串与杆塔的固定。

U 形螺丝的外形及主要技术数据如图 4－15 和表 4－20 所示。

4　　表 4－20　U 形螺丝的主要技术数据

型号	c	d	d_2	l_1	l_2	允许负荷/N(不大于)			质量/kg
	mm					垂直	纵向	横向	
U－1880	80	M18	18	110	60	36000	18000	3600	0.83
U－2080	80	M20	20	120	70	48000	24000	5000	1.08
U－2280	80	M22	22	140	90	58000	29000	6600	1.30

11. 蝶形板

蝶形板的型号为 DB－□型。型号中字母的含义:D,蝶形;B,板;□(数字),标称破坏负荷($\times 10^4$N)。它适用于架空电力线路和变电站调整绝缘子串及导线的长度。蝶形板的外形及主要技术数据如图 4－16 和表 4－21 所示。

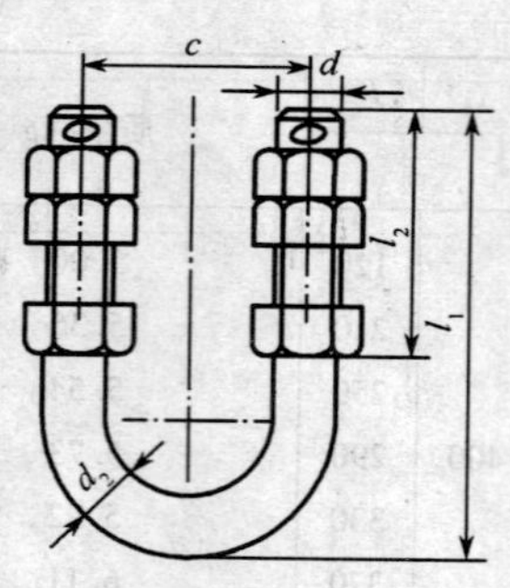

图4－15　U形螺丝

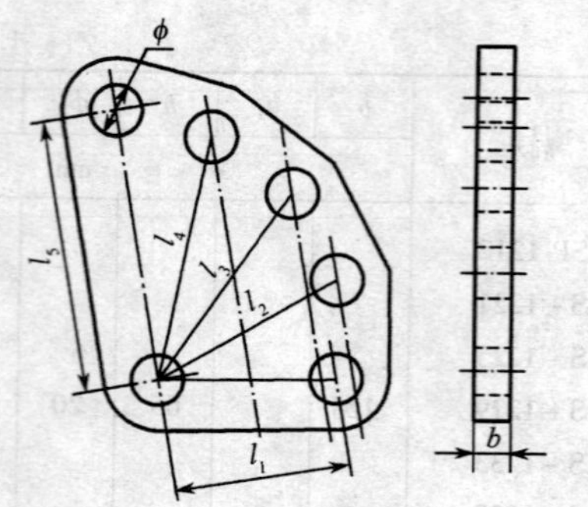

图4－16　蝶形板

表4－21　蝶形板主要技术数据

型号	ϕ	l_1	l_2	l_3	l_4	l_5	b	质量/kg
	mm							
DB－7	18	70	95	120	145	170	16	1.7
DB－10	20	80	110	140	170	200	16	2.7
DB－12	24	100	135	170	205	240	20	3.2
DB－16	26	110	125	140	155	170	22	4.1
DB－20	30	120	135	150	165	180	20	7.4
DB－30	39	120	140	160	180	200	32	12.5

12. PH、ZH型挂环

PH－□、ZI－□型挂环型号中字母及数字含义：P，平行；Z，直角；H，环；□(数字)，标称破坏负荷($\times10^4$N)。它适用于架空电力线路和变电站连接绝缘子串。

挂环的外形及主要技术数据如图4－17和表4－22所示。

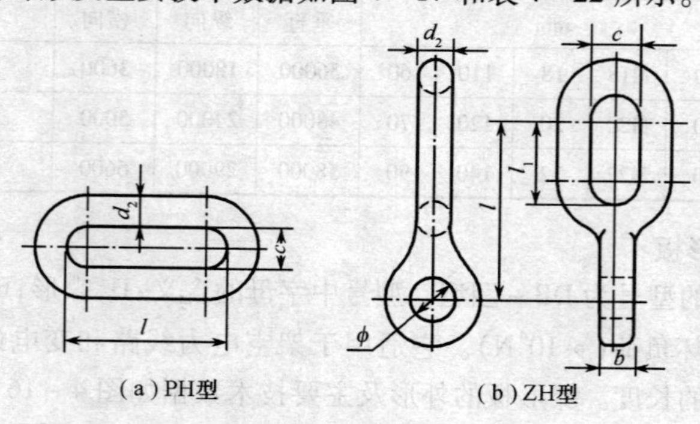

图4－17　挂环

表 4-22　PH、ZH 型挂环的主要技术数据

型号	c	b	d_2	ϕ	l	l_1	质量/kg
	mm						
PH-7	20		16		70		0.34
PH-10	22		18		80		0.49
PH-12	24		20		100		0.73
PH-16	26		22		110		0.97
PH-20	30		24		120		1.27
PH-25	34		26		130		1.62
PH-30	38		30		160		2.59
ZH-7	24	16	16	20	100	56	0.85

4.1.6　拉线

拉线的结构和类型如表 4-23 和表 4-24 所列。

表 4-23　拉线的结构和类型

结构	类　型	图　示
拉线上把	绑扎上把	
	U 形轧上把	
	T 形轧上把	
拉线中把	隔离瓷瓶中把	隔离瓷瓶
拉线下把	绑扎下把	
	花篮轧下把	
	T 形轧下把	

(续)

结构	类　型	图　示
地锚	木地锚	
	条石地锚	
	石块地锚	
	水泥地锚	

表 4－24　拉线的类型和用途

类　型	用　途	图　示
普通拉线（尽头拉线）	用于直线、终端、转角、耐张和分支杆补强所承受的外力作用	上把 中把 底把 把锚
转角拉线	用于转角杆	

（续）

类 型	用 途	图 示
人字拉线	用于基础不坚固、跨越加高杆或较长的耐张段中间的直线杆上	
Y 形拉线	用于 H 形电杆的两根电杆上各装设一根普通拉线，两条拉线合用一个拉线下把	
高桩拉线（水平拉线）	用于跨越公路、渠道和交通要道处	
自身拉线	用于因地形限制，不能采用一般拉线处	

4.2 架空线路的施工

4.2.1 架空线路的一般规定

1. 导线最小允许截面积

架空裸导线的最小允许截面如表 4-25 所列。

表 4-25 架空裸导线的最小允许截面 单位：mm^2

导线种类	低压（1 kV 以下）	高压（1kV 以上）	
		居民区	非居民区
铝及铝合金	16	35	25
钢芯铝线	16	25	16
铜线	6（单股直径 3.2 mm）	16	16

2. 架空线路对地面等的最小垂直距离

(1)架空线路导线与地面的距离,在导线最大弛度时,应不小于表4-26所列数值。

(2)架空线路导线与山坡、峭壁、岩石之间的净空距离,在最大风偏情况下,应不小于表4-26所列数值。

表4-26 架空导线对地面、水面和跨越的最小距离

序号	架空线路经过地区	最小距离/m	
		1kV 以下	1kV~10kV
1	居民区	6.0	6.5
2	非居民区	5.0	5.5
3	交通困难地区	4.0	4.5
4	步行可以到达的山坡	3.0	4.5
5	步行不能到达的山坡、峭壁和岩石	1.0	1.5
6	不能通航及不能浮运的河、湖冬季至冰面	5.0	5.0
7	不能通航及不能浮运的河、湖,从高水位算起	3.0	1.0
8	人行道、里、巷至地面:裸导线 绝缘导线	- -	3.5 2.5
注:①居民区指工业企业地区、港口、码头、城镇等人口密集地区;②非居民区指居民区以外的地区,均属非居民区,有时虽有人和车到达,但房屋稀少,亦属非居民区;③交通困难地区指车辆不能到达的地区;④序号4、5两项的最小距离,是指导线与山坡、峭壁等之间的净距离			

(3)架空线路不应跨越屋顶与由易燃材料做成的建筑物,也不宜跨越耐火屋顶的建筑物,否则应与有关单位协商或取得当地政府同意。导线与建筑物的垂直距离,在最大弛度时,1kV~10kV线路不应小于3m;1kV以下线路不应小于2.5m。

(4)架空线路边线与建筑物之间的距离在最大风偏情况下,应不小于下列数值:1kV~10kV为1.5m;1kV以下为1.0m。

(5)架空线路通过林区时,应砍伐出通道,通道宽度为线路宽度加10m。但在下列情况下,如不妨碍架空线路施工,可不砍伐通道:①树木自然生长高度不超过2m;②导线与树木(考虑自然生长高度)之间的垂直距离,不小于3m;③架空线路通过公园、绿化区和防护林带,导线与树木的净空距离,在最大风速偏移时,应不小于3m;④架空线路通过果林、经济作物以及城市灌木

林,不应砍伐通道,但导线至树梢的距离应不小于1.5m;⑤架空线路的导线与建筑物、街道、行道、树间的距离应不小于表4-27所列数值。检验导线与树木之间的垂直距离,应考虑树木在修剪周期内的生长高度。

表4-27　架空线路导线与建筑物、街道、行道、树间的最小距离

序号	架空线路经过地区	最小距离/m	
		1kV~10kV	1kV以下
1	线路跨越建筑物垂直距离	3.0	2.5
2	线路边线与建筑物水平距离	1.5	1.0
3	线路跨越行道、树在最大弧垂时的最小距离	1.5	1.0
4	线路边线在最大风偏时与行道、树的最小水平距离	2.0	1.0

(6)架空线路与特殊管道交叉时,应避开管道的检查井或检查孔,同时,交叉处管道上的所有部件应接地。

(7)架空线路与甲类火灾危险性的生产厂房,甲类物品库房,易燃、易爆材料堆场以及可燃或易燃、易爆液(气体)贮罐的防火间距不应小于杆塔高度的1.5倍。

(8)架空线路与弱电线路交叉时,应符合表4-28所列的要求。架空线路应架设在弱电线路的上方,在最大弛度时,对弱电线路的垂直距离应不小于下列数值:1kV~10kV为2m;1kV以下为1.0m。

表4-28　架空线路与弱电线路交叉角

交叉线路	交叉角
一级弱电线路与架空线路交叉时	≥45°
二级弱电线路与架空线路交叉时	≥30°
三级弱电线路与架空线路交叉时	不限

(9)架空线路与铁路、公路、河流、管道和索道交叉时的最小垂直距离,在最大弛度时,应不小于表4-29所列数值。

3. 架空电力线路的线间距离

厂区内的架空线路,通常在同一电杆上架设几种线路,如高压电力线路、低压电力线路、广播线路和电话线路等。这些线路的排列和它们之间的距离都有一定的要求。高压电力线路应装设在低压电力线路的上面,通讯和广播线路应装在低压电力线路的下面。架空导线间的最小距离应符合表4-30的要求。

表 4－29　架空配电线路与铁路、公路及各种架空线路交叉或接近的基本要求

项目		铁路				公路		弱电线路		电力线路		管道	
		标准轨距		窄轨		一、二级	三级	一、二级	三、四级	6kV～10kV	1kV 以下		
导线在跨越档内接头		不得接头		—		不得接头	—	不得接头	—	—	—	不得接头	
导线支持方式		双固定				双固定	单固定	双固定	单固定	双固定	单固定	双固定	
最小垂直距离 /m	项目 线路电压 /kV	至轨顶	至承力索或接触线	至轨顶	至承力索或接触线	至路面		至被跨越线		至导线		至管道任何部分	
												管道上人	管道不上人
	6～10	7.5	3.0	6.0	3.0	7.0		2.0		2.0	2.0	3.0	3.0
	以下	7.5	3.0	6.0	3.0	6.0		1.0		2.0	1.0	2.5	1.5
最小水平距离 /m	项目 线路电压 /kV	电杆外缘至轨道中心				电杆中心至路面边缘		在最大风偏情况下与边导线间距				在最大风偏情况下，边导线至管道任何部分	
		交叉	平行	交叉	平行								
	6～10	5.0	杆高 +3	5.0	杆高 +3	0.5		2.0		2.5		2.0	
	以下	5.0	杆高 +3	5.0	杆高 +3			1.0		2.5		1.5	

电力线路的三相排列相序应符合下列要求：高压电力线路，面向负荷从左侧起，导线排列相序为 L_1、L_2、L_3；低压电力线路，面向负荷从左侧起，导线排列相序为 L_1、N、L_2、L_3。

表 4－30　架空导线间的最小距离

架设方式	条件	线间最小距离/mm
导线水平排列	档距在 40 m 及以下	300
	档距在 40 m 及以上	400
	接近电杆的相邻导线	600
多层导线垂直排列	各层导线间的垂直距离	600
合杆架设	1kV 以下低压与上层的 6kV ~10kV 高压导线的垂直距离	1200
	1kV 以下低压与下层的通信、广播线的垂直距离	1500

注：① 1kV ~ 10kV 线路每相过引线（过桥线）、引下线与相邻相的过引线（过桥线）、引下线或导线之间的净空距离，应不小于 300mm；1kV 以下配电线路，应不小于 150mm。
② 1kV ~ 10kV 线路的导线与拉线、电杆或构架之间的净距，应不小于 200mm；1kV 以下配电线路，应不小于 50mm

4.2.2　电杆的安装

为了防止坑壁塌方和施工方便，杆坑口尺寸要比坑底尺寸加大，加大数值由表 4－31 中图、公式和土质情况决定。

表 4－31　电杆坑口尺寸加大的计算公式

土质情况	坑壁坡度	坑口尺寸/m	图　示
一般黏土，沙质黏土	10%	$B=b+0.4+0.1h\times2$	B, h, a
砂砾、松土	30%	$B=b+0.4+0.3h\times2$	
需用挡土板的松土	—	$B=b+0.4+0.6$	b——杆坑宽度（m）
松石	15%	$B=b+0.4+0.15h\times2$	h——坑的深度（m）
坚石	—	$B=b+0.4$	a——坑底尺寸（m）
			$a=b+0.4$

电杆的埋入深度如表4－32所列。

表4－32　电杆的埋入深度　　单位：m

杆别	5	6	7	8	9	10	11	12	13	15
木杆	1.0	1.1	1.2	1.4	1.5	1.7	1.8	1.9	2.0	－
混凝土杆	－	－	1.2	1.4	1.5	1.7	1.8	2.0	2.2	2.5

1. 电杆的定位

不同杆型杆坑的定位方法如表4－33所列。

表4－33　杆坑的定位

名　称	定位方法	图　示
直线单杆杆坑的定位	在直线单杆杆位标桩处立直一根测杆（又称花杆），再在该标桩和前后相邻的杆坑标桩沿线路中心线各立直一根测杆，若三根测杆沿线路中心线在一直线上，则表示该直线单杆杆位标桩位置正确，最后在杆位标桩前后沿线路中心线各钉一个辅助标桩	线路中心线 辅助标桩　杆位标桩　辅助标桩
	将大直角尺放在杆位杆桩上，使直角尺中心A与杆位标桩中心点重合，并使其垂边中心线AB与线路中心线重合，此时大直角尺底边CD即为线路中心线的垂线	C　B　线路中心线 A　D 辅助标桩　杆位标桩　辅助标桩
	在线路中心线的垂直线上于杆位标桩左右侧各钉一个辅助标桩，以便校验杆坑位置和电杆是否立直	辅助标桩 杆位标桩　C　线路中心线 B　A 辅助标桩　D 线路的垂直线
	根据表4－31中的公式计算出坑口宽度和根据杆坑形式确定坑口长度，并划出坑口形状	

（续）

名　称	定位方法	图　示
直线门型杆杆坑的定位	用与前述同样的方法找出线路中心线的垂直线	
	用皮尺在杆位标桩的左右侧沿线路中心线的垂直线各量出两根电杆中心线间的距离（简称根开）的$\frac{1}{2}$，各钉一个杆坑中心桩	
	根据表4－31中的公式算出坑口宽度，并根据杆坑形式确定坑口长度，画出坑口形状	
转角单杆杆坑的定位	在转角单杆杆位标桩前后邻近四个标桩中心点上各立直一根测杆，从两侧各看三根测杆（被检查杆位标桩上的测杆从两侧看都包括它），若转角杆标桩上的测杆正好位于所看二直线的交叉点上，则表示该标桩位置正确。然后沿所看二直线（线路中心线）上在杆位标桩前后侧等距离处各钉一辅助标桩，以备电杆及拉线坑划线和校验杆坑位置用	
	将大直角尺底边中点A与杆位标桩中心点重合，并使大直角尺底边CD与二辅助标桩连线平行，划出转角二等分线和转角二等分线的垂直线，然后在杆位标桩前后左右于转角二等分线的垂直线和转角二等分线上各钉一辅助标桩，以便校验杆坑挖掘位置和电杆是否立直用	
	根据表4－31中公式计算出坑口宽度和根据杆坑形状确定坑口长度画出坑口形状	

（续）

名　称	定位方法	图　示
转角门形杆杆坑的定位	用与前述同样的方法检查转角门型杆位标桩位置是否正确，并沿线路中性线离杆位标桩等距离处各钉一辅助标桩	
	用与前述同样的方法划出转角二等分线和转角二等分线的垂直线	
	用直线门型杆相同的方法画出坑口形状	

2. 挖杆坑

1)杆坑形状

杆坑的形状一般分为圆形杆坑和梯形杆坑。杆坑的深度根据电杆的长度和土质的好坏而定，一般为杆长的1/5 ~ 1/6。在普通黄土、黑土、沙质黏土等场合可埋深1/6，在土质松软处及斜坡处应埋深些。杆坑的形状、用途及尺寸如表4 - 34所列。

2)挖杆坑

(1)挖圆形杆坑：对于不带卡盘的电杆，一般挖成圆形杆坑，圆形杆坑挖动的土量较少，对电杆的稳定性较好。

表4－34　杆坑的形状、用途和尺寸

坑别		用途及尺寸	图示
圆形杆坑		用于不带卡盘或底盘的电杆 b＝基础底面＋(0.2～0.4)m $B=b+0.4h+0.6$m	0.5m h 0.4m b 马道 B
梯形杆坑	三阶杆坑	用于杆身较高、较重及带有卡盘的电杆；坑深在1.6m以下者采用二阶杆坑，坑深在1.8m以上者采用三阶杆坑： b＝基础底面＋(0.2～0.4)m $B=1.2h$ $c=0.35h$ $c=0.35h$ $d=0.2h$ $e=0.3h$ $f=0.3h$ $g=0.4h$	B d c c g h f e b 马道 b
	二阶杆坑	其他数据同三阶杆坑 $g=0.7h$	B d c g h e b 马道 b

(2)挖梯形杆坑：对于杆身较高较重及带有卡盘的电杆，为了立杆方便，一般挖成梯形坑。梯形坑有二阶杆坑和三阶杆坑两种。坑深在1.6m以下者采用二阶坑，坑深在1.8m以上者采用三阶坑。挖掘梯形杆坑的工具可采用镐和锹。

(3)挖土时，杆坑的马道要开在立杆方向，挖出的土应堆放到离坑0.5m外的地方。

(4)当挖至一定深度坑内出水时，应在坑的一角深挖一个小坑集水，然后将水排出。

(5)杆坑的深度等于电杆埋设深度，如装底盘时，应加深底盘厚度。

3)杆基加固

为增强线路和电杆的稳定性，应对电杆的杆基进行加固。

(1)杆基的一般加固方法：直线杆将受到线路两侧的风力而影响平衡，但又不可能在每档电杆左右都安装拉线，所以一般采用如图4－18所示方法来加固杆基。先在电杆根部四周填埋一层深约300mm～400mm的乱石，在石缝中填足泥土捣实，然后再覆盖一层100mm～200mm厚的泥土并夯实，直至与地面齐平。

(2)杆基安装底盘的加固方法：对于装有变压器和开关等设备的承重杆、跨越杆、耐张杆、转角杆、分支杆和终端杆等，或土质过于松软的电杆，可采用在杆基安装底盘的方法来减小电杆底部对土壤的压强，以加强电杆对下沉力的承受能力。底盘一般用石板或混凝土制成方形或圆形，也有的采用在杆坑底部用石块底盘并灌浇混凝土的方法。底盘的形状和安装方法如图4－19所示。

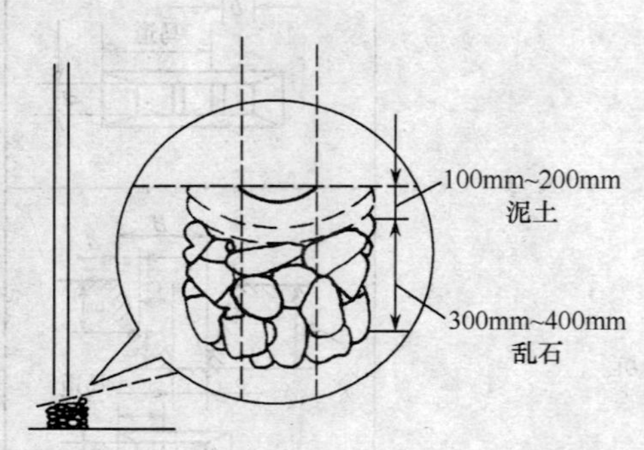

图4－18　直线杆杆基的一般加固方法

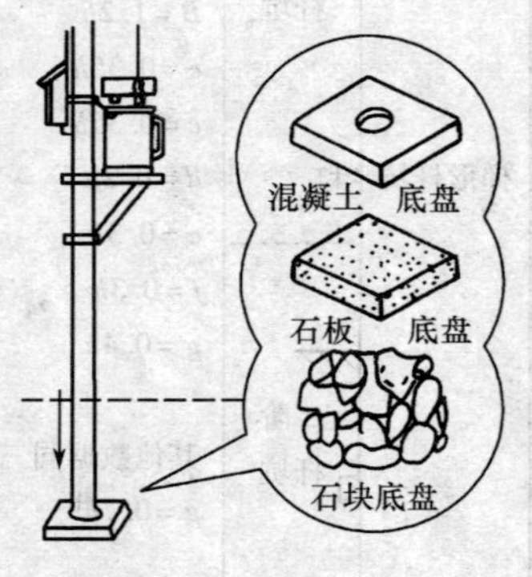

图4－19　底盘的安装

安装底盘的杆坑，要求坑底挖得平整，底面应水平，坑底平面下不可浅深不均或有不规则的石块。底盘安放入坑时，应渐渐落到坑底，以防碎裂，崩裂破碎的底盘不得使用。

(3)杆基安装地中横木或卡盘的加固方法：为增强线路和电杆的稳定性，在距地面0.5m处，木杆可在杆基加装一个地横木(俗称拨浪鼓)，地横木的规格一般为ϕ170mm×1200mm，用镀锌铁丝绑在电杆根部，如图4－20所示。

水泥杆可在杆基加装一个卡盘，卡盘一般用混凝土制成400mm×

200mm×800 mm 的长方形，其外形和安装方法如图 4－21 所示。

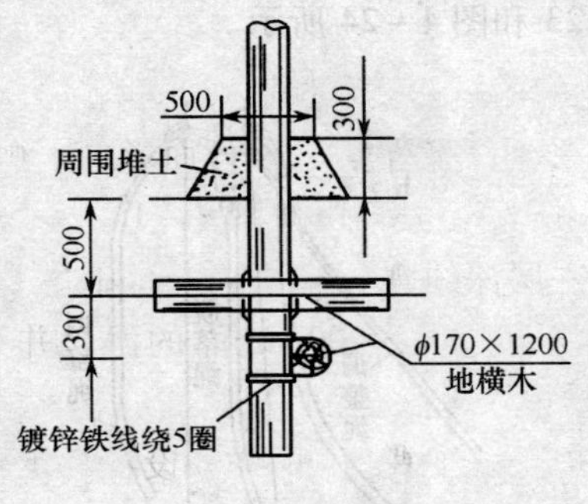

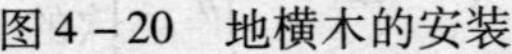

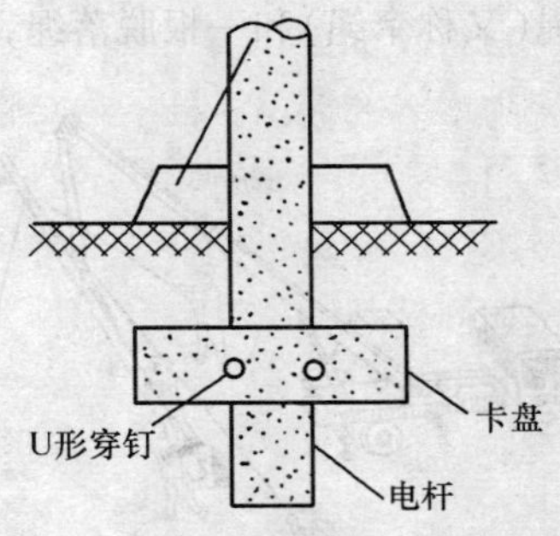

图 4－20　地横木的安装　　　　图 4－21　一道上单边卡盘的安装

对一般直线杆，为加强电杆抗侧向风力能力的卡盘，通常都采用一道上单边卡盘的安装方法，且需逐杆依次两侧交叉布设；若侧向风力不太强，也可隔杆两侧交叉布设，在转角杆上，卡盘应靠在与导线张力的同向边。

在侧向风力较大的地区，通常采用上、下单边卡盘和上单边、下和合卡盘的安装方式，如图 4－22(a)和(b)所示。

耐张杆、终端杆、转角杆和跨越杆等通常采用单道上和合，上、下和合或上和合、下单边卡盘的安装形式，如图 4－22(c)、(d)和(e)所示。

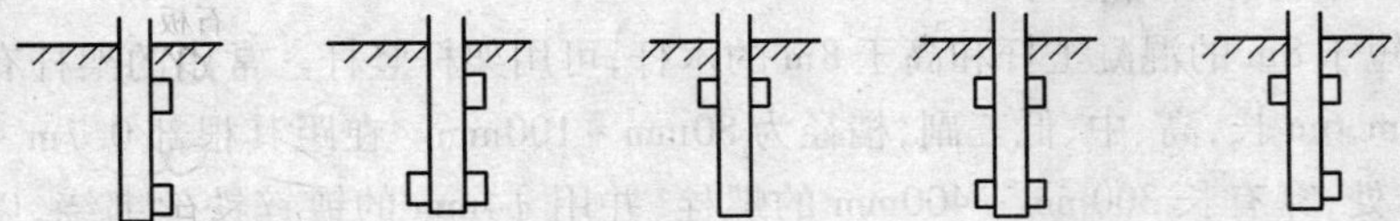

(a)上、下单边卡盘 (b)上单边、下和合卡盘 (c)上和合卡盘 (d)上、下和合卡盘 (e)上和合、下单边卡盘

图 4－22　各种卡盘的安装

3. 竖杆

根据杆型与所用工具的不同，竖杆的方法也有多种，最常用的有三种：汽车起重机竖杆、架杆(又称叉杆)竖杆与人字抱杆竖杆。

1)汽车起重机竖杆

汽车起重机竖杆比较安全，效率也高，适用于交通方便的地方，有条件的地方，应尽量采用。

竖杆前先将汽车起重机开到距坑适当的位置并加以稳固，然后把起重钢丝绳结在距电杆根部的1/2～2/3处，再在杆顶向下500 mm处结三根调整绳（又称牵绳）和一根脱落绳，如图4－23和图4－24所示。

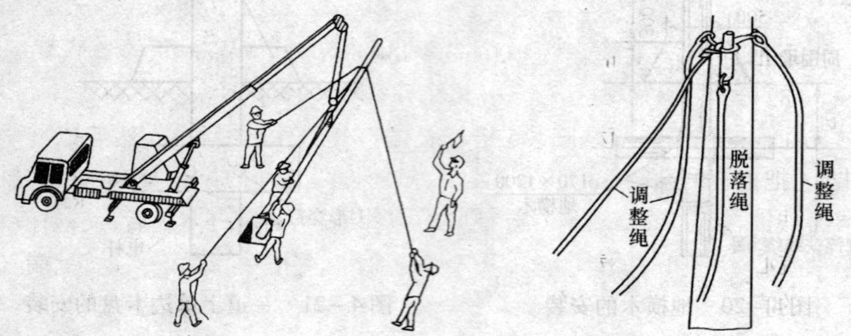

图4－23　汽车起重机竖杆　　　　图4－24　调整绳和脱落绳的安装

起吊时，坑边站两人负责电杆根部进坑，另由三人各拉一根调整绳，站成以坑为中心的三角形，由一人指挥。当电杆吊离地面约200mm时，将杆根移至杆坑口，并对各处绳扣进行一次检查，确认无问题后再继续起吊，电杆就会一边竖直，一边伸入坑内，同时利用调整绳朝电杆竖直方向拖拉，以加快电杆竖直，当杆接近竖直时，即应停吊，并缓慢地放松钢丝吊绳，同时利用调整绳校直电杆，当电杆完全入坑后，应进一步校直电杆。

2）架杆（叉杆）竖杆

短于8m的混凝土杆和高于8m的木杆，可用架杆竖杆。常用的架杆有4m、5m、6m长，高、中、低三副，梢径为80mm～100mm。在距其根部0.7m～0.8m处，穿有长300mm～400mm的螺栓，并用ϕ4mm的镀锌铁丝绑绕，以便手能握住，便于进行操作。在距杆顶30mm处，用长0.5m左右的钢丝绳或铁链连接，并用卡钉固定。架杆的方法如图4－25所示。首先在电杆顶部的左右两侧及后侧拴上两根或三根拉绳，以控制杆身，防止电杆竖立过程中倾倒。拉绳采用直径为25mm的棕绳，每根绳子的长度不小于杆长的两倍。在电杆基杆中，竖一块木滑板，先将杆根移至坑边，对正马道，然后将电杆根部抵住木滑板，电杆由人力用抬扛抬起电杆头后，用2副～3副架杆撑顶电杆，边撑顶边交替向根部移动，使电杆逐渐竖起。当电杆竖起至30°左右时，可抽出滑板，用临时拉绳牵引，使图4－24调整绳和脱落绳的安装电杆竖直。最后，用两副架杆相对支撑电杆以防电杆倾倒。待杆身调整、校直后可进行填土。

3）人字抱杆竖杆

人字抱杆竖杆适用于15m以下的电杆，基本上不受地形限制，施工也比较方便。

人字抱杆由两根梢径为100mm～150mm（或ϕ80mm的钢管）、长为6m～8m的直木杆组成，杆顶用钢丝绳绑住或铁件固定。

先在抱杆顶端装两根长1.5倍杆长的钢丝绳作临时拉绳，然后以杆坑为中心，把抱杆的两脚前后跨开2m左右，在距杆坑左右15m～20m处，各打一根角铁桩，接着牵拉钢丝拉绳，使两脚抱杆竖起，当抱杆竖起后，使抱杆顶端对准坑心。再用能承载3t的二、三滑轮组，挂在抱杆顶端连接处，上端三滑轮中的直径约ϕ10mm的钢丝绳沿一根抱杆引下，通过根部的一个导向滑轮，然后利用绞盘机进行牵引。如图4－26所示。

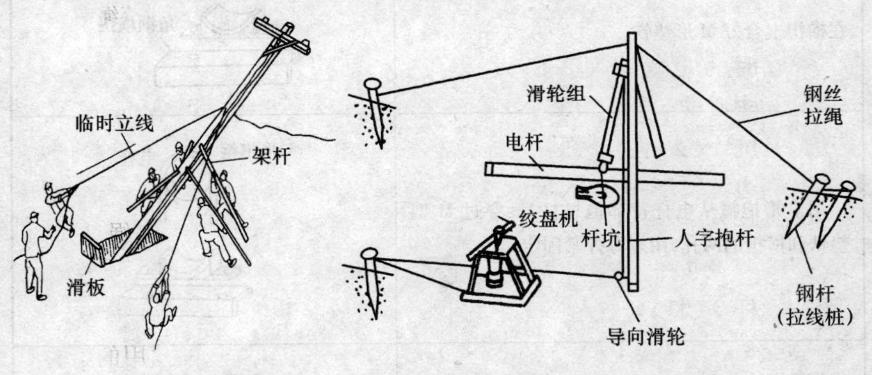

图4－25　叉杆竖杆　　图4－26　人字抱杆竖杆

然后在离电杆顶端500mm处结三根调整绳和一根脱落绳，并在距电杆根2/5处结一根起吊钢丝绳，将抱杆架上的吊钩勾住起吊钢丝绳，摇动绞盘机构，使电杆吊起，当电杆吊直后，即把电杆根部对准杆坑，反摇绞盘机，使电杆插入杆坑，最后校直电杆。

4. 埋杆

当电杆竖起并调整好后，即可用铁锹沿电杆四周将挖出的土填回坑内，回填土时，应将土块打碎，并清除土中的树根、杂草，必要时可在土中掺一些块石。每回填500mm土时，就夯实一次。对于松软土质，则应增加夯实次数或采取加固措施。夯实时，应在电杆的两侧交替进行，以防电杆的移位或倾斜。

回填土后的电杆基坑应设置防沉土层。土层上部不宜小于坑口面积；土层高度应超出地面300mm。

4.2.3 横担安装

为了施工方便，一般都在地面上将电杆顶部的横担、绝缘子及金具等全部组装完毕，然后整体立杆。

1. 直线杆铁横担的安装

直线杆铁横担的安装步骤及横担的固定、安装方法如表 4－35 ~ 表 4－37所列。

表 4－35 直线杆铁横担的安装步骤

步　骤	图　示
在横担上合好 M 形垫铁	M形垫铁；角钢横担
用 U 形抱箍从电杆背部抱过杆身、穿过 M 型垫铁和横担的两孔，用螺母拧紧固定	U形抱箍；电杆
安装后的铁横担	电杆；U形抱箍；M形垫铁；角钢横担

表 4－36 横担的固定方法

名　称	用 U 形抱箍固定	用半固定夹板固定	双横担固定
图示			

表 4－37 横担的安装方法

名称	直线横担安装	直线转角横担安装	90°转角横担安装
图示	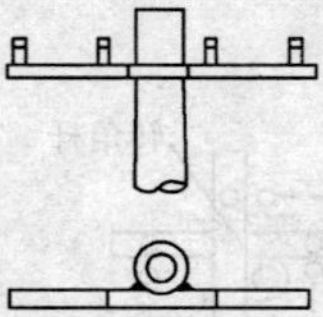	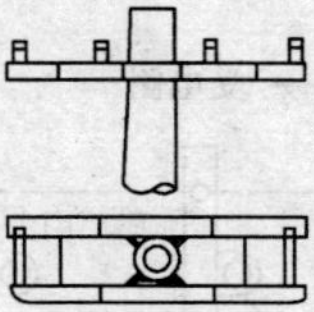	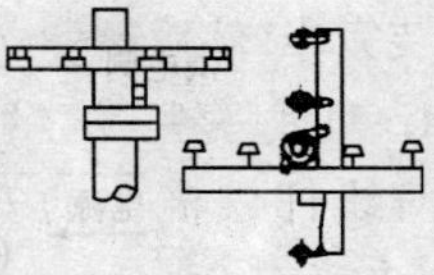
名称	直线分支横担安装	直线转角分支横担安装	终端横担安装
图示	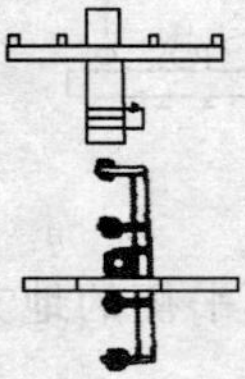	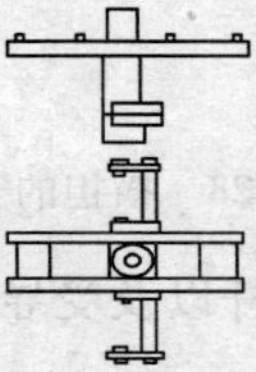	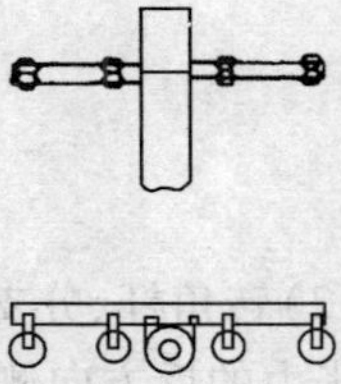

2. 瓷横担的安装

瓷横担用于直线杆上具有代替横担和绝缘子的双重作用，它的绝缘性能较好，断线时能自行转动，不致因一处断线而扩大事故。瓷横担的安装方法如图 4－27(a)所示。图 4－27(b)为 3kV～10kV 高压线路中导线为三角排列的瓷横担安装位置。

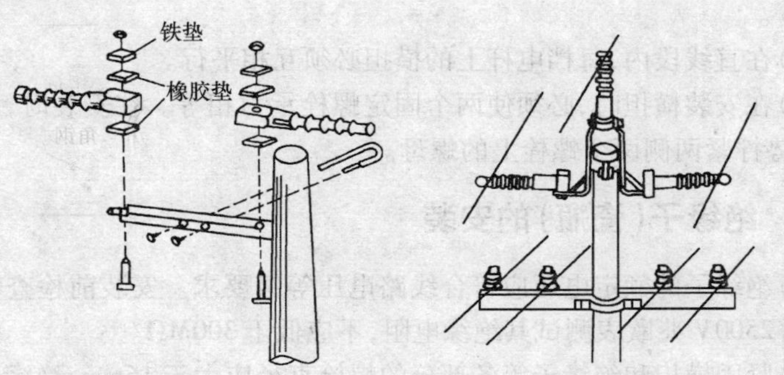

(a)瓷横担的安装方法　　(b)导线三角排列的瓷横担安装位置

图 4－27 瓷横担的安装

当直立安装时，顶端顺线路歪斜不应大于 10mm。当水平安装时，顶端宜向上翘起 5°～15°，顶端顺线路歪斜不应大于 20mm。

3. 横担安装位置

(1)直线杆的横担应安装在受电侧(与电源相反的方向),如图4-28所示。

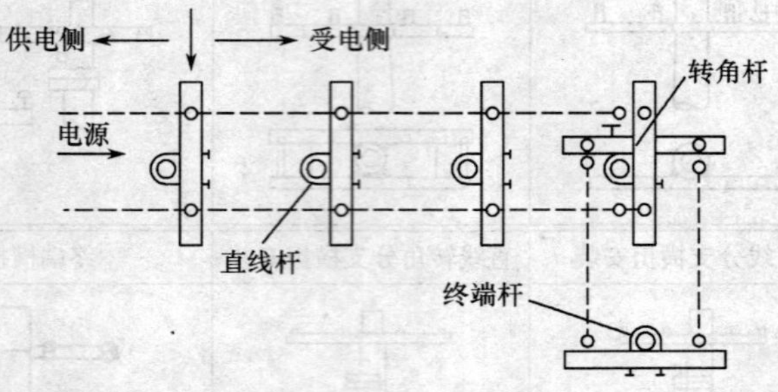

图4-28　横担的安装位置

(2)转角杆、分支杆、终端杆以及受导线张力不平衡的地方,横担应安装在张力的反方向侧。

(3)多层横担均应装在同一侧。

(4)有弯曲的电杆、横担均应装载弯曲侧,并使电杆的弯曲部分与线路的方向一致。

4. 横担安装的注意事项

(1)横担的上沿,应装在离杆顶100mm处;并应装得水平,其倾斜度不大于1%。

(2)在直线段内,每档电杆上的横担必须互相平行。

(3)在安装横担时,必须使两个固定螺栓承力相等。在安装时,应分次交替地势拧紧两侧两个螺栓上的螺母。

4.2.4　绝缘子(瓷瓶)的安装

(1)绝缘子的额定电压应符合线路电压等级要求。安装前检查有无损坏,并用2500V兆欧表测试其绝缘电阻,不应低于300MΩ。

(2)紧固横担和绝缘子等各部分的螺栓直径应大于16mm,绝缘子与铁横担之间应垫一层薄橡皮。

(3)螺栓应由上向下插入瓷瓶中心孔,螺母要拧在横担下方,螺栓两端均需套垫圈。

(4)螺母需拧紧,但不能压碎绝缘子。

(5)绝缘子安装应牢固,连接可靠,防止瓷裙积水。裙边与带电部位的间隙不应小于 50 mm 。

(6)悬式绝缘子的安装,应使其与电杆、导线金具连接处,无卡压现象。耐张串上的弹簧销子及穿钉应由上向下穿。悬垂串上的弹簧销子、螺栓及穿钉应向受电侧穿人。两边线应由内向外,中线应由左向右穿入。

4.2.5 拉线的制作安装

1. 拉线的材料及长度估算

电杆拉线目前所采用的材料有镀锌铁线和镀锌钢绞线两种。镀锌铁线一般用直径为 4mm 的规格,施工时要绞合,制作比较麻烦,特别是 9 股以上的拉线,绞合不好就会产生各股受力不均现象。10kV 及其以下线路,一般用镀锌铁线制作拉线,每条拉线不少于 3 股;在承载力较大,每条拉线须超过 9 股铁线时,则应改用镀锌钢绞线。镀锌钢绞线施工方便,强度稳定,在有条件的地方可尽量采用。镀锌铁线与镀锌钢绞线的互换如表 4 - 38 所列。

表 4 - 38 镀锌铁线与镀锌钢绞线的换算

ϕ4 镀锌铁线根数	3	5	7	9	11	13	15	17	19
镀锌钢绞线截面/mm^2	25	25	35	50	70	70	100	100	100

拉线的示意如图 4 - 29 所示。

拉线的长度可用下面公式近似计算:

$$C = K(a + b)$$

式中:K 取 0.71 ~ 0.73;当 a 与 b 值接近时,K 值取 0.71;当 a 是 b(或 b 是 a)的 1.5 倍左右时,K 取 0.72;当 a 是 b(或 b 是 a)的 1.7 倍左右时,K 取0.73。

计算出来的拉线长度应减去花篮螺栓长度和地锚柄露出地面的长度,再加上两头扎线长度才是拉线的下料长度。

2. 拉线的制作

拉线的制作有束合法和绞合法两种。绞合法存在绞合不好会产生各股受力不均的缺陷,目前常用手工伸直法。

1)拉线的伸直:

(1)手工伸直法:将 ϕ4 的镀锌铁线两端采用“双 8 字扣”(即双背扣)拴在电杆(或大树根部)上,然后由 4 人 ~5 人用力拉数次即可,如图 4 - 30 所示。

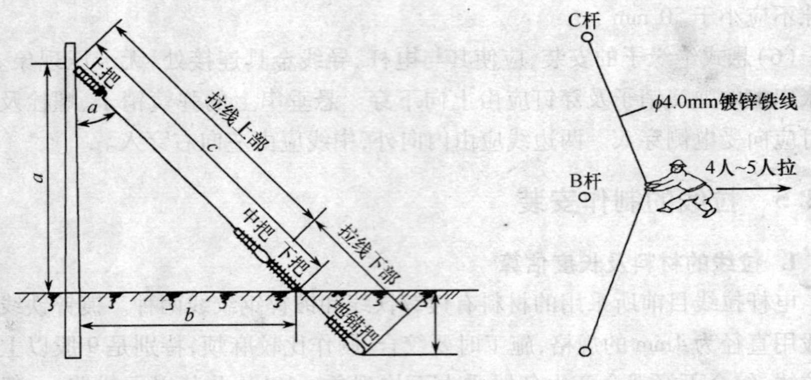

图 4－29　拉线示意　　　　图 4－30　镀锌铁线的手工伸直

(2) 紧线器伸直法：将紧线器用铁线拴在电杆上并将铁线夹住，铁线的另一端采用"双 8 字扣"拴在大树（或电杆上），如图 4－31 所示。摇动紧线器的手柄，使紧线器上翼形螺母旋转收紧镀锌铁线，铁线即可伸直。

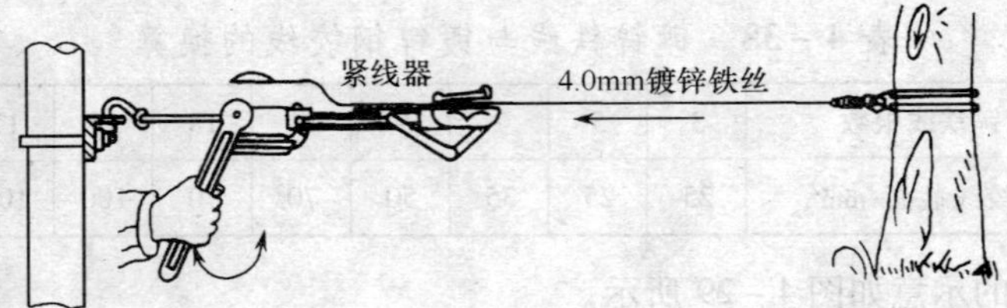

图 4－31　紧线器伸直铁线

2) 拉线的束合

将拉直的镀锌铁线按需要长度剪断，根据拉线股数合在一起。在距地面 2m 以下部分每隔 0.6m，在距地面 2m 以上部分每隔 1.2m，用 $\phi1.6 \sim \phi1.8$ 的镀锌铁线，紧紧绕 3 圈后，再用电工钳将铁线两端拧成麻花形的小辫，如图 4－32 所示，使小辫拧成三个以上麻花，才能剪断，形成束合线。

3) 拉线把的缠绕

拉线把的缠绕有自缠法和另缠法两种。当铁线比较柔软时应采取自缠法，因其施工较方便且牢固。当铁线很硬或为钢绞线时，可用另缠法。

(1) 自缠法：将拉线折回部分各股散开紧贴在拉线上，在折回散开的拉线中抽出一股用电工钳在合并部分用力缠绕 10 圈后，再抽出第二股线将它

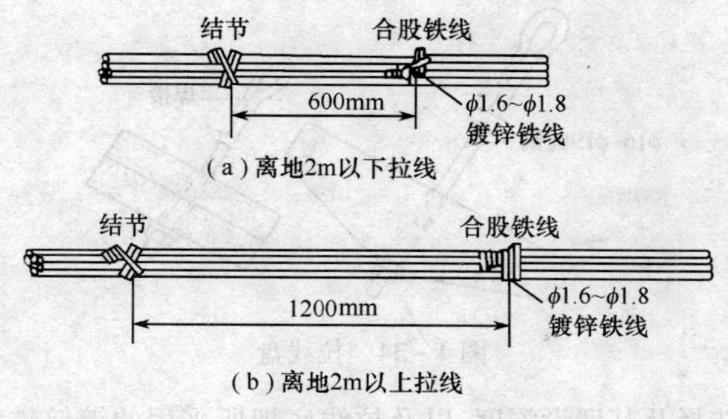

图 4－32　拉线的束合

压在下面留出约 15mm，将其余部分剪掉，并把它折回压在缠绕的线圈上。用第二股线以同样的方法缠绕 9 圈后，再抽出第三股线将它压在下面留出约 15mm，将其余部分剪掉，并把它折回压在缠绕的线圈上，依此类推，将缠绕圈数每次减少一圈，一直降至缠绕 5 圈即到第六段为止，如图 4－33 所示。

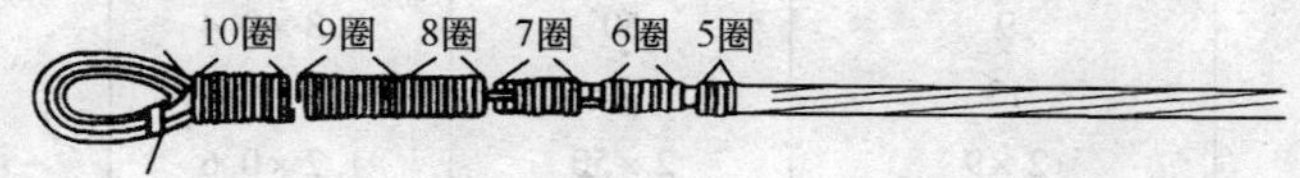

图 4－33　自缠拉线把

9 股及以上拉线，每次可用两根一起缠绕，每次的余线至少要留出 30mm 压在下面，余留部分剪齐折回 180°，紧压在缠绕层外。若股数较少，缠绕不到 6 次即可终止。

(2)另缠法：将拉线折回部分各股散开紧贴在拉线上，另用直径为 3. 2mm 镀锌铁线一根，一端和折回部分并在一起，另一端用钢丝钳缠绕，3 股～5 股拉线缠绕长度为 200mm，7 股以上拉线缠绕长度为 300mm，然后将绳 3. 2 绑线两端自相缠绕 3 圈成小辫，剪掉多余部分。中间相隔 200mm，同上述方法缠绕长度 100mm，然后将拉线股全部折回。绑线两端自相扭绞成麻花小辫。

4)装设拉线把

(1)埋设拉线盘：目前普遍采用圆钢拉线棒制成拉线盘，它的下端套有螺纹，上端有拉环，安装时拉线棒穿过水泥拉线盘孔，放好垫圈，拧上螺母即可，如图 4－34 所示。

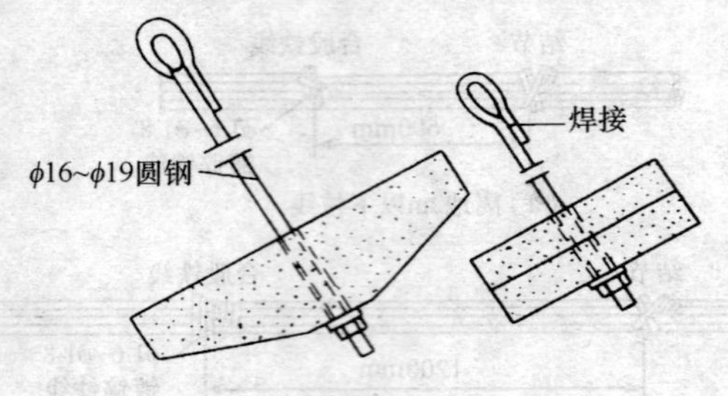

图 4－34　拉线盘

拉线盘选择及其埋设深度，以及拉线底把所采用的镀锌铁线和镀锌钢绞线与圆钢拉线棒的换算如表 4－39 所列。

表 4－39　拉线盘的选择及埋深

拉线所受张力 /×10^4N	选用拉线规格		拉线盘规格 /m×m	拉线盘埋深/m
	j114 镀锌铁线股数	镀锌钢绞线/mm^2		
1.5 以下	5 以下	25	0.6×0.3	1.2
2.1	7	35	0.8×0.4	1.3
2.7	9	50	0.8×0.4	1.5
3.9	13	70	1.0×0.5	1.6
5.4	2×9	2×50	1.2×0.6	1.7
7.8	2×13	2×70	2×0.6	1.9

下把拉线棒装好后，将拉线盘放正，使底把拉环露出地面 500mm～700mm，随后就可分层填土夯实。填土时，要使用含水不多的干土，最好夹杂一些石子石块，拉线棒地面上下 200mm～300mm 处，都要涂以沥青，泥土中含有盐碱成分较多的地方，还要从拉线棒出土 150mm 处起，缠绕 80mm 宽的麻带，缠到地面以下 350mm 处，并浸透沥青，以防腐蚀。涂沥青和缠麻带，都应在填土前做好。

(2)拉线上把制作：装在混凝土电杆上的拉线上把，须用拉线抱箍及螺栓固定。其方法是用一只螺栓将拉线抱箍抱在电杆上，然后把预制好的上把拉线环放在两片抱箍的螺孔间，穿入螺栓拧上螺母固定，如图 4－35(a)所示。

制作好的拉线上把如图 4－35(b)所示，在上把两段密缠绕之处的中间稀疏地绕缠 1 箍～2 箍，这些箍俗称为"花绑"。

(3)拉线下把的制作：拉线下把的制作是将拉线下部的上端折回约 1.2m，弯成环形，嵌进下把拉线棒的拉环内，并使其紧靠拉环，然后用自缠法或另缠法缠绕 150mm～200mm，如图 4－36 所示。

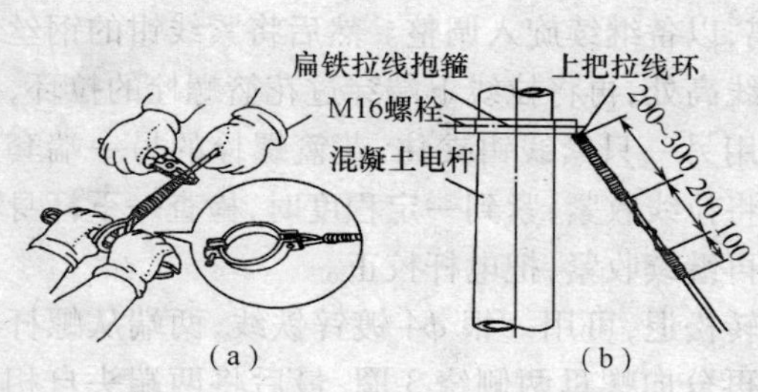

图 4－35　拉线上把的制作

图 4－36　拉线下把的制作

(4)安装拉线绝缘子:拉线绝缘子一般装在上把与中把之间。绝缘子离地面的高度及对电杆的距离都不应小于2.5m,以防行人触电和杆上工作人员触及接地。

先由一人将拉线绝缘子握在手中,再由另一人将拉线上把的线束,从拉线绝缘子线槽内绕过来,在距端头1.2m的位置弯曲,形成两倍绝缘长左右的环形,调整使其线束整齐、严密。然后将每股上把铁线分散钳直,先扳起一股铁线,按顺时针紧缠5圈后剪去余端,再扳起另一股铁线,依次缠绕完毕,如图4－37所示

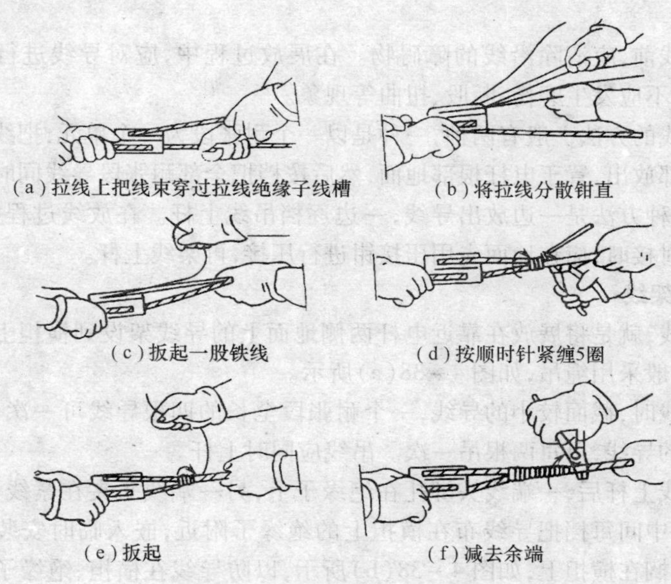
(a)拉线上把线束穿过拉线绝缘子线槽　(b)将拉线分散钳直
(c)扳起一股铁线　(d)按顺时针紧缠5圈
(e)扳起　(f)减去余端

图 4－37　安装拉线绝缘子

(5)收紧拉线做中把：在收紧拉线前，先将花篮螺栓的两端螺杆旋人螺母内，使它们之间保持最大距离，以备继续旋入调整。然后将紧线钳的钢丝绳伸开。一只紧线钳夹握在拉线高处，再将拉线下端穿过花篮螺栓的拉环，放在三角圈槽里，向上折回，并用另一只紧线钳夹住，花篮螺栓的另一端套在拉线棒的拉环上。然后慢慢将拉线收紧，紧到一定程度时，检查一下杆身和拉线的各部位，如无问题后，再继续收紧，把电杆校正。

为了防止花篮螺栓螺纹倒转松退，可用一根 $\phi 4$ 镀锌铁线，两端从螺杆孔穿过，在螺栓中间绞拧两次，再分向螺母两侧绕 3 圈，最后将两端头自相扭结，使调整装置不能任意转动。

4.2.6 安装导线

架空线路的导线，一般采用铝绞线。当 10kV 及以下的高压线路档距或交叉档距较长、杆位高差较大时，宜采用钢芯铝绞线。在沿海地区，由于盐雾或有化学腐蚀气体的存在，宜采用防腐铝绞线、铜绞线。在街道狭窄和建筑物稠密的地区，应采用绝缘导线。

1. 放线

放线，就是将成卷的导线沿着电杆的两侧放开，为将导线架设到横担上作准备。

放线前，应清除沿线的障碍物。在展放过程中，应对导线进行外观检查，导线不应发生磨伤、断股、扭曲等现象。

放线的方法一般有两种，一种是以一个耐张段为一个单元，把线路所需导线全部放出，置于电杆根部地面，然后按档把全部耐张段导线同时吊上电杆；另一种方法是一边放出导线，一边逐档吊线上杆。在放线过程中，如导线需要对接时，应在地面先用压接钳进行压接，再架线上杆。

2. 架线

架线，就是将展放在靠近电杆两侧地面上的导线架设到横担上。导线上杆，一般采用绳吊，如图 4－38(a)所示。

架线时，截面较小的导线，一个耐张段全长的四根导线可一次吊上；截面较大的导线，可每两根吊一次。吊线应同时上杆。

导线上杆后，一端线头绑扎在绝缘子上，另一端线头夹在紧线器上，截面较大，中间每档把导线布在横担上的绝缘子附近，嵌入临时安装的滑轮内，不能搁在横担上，如图 4－38(b)所示，以防导线在横担、绝缘子和电杆上摩擦。

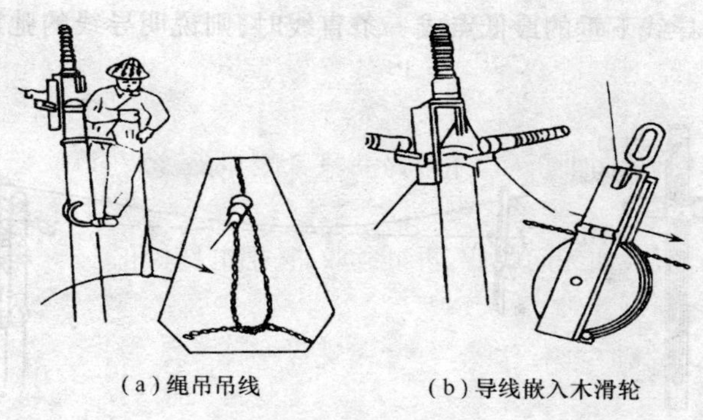

(a)绳吊吊线　　(b)导线嵌入木滑轮

图 4－38　架线

中性线应放在电杆的内档，三相四线在电杆上的排列相序一般为 L_1、N、L_2、L_3 或 L_1、L_2、N、L_3 等。

3. 紧线

紧线是在每个耐张段内进行的。紧线时，先把一端导线牢固地绑扎在绝缘子上，然后在另一端用紧线钳紧线。

紧线器定位钩要固定牢靠，以防紧线时打滑。紧线器的夹线钳口应尽可能拉长一些，以增加导线的收放幅度，便于调整导线的垂弧的需要。

4. 导线弧垂的测量

架空导线的弛度一般以弧垂表示。导线弧垂的测量通常与紧线配合进行。

一个耐张段内的电杆档距基本相等，而每档距内的导线自重也基本相等，故在一个耐张段内，不需对每个档距进行弧垂测量，只要在中间 1 个 ~ 2 个档距内进行测量即可，测量应从横担中间(即近电杆)的一根开始，接着测电杆另一边对应的一根，然后再交叉测量第三和第四根，这样能使横担受力均匀，不致因紧线而出现扭斜。

导线弧垂的测量方法一般有等长法和张力表法两种，施工中常用等长法，即平行四边形法。

采用等长法测定弧垂时，应首先按当时环境温度查架空导线的弛度表，架空导线的最低弛度标准如表 4－40 所列。然后再将两把弧垂测量标尺上的横杆调节到弛度值，并把两把标尺分别挂在被测量档距的两根电杆的同一根导线上，如图 4－39 所示。

测量时，两个测量者彼此从标尺的横杆上进行观察，并指挥紧线；当两横杆上沿与导线下垂的最低点成一条直线时，则说明导线的弛度已调整到预定的要求。

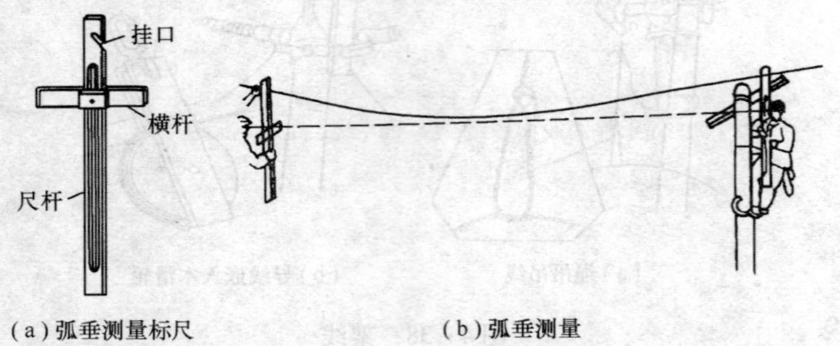

(a)弧垂测量标尺 (b)弧垂测量

图4-39 导线的弧垂测量

表4-40 架空导线最低弛度标准

温度/℃	档距/m					
	30	35	40	45	50	60
	弛度/m					
-40	0.06	0.08	0.11	0.14	0.17	0.25
-30	0.07	0.09	0.12	0.15	0.19	0.27
-20	0.08	0.11	0.14	0.18	0.22	0.31
-10	0.09	0.12	0.16	0.20	0.25	0.36
0	0.11	0.15	0.19	0.24	0.30	0.43
10	0.14	0.18	0.24	0.30	0.38	0.45
20	0.17	0.23	0.30	0.38	0.47	0.57
30	0.21	0.28	0.37	0.47	0.58	0.83
40	0.25	0.35	0.44	0.56	0.69	0.99

注：① 导线的弛度也称垂弧，是指一个档距内导线自然垂下的离地最低点与绝缘子上固定点的差距；②如有安装设计要求，应按要求执行

5. 固定导线

导线在绝缘子上的固定，均采用绑扎法，裸铝绞线因质地过软，而绑线较硬，且绑扎时用力较大，故在绑扎前需在铝绞线上包缠一层保护层，包缠长度以两端各伸出绑扎处20mm为准。

导线在绝缘子上的固定方法如表4-41所列。

表 4-41　导线在绝缘子上的固定

名　称	步　骤	图　示
直线段导线在蝶形绝缘子上的绑扎	(1)把导线紧贴在绝缘子颈部嵌线槽内,把扎线一端留出足够在嵌线槽子绕一圈和导线上绕 10 圈的长度,并使扎线与导线成 X 状相交	
	(2)把扎线从导线右下侧线嵌线槽背后至导线左边下侧,按逆时针方向围正面嵌线槽,从导线右边上侧绕出	
	(3)接着将扎线贴紧并围绕绝缘子嵌线槽背后至导线左边下侧,在贴近绝缘子处开始,将扎线在导线上紧缠 10 圈后剪除余端	
	(4)把扎线的另一端围绕嵌线槽背后至导线右边下侧,也在贴近绝缘子处开始,将扎线在导线上紧缠 10 圈后剪除余端	
始终端支持点在蝶形绝缘子上的绑扎	(1)把导线末端先在绝缘子嵌线槽内围绕一圈	
	(2)接着把导线末端压着第一圈后再围绕第二圈	

（续）

名 称	步 骤	图 示
始终端支持点在蝶形绝缘子上的绑扎	(3)把扎线短的一端嵌入两导线末端并合处的凹缝中，扎线长的一端在贴近绝缘子处，按顺时针方向把两导线紧紧地缠扎在一起	
	(4)把扎线在两始、终端导线上紧缠到100mm长后，与扎线短的一端用克丝钳紧绞6圈后剪去余端，并紧贴在两导线的夹缝中	100mm 30mm
针式绝缘子的颈部绑扎	(1)绑扎前先在导线绑扎处包缠150mm长的铝箔带	
	(2)把扎线短的一端在贴近绝缘子处的导线右边缠绕3圈，然后与另一端扎线互绞6圈，并把导线嵌入绝缘子颈部嵌线槽内	20mm
	(3)接着把扎线从绝缘子背后紧紧地绕到导线的左下方	
	(4)接着把扎线从导线的左下方围绕到导线右上方，并如同上法再把扎线绕绝缘子1圈	
	(5)然后把扎线再围绕到导线左上方	

（续）

名　称	步　骤	图　示
针式绝缘子的颈部绑扎	(6)继续将扎线绕到导线右下方，使扎线在导线上形成 X 形的交绑状	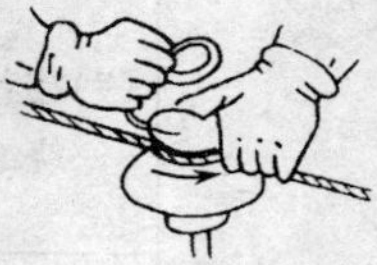
	(7)最后把扎线围绕到导线左上方，并贴近绝缘子处紧缠导线 3 圈后，向绝缘子背部绕去，与另一端扎线紧绞 6 圈后，剪去余端	
针式绝缘子的顶部绑扎	(1)把导线嵌入绝缘子顶嵌线槽内，并在导线右端加上扎线	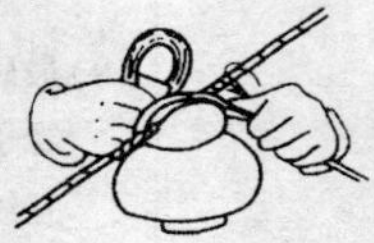
	(2)扎线在导线右边贴近绝缘子处紧绕 3 圈	
	(3)接着把扎线长的一端按顺时针方向从绝缘子颈槽中围绕到导线左边下侧，并贴近绝缘子在导线上缠绕 3 圈	
	(4)然后再按顺时针方向围绕绝缘子颈槽到导线右边下侧，并在右边导线上缠绕 3 圈（在原 3 圈扎线右侧）	
	(5)然后再围绕绝缘子颈槽到导线左边下侧，继续缠绕导线 3 圈（也排列在原 3 圈左侧）	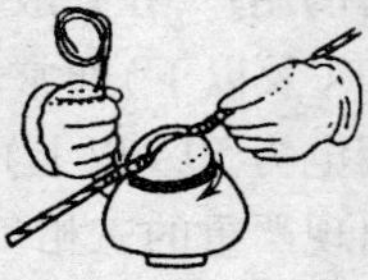
	(6)把扎线围绕绝缘子颈槽从右边导线下侧斜压住顶槽中的导线，并将扎线放到导线左边内侧	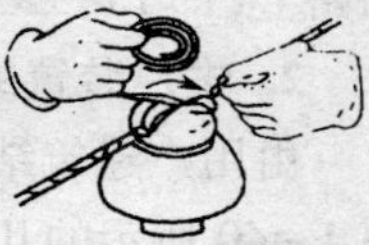

（续）

名　称	步　骤	图　示
针式绝缘子的顶部绑扎	(7)接着从导线左边下侧按逆时针方向的顶部绑扎围绕绝缘子颈槽到右边导线下侧	
	(8)然后把扎线从导线右边下侧斜压住顶槽中导线，并绕到导线左边下侧，使顶槽中导线被扎线压成X形	
	(9)最后将扎线从导线左边下侧按顺时针方向围绕绝缘子颈槽到扎线的另一端，相交于绝缘子中间，并互绞6圈后剪去余端	

4.3　低压进户装置的安装

4.3.1　进户方式

进户方式包括进户供电的相数和进户装置的结构形式及组成。

1. 进户相数

电业部门根据低压用户的用电申请，将根据用户所在地的低压供电线路容量和用户分布等情况决定给以单相两线、两相三线、三相三线或三相四线制的供电方式。凡兼有单相和三相用电设备的用户，以三相四线制供电，能分别为单相220V的和三相380V的用电设备提供电源。凡只有单相设备的用户，在一般情况下，申请用电量在30A及以下的（申请临时用电为50A及以下）通常均以单相两线制供电；若申请用电量在30A以上的（临时用电为50A以上）应以三相四线制供电，因为，这样能避免公用配电变压器出现严重的三相负载不平衡，所以，用户必须把单相负载平均分接三个单相回路上（即L1—N、L2—N和L3—N）。

2. 进户装置的结构形式（也称进户方式）

由用户建筑结构、供电相数和供电线路状况等因素决定，进户方式有如图4-40所示的几种。

(1)进户点离地垂直高度等于或高于2.7m,用绝缘电线穿套瓷管进户,如图4-40(a)所示。

(2)进户点离地垂直高度低于2.7m,而接户点高于2.7m,用绝缘电线穿套线管,或用塑料护套线穿套瓷管进户,如图4-40(b)所示。

(3)进户点离地垂直高度低于2.7m,接户点加装进户杆后高于2.7m,用绝缘电线穿线管,或用塑料护套线穿瓷管进户,如图4-40(c)所示。

(4)进户点离地垂直高度高于2.7m,而接户线因需跨越路面、河道或其他障碍物而放高,进户点与接户点之间的距离拉长,进户线需作固定安装的进户,如图4-40(d)所示。

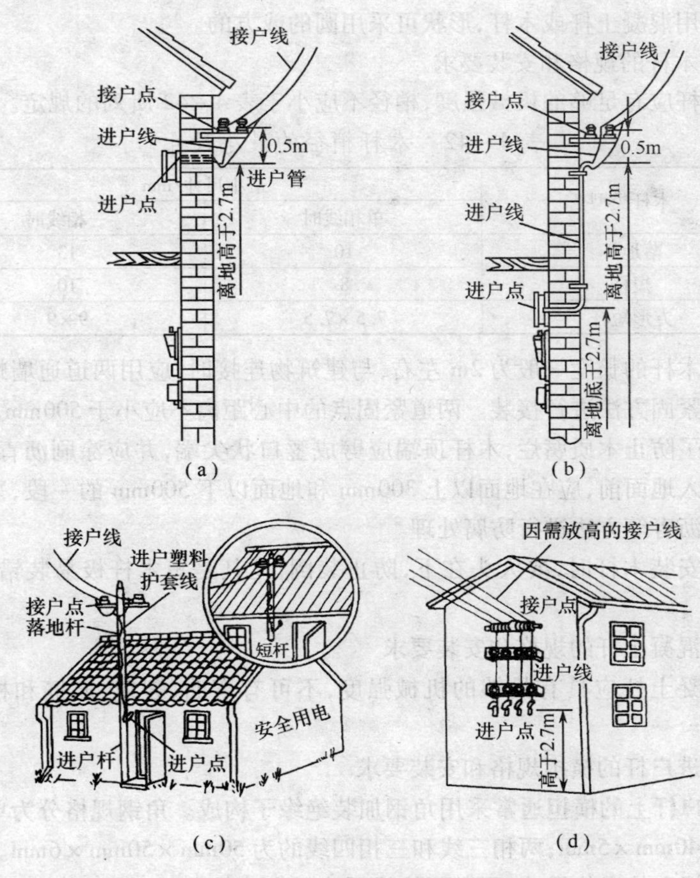

图4-40 常见进户方式

3. 进户装置的组成

进户装置由进户线、进户管、进户杆以及电业部门的接户线四部分组成,并构成两个点,即进户点和接户点。进户点是进户线穿过墙壁通人户内的一点,穿墙的一段进户线必须用管子加以保护,接户点是进户线在接户线上引接电源的一点。

4.3.2 低压进户装置的安装

1. 进户杆

一般由用户置备。进户杆分有长杆(也称落地杆)和短杆两种。进户杆可采用混凝土杆或木杆,形状可采用圆的或方的。

1)木杆的规格和安装要求

木杆应有足够的机械强度,梢径不应小于表4-42所列的规定。

表4-42 木杆梢径的最小尺寸

木杆类型	最小尺寸/mm	
	单相线时	三相线时
落地杆	10	13
短杆	8	10
方形短杆	7.5×7.5	9×9

短木杆的长度一般为2m左右,与建筑物连接时,应用两道通墙螺栓或抱箍等紧固方法进行接装。两道紧固点的中心距离不应小于500mm。

为了防止木质腐烂,木杆顶端应劈成錾口状尖端,并应涂刷沥青防腐;长杆埋入地面前,应在地面以上300mm和地面以下500mm的一段,采用烧根或涂沥青等方法进行防腐处理。

在安装木杆时,要大头在下,防止装倒,尤其是短木杆极易装错,更应注意。

2)混凝土杆的规格和安装要求

混凝土杆应具有足够的机械强度,不可有弯曲、裂缝、露筋和松酥等现象。

3)进户杆的横担规格和安装要求

进户杆上的横担通常采用角钢加装绝缘子构成。角钢规格分为单相两线的为40mm×5mm;两相三线和三相四线的为50mm×50mm×6mm。绝缘子在横担上的安装尺寸,要以两绝缘子中心距离为标准,在一般情况下,中心距离为150mm~200mm。用户户外输出线路与接户线同杆架设时,输出线应安装在接户线下方,并保持足够的距离,横担不应出现倾斜。

2. 进户线

进户线是指一端接于接户点,另一端接于进户后总熔断器盒的这一段导线。进户线必须采用绝缘电线,且不可采用软线,中间不可有接头。

进户线的最小截面积规定:铜芯绝缘导线不得小于1.5 mm^2,铝芯绝缘导线不得小于2.5 mm^2。进户线在安装时应有足够的长度,户外一端应保持如图4-41所示的弛度。

进户线的户外侧一端长度,在出管口后应保持800mm纯长(不包括与接户线的连接部分长度)。否则,不能保证有近似200mm的弛度;户内侧一端长度,应保证能接入总熔断器盒内,一般应保证达到总熔断器盒木板上沿以下的150mm处。

凡采用截面积为35 mm^2及以上的导线时,为了防止雨水因虹吸作用而渗入户内,应在导线弛度的最低处将绝缘层开个缺口,让能雨水顺缺口漏下。

3. 进户管

进户管是用来保护进户线的,分有瓷管、钢管和硬塑料管三种。瓷管又分为弯口和反口两种。各种进户管的规格和安装要求如下:

1)瓷管

进户线的截面积不大于50mm^2时,采用弯口瓷管,大于50 mm^2时,采用反口瓷管。规定一根导线单独穿一根瓷管,不可一管穿多根导线。否则会因瓷管破碎时损坏导线绝缘而造成短路事故。瓷管管径以内径标称,常用的有13mm、16mm、19mm、25mm和32mm等多种,按导线粗细来选配,一般以导线截面积(包括绝缘层)占瓷管有效截面积的40%左右为选用标准,但最小的管径不可小于16mm。安装时,弯口瓷管的弯口应朝向地面,反口瓷管户外一端应稍低,以防雨水灌进户内。当一根瓷管长度不够穿越墙的厚度时,允许用同管径反口瓷管接长,但连接处必须平服、密缝。

2)钢管或硬塑料管

应把所有的进户线穿在同一根管内,管径大小应根据导线的粗细和根数选用,选用时可根据表4-43所列数据选用,导线占管内的有效面积和最小管径的规定,与瓷管相同。凡有裂缝和瘪陷等缺损的钢管及硬塑料管,均不能使用。在安装前,钢管应经过防锈处理,如镀锌或涂漆。管内和管口处不能存有毛刺。管子伸出户外的一端应制成防雨弯,如图4-42所示。钢管的两端管口皆应加装护圈。进户钢管(或硬塑料管)装在进户杆上时,应装在横担下方,管口与接户点之间应保持0.5m的距离。进户钢管的壁厚不应小于2.5mm；进户硬塑料管的壁厚不应小于2mm。

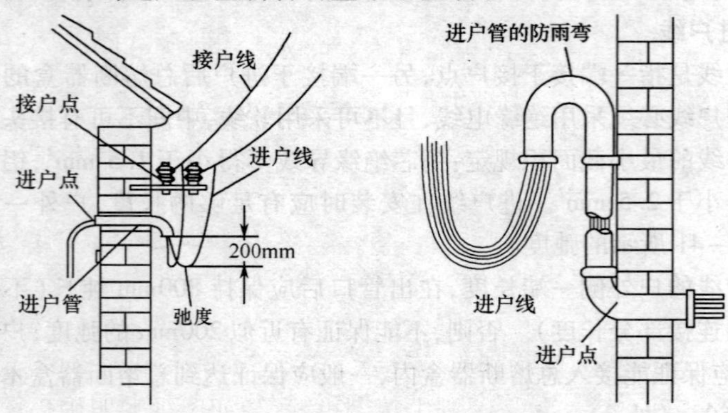

图4-41　进户线的弛度　　　图4-42　进户管的防雨弯

表4-43　钢管和硬塑料管的选用

导线标称截面积/mm²	导线根数								
	2	3	4	5	6	7	8	9	10
	电线管的最小管径/mm								
1	13	16	16	19	19	25	25	25	25
1.5	13	16	19	19	25	25	25	25	25
2	16	16	19	19	25	25	25	25	25
2.5	16	16	19	25	25	25	25	25	42
3	16	16	19	25	25	25	25	32	32
4	16	19	25	25	25	25	32	32	32
5	16	19	25	25	25	25	32	32	32
6	16	19	25	25	25	32	32	32	32
8	19	25	25	32	23	32	38	38	38
10	25	25	32	32	38	38	38	51	51
16	25	32	32	38	38	51	51	51	64
20	25	32	38	38	51	51	51	64	64
25	32	38	38	51	51	64	64	64	64
35	32	38	51	51	64	64	64	64	76
50	38	51	64	64	64	64	76	76	76
70	38	51	64	64	76	76	76	–	–
95	51	64	64	76	76	–	–	–	–

注：表中所列是电线管的外直径，采用按内径标称的硬塑料管或黑白铁管时，也同样按表中所列管径选配

第5章　电气设备安装

5.1　盘(柜)安装

5.1.1　盘(柜)在室内安装的位置

盘(柜)在室内的位置原则上按图纸施工,如图纸无明确标注时,应按以下位置施工:

高压配电柜离墙安装时,距墙面不应小于1m;高压配电柜靠墙安装时距墙面不应小于250mm;低压配电屏离墙安装时距墙体不应小于800mm,低压柜靠墙安装时距墙不应小于50mm;巡视通道宽不应小于1.5m。

5.1.2　基础型钢的制作和安装

1. 基础型钢的制作

将型钢矫直矫平,然后按图纸要求预制加工基础型钢架,并刷好防锈漆。

2. 基础型钢的安装

基础型钢的安装方法有直接埋设法和预留槽埋设法两种。

(1)安装基础型钢时,应用水平尺找正、找平。基础型钢安装的不平直度,每米长应小于1mm,全长应小于5mm;基础型钢的位置偏差及不平行度,全长均应小于5mm。

(2)基础型钢顶部宜高出室内抹平地面10mm,手车式成套柜应按产品技术要求执行,一般应与地面抹平地面相平,如图5-1所示。

(3)基础型钢应做良好的接地,一般用40×4镀锌扁钢在基础型钢的两端分别与接地网进行焊接,焊接面为扁钢宽度的2倍。

(4)型钢埋设及接地线焊接好后,外露部分应刷樟丹油,并刷两遍绝缘漆。

5.1.3　盘(柜)组立与安装

1. 盘(柜)组立

(1)组立盘(柜)应在稳固基础型钢的混凝土达到规定强度后进行。立

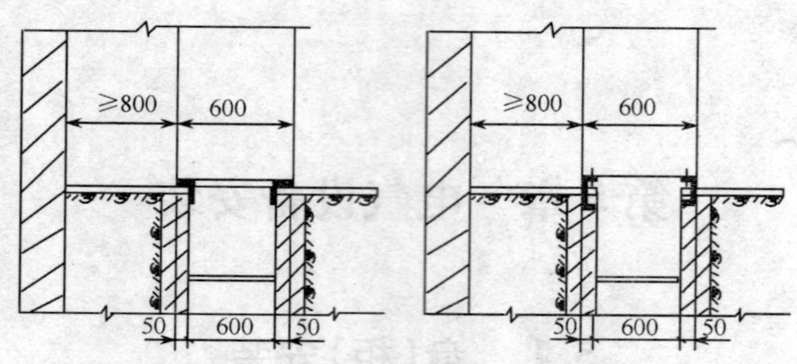

图 5－1　基础型钢安装方式

盘（柜）前，先按图纸规定的顺序将盘（柜）做好标记，然后放置到安装位置上。

（2）盘（柜）单独安装时，应找好盘（柜）正面和侧面的垂直度。

（3）成列盘（柜）安装时，可先把每个盘（柜）调整到大致的位置上，就位后再精确地调整第一面盘（柜），然后以第一面盘（柜）的盘（柜）的盘（柜）为标准逐台进行调整。

（4）盘（柜）找正时，盘（柜）与基础型钢之间采用 0.5mm 铁片进行调整，但每处垫片最多不能超过 3 片。找平找正之后，应盘面一致，排列整齐，柜与柜之间及柜体与侧挡板均应用螺栓拧紧，盘（柜）之间接缝处的缝隙应小于 2mm。

（5）在基础型钢上安装柜体，最好是采用螺栓连接，紧固件应是镀锌制品，并宜采用标准件。应根据柜底固定螺孔尺寸，在基础型钢上用手电钻钻孔。在无要求时，低压柜钻 ϕ12.5mm 孔，高压柜钻 ϕ16.5mm 孔。

（6）如采用电焊固定盘（柜）时，每个柜的焊缝不应少于 4 处，每处焊缝长约 10mm 左右。为了美观，焊缝应在柜体内侧，焊接时应把垫在柜下的垫片也焊在基础型钢上。

（7）盘（柜）组立安装后，盘面每米高的垂直度应小于 1.5mm，相邻两盘顶部的水平偏差应小于 2mm；成列安装时，盘顶部水平偏差应小于 5mm。

（8）盘（柜）安装在振动场所，应采取防振措施。盘（柜）固定好后，应进行内部清扫，柜内不应有杂物，同时应检查机械活动部分是否灵活，导线连接是否紧固。

2. 盘（柜）接地做法

（1）盘（柜）的接地应牢固良好。每台盘（柜）单独与基础型钢做接地连接。每台盘(柜)从后面左下部的基础型钢侧面焊上鼻子,用不小于$6mm^2$铜导线与柜上的接地端子连接牢固。

(2)盘(柜)上装有电器的可开启的盘(柜)门,应以裸铜软线与接地的金属构架可靠地连接。

(3)成套盘(柜)应装有供检修用的接地装置。

5.2 低压电器安装

5.2.1 熔断器的安装

1. 熔断器的选择

1)熔断器类型的选择

根据使用场合选择熔断器的类型。电网配电一般用管式熔断器;电动机保护一般用螺旋式熔断器;照明电路一般用瓷插式熔断器;保护可控硅元件则应选择快速式熔断器。

2)熔断器额定电流的选择

对于变压器、电炉和照明等负载,熔体的额定电流略大于或等于负载电流。

对于输配电线路,熔体的额定电流应略小于或等于线路的安全电流。

在电动机回路中用作短路保护时,应考虑电动机的启动条件,按电动机启动时间的长短来选择熔体的额定电流。对启动时间不长的电动机,可按下式决定熔体的额定电流:

$$I_F = \frac{I_M}{2.5 \sim 3}$$

式中:I_F 为熔体的额定电流(A);I_M 为电动机的启动电流(A)。

对启动时间较长或启动较频繁的场合,按下式决定熔体的额定电流

$$I_F = \frac{I_M}{1.6 \sim 2}$$

2. 熔断器的安装规则

1)安装前的准备工作

安装前应检查熔断器的型号、额定电压、额定分断能力等参数是否符合规定要求。熔断器内所装熔体额定电流是否小于或等于熔断器的额定电流。

2)熔断器的安装位置

安装熔断器除保证足够的电气距离外,还应保证安装位置间有足够的间距,以便于拆卸、更换熔体。瓷质熔断器在金属底板上安装时,其底座应垫以绝缘衬垫。

3)熔断器安装要求

(1)安装时必须保证熔体和触刀、触刀和触刀座之间接触紧密可靠,以免由于接触处发热,使熔体温度升高,发生误熔断。

(2)安装熔体时必须保证接触良好,不允许有机械损伤,否则准确性将大大降低。若熔体为熔丝时,熔丝长度应按安装位置预留的长一些,固定熔丝的螺丝应加平垫圈,将熔丝两端沿压紧螺丝顺时针方向绕一圈,拧紧时要防止平垫圈与熔丝随着转动,不要拧得太紧,也不能太松,以免损伤熔丝或接触不良,造成正常工作时由于过热而熔断。

(3)安装引线要有足够的截面积,而且必须拧紧接线螺丝避免接触不良。

(4)电源进线接上接线端子,电气设备接下接线端子。

(5)当熔断器兼做隔离开关时,应安装在控制开关电源的进线端;当仅作短路保护时,应安装在控制开关的出线端。

(6)熔断器应安装在各相(火)线上,三相四线制电源的中性线上不得安装熔断器,而单相二线制的零线上应安装熔断器。

5.2.2 刀开关的安装

1. 板式刀开关的安装

1)板式刀开关的选择

(1)结构型式的选择:根据刀开关在线路中的作用和在成套配电装置中的安装位置来确定它的结构型式。如仅仅用来隔离电源时,则只需选用不带灭弧罩的刀开关;如用来分断负载时,就应选用带灭弧罩且是通过杠杆来操作的产品。如中央手柄式刀开关不能切断负荷电流,其他型式的刀开关可切断一定的负荷电流,但必须选带灭弧罩的刀开关。此外,还应根据是正面操作还是侧面操作,是直接操作还是杠杆传动,是板前接线还是板后接线来选择结构型式。

HD11、HS11 用于磁力站中,不切断带有负载的线路,仅作隔离电源用。

HD12、HS12 用于正面侧方操作,前面维修的开关柜中,其中有灭弧装置的刀开关可以切断额定电流以下的负载电路。

HD13、HS13 用于正面操作,后面维修的开关柜中,其中有灭弧的刀开关可以切断额定电流以下的负载电路。

HD14 用于动力配电箱中，其中有灭弧装置的刀开关可以带负载操作。

(2) 额定电流的选择：刀开关的额定电流，一般应等于或大于所关断电路中的各个负载额定电流的总和。若负载是电动机，则应按电动机的启动电流来计算。此外，还要考虑电路中可能出现的最大短路电流峰值。

2) 板式刀开关的安装位置

(1) 刀开关应垂直安装在开关板上，并使动触头在静触头的下方，使闭合操作时的手柄操作方向应从下向上，断开操作时的手柄操作方向从上向下。不准横装或倒装，否则，当刀开关断开时，若支座松动，闸刀会在自重作用下掉落而发生误合闸动作。

(2) 刀开关的主要部分都是裸露的带电体，它与周围的金属框架(都接地)应保证规定的安全距离。

3) 安装接线方法

(1) 安装接线时，电源进线应接在静触头接线端(刀开关的上端)，负荷引出线应接在动触头接线端(刀开关的下端)，不可接反。刀片和插座接触的地方应成直线，不得扭曲。

(2) 刀开关安装时，应注意母线与刀开关接线端子相连时不应产生过大的扭应力。安装杠杆操作机构时，应调好连杆的长度，以保证操作到位且灵活。

4) 安装的其他要求

(1) 刀开关用作隔离开关时，合闸顺序是先合上刀开关，再合上其他用以控制负载的开关，分闸顺序则相反。

(2) 一般不允许无灭弧罩的刀开关分断负载，否则有可能导致稳定持续的燃弧，使刀开关寿命缩短，严重时还会造成电源短路、开关烧坏、弧光触电等事故。

(3) 应保持刀开关三相同时合闸且接触良好，如接触不良，常会造成单相断路。对于三相笼型感应电动机负载，还会发生因电动机缺相运行而烧坏绕组绝缘的事故。

2. 开启式负荷开关的安装

1) 开启式负荷开关的选择

(1) 额定电压的选择：用于照明电路时，可选用额定电压为 220V 或 250V 的二极开关；用于电动机的直接启动时，可选用额定电压为 380V 或 500V 的三极开关。

(2)额定电流的选择:用于照明电路时,开启式负荷开关的额定电流应等于或大于断开电路中各个负载额定电流的总和;若负载是电动机,开关的额定电流可取电动机额定电流的3倍。

2)开启式负荷开关的安装位置

(1)开启式负荷开关应安装在干燥、防雨、无导电粉尘的场所,其下方不应堆放易燃易爆物品。

(2)在室外安装时,应装在木箱或铁箱内,做好防雨措施,并加门锁,防止小动物爬入引起短路或儿童玩耍造成触电。

(3)开启式负荷开关应垂直安装,使闭合操作时的手柄操作方向应从下向上,断开操作时的手柄操作方向从上向下。由于刀闸在切断电源时,刀片和夹座间会产生电弧,将手柄向上合闸时,电弧在电磁力和上升热空气的作用下,向上拉长而易于熄灭;若倒装,则热空气的拉弧作用正好相反,阻止电弧拉长,影响灭弧,易使刀片、夹座烧坏。另外,倒装时当刀闸被拉开后,由于受某种振动或刀闸的自重,会使闸刀自动落下,发生误合闸,使断电部分重新带电,造成事故。所以不允许倒装,也不允许横装。

3)安装接线方法

(1)闸刀开关的底座上部有两个接线端子,它是连接静触头接电源进线用的。闸刀开关的底座下部也有两个接线端子,通过熔丝与闸刀相连,是接电源引出线的。

(2)接线时应将螺钉拧紧,如果接线端子孔眼较大,而导线又较细,可将导线的塞入部分折成双根,用钳子夹拢后塞入孔内再拧紧螺钉。如果连接处松动,会在该处产生高温,使闸刀过热。

(3)接线后检查刀片与夹座是否接触良好,若刀片与夹座歪扭或夹压力不足,应使用电工钳夹住,扳直、校正。

3. 封闭式负荷(铁壳)开关的安装

1)封闭式负荷开关的选择

封闭式负荷开关用于控制一般电热、照明电路时,开关的额定电流等于或大于被控电路中各个负载额定电流的总和。当用来控制电动机时,考虑到电动机的全压启动电流为其额定电流的4倍~7倍,故开关的额定电流应为电动机的额定电流的3倍。

铁壳开关中的熔断器的接线有两种形式,一种是置于负荷侧,另一种是置于电源侧。通常情况下,如果熔断器只对所接线路起保护作用,熔断器置于负荷侧,电源置于刀的前端,这样只要把刀断开,熔断器便不带电,便于装换熔体。但是一旦开关发生弧光短路，熔体便处于故障电流之后，将起不到保护作用。因此，为使熔断器能可靠切断电源短路电流，并保护开关，可采用另一种方式将熔体置于电源侧。这时，必须将总电源断开才能安全检修，给调换熔断器带来麻烦。

2）封闭式负荷开关的安装

（1）安装常用封闭式负荷开关时，先将木制配电板用预埋螺栓固定在墙上，然后将负荷开关的底板安装固定在木板上或用两根角钢做成 π 型，将燕尾用水泥砂浆埋在墙内，然后将负荷开关安装在角钢支架上。如用钢管布线或塑料管布线，在管子头部用两个螺母面向拧紧在铁壳壁上。

（2）封闭式负荷开关必须垂直安装，可安装在墙上或钢支架上，安装的高度以操作方便和安全为原则，一般安装在离地面 1.3m～1.5m 处。

3）封闭式负荷开关安装接线

（1）封闭式负荷开关的电源进线和开关的输出线，都必须经过铁壳的进出线孔。安装接线时应该在进出线孔处加装橡皮垫圈，以防止尘土落入铁壳内。电源进线接在刀开关静插座的接线端上，用电设备应接在熔断器的输出接线端子上。

（2）封闭式负荷开关的外壳接地螺钉和钢架必须可靠接地或接零。

4. 组合开关的安装

1）组合开关的选择

（1）用于照明或电热电路，组合开关的额定电流应等于或大于被控制电路中各负载电流的总和。

（2）用于电动机电路，组合开关的额定电流一般取电动机额定电流的 1.5 倍～2.5 倍。

2）组合开关的安装位置

（1）组合开关应安装在控制箱（或壳体）面板上，其操作手柄最好伸出控制箱的前面或侧面，应使手柄在水平位置时为断开状态。

（2）若需要在箱内操作，开关最好装在箱内右上方，它的正上方最好不要安装其他电器，否则应采取隔离或绝缘措施。

3）使用要求

（1）由于组合开关的通断能力较低，因此不能用来分断故障电流。组合开关用作电动机正反转控制时，必须在电动机完全停止转动后，才允许反向接通。

（2）当负载的功率因数较低时，应降低组合开关的容量使用，否则会降低开关的使用寿命。

5.2.3 低压断路器的安装

1. 低压断路器的选择

1)一般低压断路器的选择

(1)低压断路器的额定电压大于或等于线路额定电压。

(2)低压断路器的额定电流大于或等于线路计算负载电流。

(3)低压断路器的极限通断能力大于或等于线路中最大短路电流。

(4)线路末端单相对地短路电流大于或等于1.25倍低压断路器瞬时(或短延时大于脱扣器整定)电流。

(5)脱扣器额定电流大于或等于线路计算电流。

(6)欠压脱扣器额定电压应等于线路额定电压。

2)配电用低压断路器的选择

(1)长延时动作电流整定值为导线允许载流量的0.8倍~1倍。

(2)3倍长延时动作电流整定值的可返回时间大于或等于线路中最大启动电流的电动机启动时间。

(3)短时间动作电流整定值$\geqslant 1.1(I_{jx}+1.35I_{dem})$,其中:$I_{jx}$为线路计算负载电流;$K$为电动机的启动电流倍数;$I_{dem}$为最大一台电动机额定电流。

(4)延时的时间按被保护对象的热稳定校核。

(5)无短延时时,瞬时电流整定值

(6)有短延时时,瞬时电流整定值大于或等于1.1倍下级开关进线端计算的短路电流值。

3)电动机保护用低压断路器的选择

(1)长延时电流整定值为电动机额定电流。

(2)6倍长延时电流整定值的可返回时间大于或等于电动机实际启动时间。按启动时负载的轻重,选用可返回时间为1s、3s、5s、8s、15s中某一挡。

(3)瞬时整定电流:笼型电机为8倍~15倍脱扣器额定电流;绕线转子电动机为3倍~6倍脱扣器额定电流。

4)照明用低压断路器的选择

(1)长延时整定值大于或等于线路计算负载电流。

(2)瞬时动作整定值为6倍~20倍线路计算负载电流。

2. 低压断路器的安装准备

1)外观检查

检查断路器在运输过程中有无损伤,紧固件是否松动,可动部件是否灵活等,若有缺陷,应进行相应的处理或更换。

2)技术指标检查

检查断路器的工作电压、电流、脱扣器电流整定值等参数是否符合要求。断路器的脱扣器电流整定值等各项参数出厂前已整定好并用红漆封记,原则上不准再动,以免影响脱扣器的动作特性。若使用场所的工作电流与脱扣器的额定工作电流不符时,应调换适合脱扣器额定工作电流的低压断路器。

3)绝缘检查

安装前用500V兆欧表检查断路器相与相、相与地之间的绝缘电阻,在周围空气温度为20±5℃,相对湿度为50%~70%时应不小于10MΩ,否则断路器应烘干。

4)清洁和润滑

低压断路器在安装前应清洁内部尘埃,适当给各传动部位加些润滑油。

5.2.4 交流接触器的安装

1. 接触器的选择

1)接触器类型选择

接触器的类型应根据负载电流的类型和负载的轻重来选择。即是交流负载还是直流负载;轻载还是重载。

2)主触头额定电流选择

主触头的额定电流可根据经验公式计算

$$I_N \geqslant \frac{P_N}{(1 \sim 1.4) U_N}$$

式中:I_N 为主触头额定电流(A);P_N 为电动机功率(W);U_N 为电动机额定电压(V)。

如果接触器控制的电动机启动、制动或正反转频繁,一般将接触器主触头的额定电流降一级使用。

3)主触头额定电压选择

接触器铭牌上所标电压系指主触头能承受的额定电压,并非吸引线圈的电压,使用时接触器主触头的额定电压应大于或等于负载的额定电压。

4)操作频率的选择

操作频率就是指接触器每小时通断的次数。当通断电流较大及通断频率过高时,会引起触头严重过热,甚至熔化而形成焊接。操作频率若超过规定数值,应选用额定电流大一级的接触器。

5)线圈额定电压选择

线圈额定电压不一定等于主触头的额定电压,当线路简单,使用电器少时,可直接选用380V或220V的电压。如果线路复杂,使用电器超过5小时,可用24V、48V或110V电压的线圈。

2. 交流接触器安装的准备工作

(1)检查接触器的铭牌及线圈的技术数据,如额定电压、电流、工作频率和通电持续率等,应符合实际要求。

(2)将铁芯极面上的防锈油脂或锈垢用洗油擦净,以免因油垢黏滞造成接触器线圈断电后铁芯不能分开。

(3)用手分合接触器的活动部分,要求动作灵活,无卡滞现象。

(4)拆开灭弧罩,用手按动触头架,观察动合触头闭合情况是否良好,动断触头是否断开及弹簧弹力是否合适。

(5)检查和调整触头的工作参数,如开距、超程、初压力和终压力等,并使各极触头的动作同步。

(6)给接触器线圈通电吸合数次,检查其动作是否可靠。一般规定交流接触器在冷态下的吸合电压值为额定电压值的85%以上,释放电压最大值为额定电压值的30%~40%。

3. 交流接触器的安装

(1)控制电路导线截面用1.5mm^2的塑料铜线较为合适。

(2)安装接触器时,其底面应与地面垂直,倾斜度应小于5°,否则会影响接触器的工作特性。

(3)安装接线时不要使螺钉、垫圈、接线头等零件脱落,以免掉进接触器内部而造成卡住或短路现象。安装时应将螺钉拧紧,以防振动松脱。

(4)检查接线正确无误后,应在主触头不带电的情况下,先使吸引线圈通电和断电数次,检查动作是否可靠,然后才能使用。

(5)接触器触头应保持清洁,不允许涂油。当触头表面因电弧作用形成金属小珠时,应及时铲除。但银合金触头表面产生的氧化膜,由于接触电阻很小,不必铲除,否则会缩短触头寿命。

(6)用于可逆转换的接触器,为了保证联锁可靠,除利用辅助触头进行电气联锁外,有时还加装联锁机构。

5.2.5 继电器的安装

1. 热继电器的安装

1)热继电器的选择

(1)热继电器的类型选择:一般轻载启动、长期工作的电动机或间断长期工作的电动机,选择两相结构的热继电器。

当电源电压的均衡性和工作环境较差或较少有人照管的电动机,应选用带断相保护装置的热继电器。

(2)热继电器的额定电流及型号选择:根据热继电器的额定电流应大于电动机的额定电流的原则,查表5-1确定热继电器的型号。

表5-1 JR16系列热继电器技术数据

型号	额定电压/V	额定电流/A	热元件额定电流/A	整定电流范围/A
JR16—20/2 JR16—20/3 JR16—20/3(4)	500	20	0.35~22	0.25~22
JR16—60/2 JR16—60/3 JR16—60/3(4)	500	60	22~63	14~63
JR16—150/2 JR16—150/3 JR16—150/3(4)		150	63~160	40~160

(3)热元件额定电流选择:热继电器的热元件额定电流应略大于电动机的额定电流。

(4)热元件的整定电流选择:根据热继电器的型号和热元件额定电流,查表5-13得出热元件整定电流的调节范围。一般将热继电器的整定电流调整到等于电动机的额定电流;对过载能力差的电动机,可将热元件整定值调整到电动机额定电流的0.6倍~0.8倍;对启动时间较长,拖动冲击性负载或不允许停止的电动机,热元件的整定电流应调整到电动机额定电流的1.1倍~1.15倍。

(5)热继电器特性的选择：选择热继电器作为电动机的过载保护时，应使选择的热继电器的安秒特性位于电动机的过载特性之下，并尽可能地接近，甚至重合，以充分发挥电动机的能力，同时使电动机在短时过载和启动瞬时不受影响。

2)热继电器安装位置

(1)首先核对热继电器规格是否符合控制对象的过载保护技术要求，热继电器只能作为电动机的过载保护，而不能作为短路保护，常与接触器和熔断器组合使用。

(2)热继电器的安装方向必须与说明书规定的方向相同，误差不超过5°。

(3)热继电器与其他电器安装在一起时，应注意将其安装在其他发热电器的下方，以免动作特性受到其他电器发热的影响。

3)热继电器安装接线

(1)热继电器的热元件应串接在主电路中，其动断控制触头应串接在辅助电路中。

(2)热继电器进出线端连接导线，应按电动机的额定电流正确选用，尽量选用铜导线。由于铝导线与热继电器铜接线端连接，接触电阻大，易引起连接处发热，热继电器可能提前动作或误动作。铜导线的截面积对热继电器的动作准确性有较大影响，若选择的导线过细，使轴向导热差，热继电器可能提前动作；如选择的导线过粗，轴向导热快，热继电器可能滞后动作。

4)热继电器参数调整

(1)热继电器的整定必须按电动机的额定电流进行调整，绝对不允许折弯双金属片。

(2)一般热继电器应置于手动复位的位置上，若需要自动复位时，可将复位螺钉沿顺时针方向旋转。

(3)热继电器由于电动机过载后，若要再次启动电动机，必须待热元件冷却后，才能使热继电器复位。一般复位时间是手动复位时间2min，自动复位需要5min。

2. 时间继电器的安装

1)时间继电器的选择原则

(1)电磁式时间继电器的延时时间短(0.3s～1.6s)；电动式时间继电器的延时精度高，且延时时间可以在很宽的范围内调节(从几分钟到几小时)；空气阻尼式时间继电器延时范围较宽(0.4s~180s)。

(2)根据延时精度选择：凡是对精度要求不高的场合，一般采用价格较低的空气阻尼式 JS7 系列时间继电器；反之，如对延时精度要求较高，则可采用 JS11、JS20 或 7PR 系列时间继电器。

(3)根据延时触头选择：时间继电器有通电延时和断电延时两种触头，应根据控制线路的要求来选择用那一种延时方式的时间继电器。

(4)根据线圈电压选择：时间继电器吸引线圈的电压要满足控制线路电压的要求。

(5)线圈使用场合选择：在电源电压波动大的场合，采用空气阻尼式或电动式时间继电器比采用晶体管式好；而在电源频率波动大的场合，不宜采用电动式时间继电器；在温度变化不大场合，则不宜采用空气阻尼式时间继电器。

2)JS7 系列空气阻尼式时间继电器安装

(1)在安装接线时必须核对其额定电压与电源电压是否相符，在按控制原理图的要求，正确选用接点的接线端子。

(2)通电延时和断电延时的时间应在整定时间范围内，接通控制回路电源，用螺钉旋具调节调整螺钉，按所需的时间使指针指向与这一时间大致相符的刻度上。按动延时控制回路按钮，同时记下延时起始时间。延时结束后，立即记下结束时间，核对延时时间与所需要的是否相符。如不符，则需继续调整。

(3)该时间继电器没有时间刻度，要准确调整延时时间较困难，同时气室的进、排气孔也有可能被尘埃堵住而影响延时的准确性，应经常清除灰尘及油污，否则延时误差会更大。

3)JS11 系列电动式时间继电器安装

(1)调节延时时间范围后，如需要精确延时，应先接通同步电动机电源，以减少起步所引起的误差。

(2) 通电延时继电器必须在断开离合器电磁线圈电源后才能进行调节；断电延时继电器必须在接通离合电磁铁线圈电源后才能进行调节。

4)JS20 系列晶体三极管时间继电器安装

(1)对直流型时间继电器，必须注意电源极性，不要接反。按进出线图正确接线，触头电流不允许超过额定电流。

(2)时间继电器与底座有扣襻锁紧，在拔出继电器本体前先要扳开扣襻，然后缓缓拔出继电器。

(3)时间继电器的延时刻度不表示实际延时值，仅供调整时参考。若要精确的延时值，要在使用时核对延时数值。

3. 电流继电器的安装

1)过电流继电器的选择

(1)过电流继电器线圈的额定电流应大于或等于电动机的额定电流。

(2)过电流继电器的动作电流，一般为电动机额定电流的1.7倍~2倍，频繁启动时，为电动机额定电流的2.25倍~2.5倍。

(3)过电流继电器的触头种类、数量、额定电流应满足控制电路的要求。

2)欠电流继电器的选择

(1)欠电流继电器线圈的额定电流应大于或等于直流电动机励磁绕组的额定电流。

(2)欠电流继电器的吸合动作电流应小于或等于直流电动机励磁绕组额定电流的80%。

(3)欠电流继电器的释放动作电流应小于直流电动机最小励磁电流的80%。

3)电流继电器安装的准备

(1)按控制线路和设备的技术要求，认真核对继电器的铭牌数据，如线圈的额定电压、电流、整定值以及延时等参数是否符合要求。

(2)检查继电器的活动部分是否动作灵活、可靠，外罩及壳体是否有损坏或缺损等情况，各部件应清洁，触点表面要平整、无油污、烧损与锈蚀。

(3)当衔铁吸合后，弹簧在被压缩位置上应有1mm~2mm的压缩距离，不能压死；触头的超行程不小于1.5mm，常开触头的分开距离不小于4mm，常闭触头的分开距离不小于5.5mm。

4)电流继电器的安装接线

(1)安装电流继电器，需将电磁线圈串联于主电路中，动断触头串联于控制电路中与接触器接触器线圈连接，起到保护作用。

(2)继电器安装接线时，应检查接线是否正确，使用导线是否适宜，所有安装接线螺钉都应旋紧。

(3)电流继电器的动作值应按系统设计要求整定，通常，对应交流继电器可按电动机启动电流的1.2倍~1.3倍整定；对于直流继电器可按电动机最大工作冲击电流的1.1倍~1.5倍整定。

5.2.6 主令电器的安装

1. 控制按钮的安装

1）控制按钮的选用原则

（1）根据按钮帽颜色选择：为了表明各个按钮的作用，避免误操作，通常将按钮帽作成不同的颜色，以示区别，其颜色有红、绿、黑、黄、蓝、白等，各种颜色的含义如表5－2所列。

表5－2　按钮颜色及其含义

颜色	含义	典型应用
红色	危险情况下的操作	紧急停止
	停止或分断	全部停机；停止一台或多台电动机，停止一台机器某一部分，具有使电器元件停止或断电功能的复位按钮
黄色	应急、干预	应急操作，抑制不正常情况或中断不理想的工作周期
绿色	启动或接通	启动一台或多台电动机，启动一台机器某一部分，使电器元件得电
蓝色	上述几种颜色未包括的任何一种功能	
白色 灰色	无专门制订功能	可用于“停止”和“分断”以外的任何情况

（2）根据按钮帽形象化符号选择：LAY3系列按钮的按钮帽上具有形象化符号，表示不同的意义，如图5－2所示。使用时，可根据按钮帽形象化符号进行选择。

图5－2　LAY3型按钮的形象化符号

（3）根据使用场合选择。铸造车间灰尘较多，不宜选用LA18和LA19系列按钮，最好选用LA14系列按钮。

电动葫芦不宜选用LA18和LA19系列按钮，最好选用LA2系列按钮。

2）主令控制按钮的安装位置

（1）安装控制按钮时，先测量出按钮螺纹的直径，在控制面板上钻出相应的安装孔，退出按钮螺帽，将按钮螺纹柱由控制面板的背面穿出，调整螺纹柱上的挡块至适当位置，再从控制面板正面将按钮旋上螺纹柱并紧固。

（2）将按钮安装在面板上时，应布置整齐，排列合理。可根据电动机启动的先后次序，从上到下或从左到右排列。

（3）同一个设备运动部件的几种不同工作状态（如上下、前后、左右、松紧等），应使每一对相反状态的按钮安装在一起。

（4）为了应付紧急情况，当按钮板上安装的按钮较多时，应用红色蘑菇头按钮作急停按钮，且应安装在显眼且易操作的地方。

3）安装接线

（1）一般情况下，一只按钮总有一副动合触头及一副动断触头，连线之前应用万用表电阻挡分清相对应的触头。但也有的各有两副触头并带有指示灯，接线时应注意。

（2）安装按钮的按钮板和按钮盒必须是金属的，并设法使它们与设备总接地母线连接，对于悬挂式按钮必须设有专用接地线，不得借用金属管作接地线。

2. 凸轮控制器的安装

1）凸轮控制器的选用原则

（1）根据额定工作电流和工作电压进行选择。

（2）根据所控制的起重设备的技术参数，如启动、停止、换向、调速等具体要求进行选择。

2）凸轮控制器安装准备

（1）安装前核对凸轮控制器的技术数据与选择的规格是否相符，构件有无损坏。

（2）安装前应操作凸轮控制器手柄不少于5次，要求活动部分动作灵活，无卡阻现象，如有应分析原因，进行修复或更换。

（3）检查控制器的触头开闭顺序是否符合规定的要求，打开灭弧罩，用手扳动触头，试验触头的压力是否足够大，每副触头是否可靠开闭等。

3）安装接线

（1）按接线图将控制器与电动机、电阻器、保护器进行连接，并将金属外壳可靠接地。

（2）应按开闭表或原理图要求接线，经反复检查，确定正确无误后才能通电。

4)安装调试

(1)通电前应把灭弧罩和控制器外壳全部装上,以防电弧喷出,造成事故。

(2)不使用控制器时,手轮应准确地停在零位。

(3)首次操作或检查后试运行时,如控制器转到第2位置后,仍未使电动机转动,应停止启动,查明原因,检查线路并检查制动部分及机构有无卡住现象。

(4)试运行时,转动手轮不能太快,当转到第1位置时,使电动机转速达到稳定后,经过一定时间间隔(约1s),再使控制器转到另一位置,以后逐级启动,防止电动机的冲击电流超过电流继电器的整定值。

(5)使用中,当降落重负荷时,在控制器的最后位置可得到最低速度,如不是非对称线路的控制器,不可长时间停在下降第1位置,否则,载荷会超速下降或发生电动机转子"飞车"事故。

5.3 电气照明设备的安装

5.3.1 低压配电箱的安装

低压配电箱有开关厂或电器厂制造的成套配电箱和自制的非成套配电箱。非成套配电箱有明式和暗式两种。

1. 低压成套电力配电箱

电力配电箱过去被称为动力配电箱,由于后一种名称不太确切,所以在新编制的各种国家标准和规范中,统一称为电力配电箱。

电力配电箱的型号很多,XL(R)-20型为目前新生产的电力配电箱。其型号含义为

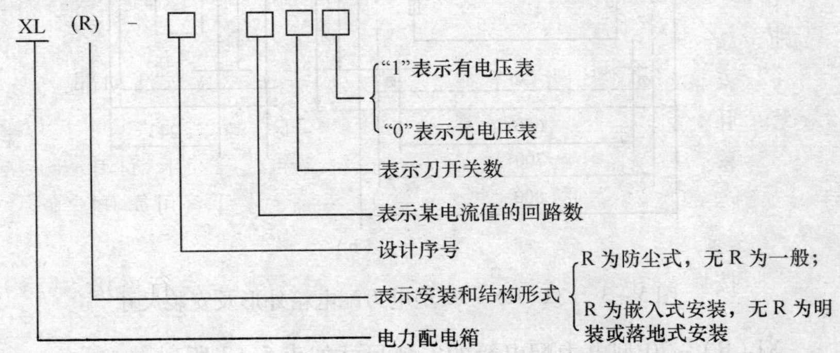

XL(R)-20 型电力配电箱系户内装置，为嵌入式安装。箱体用薄钢板弯制焊接成封闭形，主要有箱、面板、低压断路器、母线及台架等。面板可自由拆下，面上装有小门。主要用于交流 500V 以下、50Hz 三相三线及三相四线电力系统，作电力配电用。有过载及短路保护。

XL(R)-20 型电力配电箱的外形及安装尺寸如图 5-3 所示。

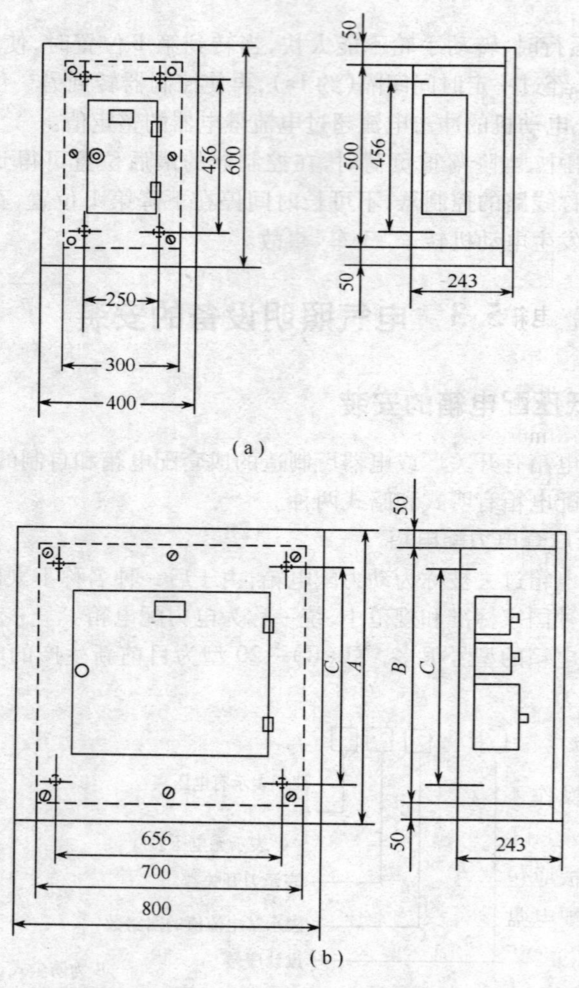

图 5-3　XL(R)-20 型电力配电箱外形及安装尺寸

XL(R)-20 型电力配电箱的安装尺寸如表 5-3 所列。

表 5－3　XL(R)－20 型电力配电箱安装尺寸

型　号	低压断路器数量		安装尺寸/mm			主母线允许载流量/A
	(4)Z10－100	(4)Z10－250	(1)	(2)	(3)	
XLR－20－1－1	1			500	456	470(250)
XLR－20－2－1	4		600	700	656	470(350)
XLR－20－5－1	8	1	800	700	656	470(350)
XLR－20－5－2	4	2	800	700	656	470(350)
XLR－20－5－3	2		800	700	856	470(350)
XLR－20－4－1	12		1000	900	856	530(350)
XLR－20－4－2	8	1	1000	900	856	530(350)
XLR－20－4－3	6	2	1000	900	856	530(350)
XLR－20－4－4	2	3	1000	900	856	530(350)

2. 低压配电箱的安装(图 5－4)

(1)低压配电箱的安装高度,除施工图中有特殊要求外,暗装时底口距地面为 1.4m;明装时为 1.2m,但明装电度表应为 1.8m。

(2)在 240mm 厚的墙内暗装配电箱时,其后壁用 10mm 厚石棉板及直径为 2mm、孔洞为 10mrn 的铅丝网钉牢,再用 1∶ 2 水泥砂浆抹好以防开裂。

(3)配电箱外壁与墙有接触的部分均需涂防腐油,箱内壁及板面均涂灰色油漆两道。铁制配电箱应先涂樟丹油再涂油漆。

(4)为了防止木制配电板因电火花烧伤,根据电流值和使用情况的不同,按下列情况确定加包铁皮:

①平时操作不频繁的一般照明配电盘,其额定电流在 60A。以下的可不包铁皮,但操作较频繁的照明配电板应包铁皮。

②电力配电盘的额定电流在 30A 及以上者要加包铁皮,在 30A 以下及盘上装有铁壳开关时可不包铁皮。

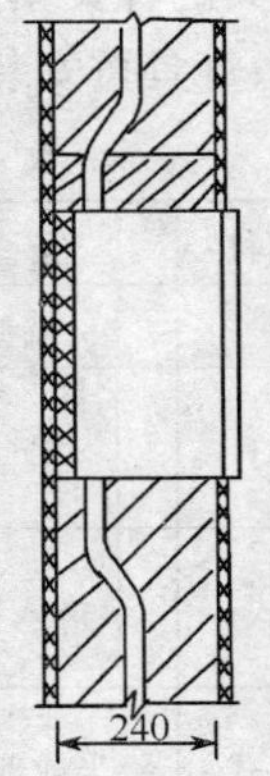

图 5－4　在二四墙体上暗装配电箱

③凡安装在重要负荷及易燃场所的配电盘,不论其电流大小均应采用铁盘或木盘包铁皮。

④需加包铁皮的配电箱,其包铁皮的部位为盘板的前后两面,箱身及箱内壁不包铁皮。

⑤配电盘上装有计量仪表、互感器时,二次侧的导线使用截面不小于 $1.5mm^2$ 的铜芯导线。

⑥盘后导线应按相位颜色套上软塑料套管,L_1 相用黄色,L_2 相用绿色,L_3 相用红色,零线用黑色。

⑦导线穿过盘面时,木盘需套瓷管头,铁盘需装橡胶护圈。工作零线穿过木盘时,可不加瓷管头,只套以塑料管。

⑧配电盘上的刀开关、熔断器等设备,上端接电源,下端接负荷。横装的插入式熔断器等应从面对配电盘的左侧接电源,右侧接负荷。

⑨零线系统中的重复接地应做在引入线处,在末端配电盘上也应作重复接地。

⑩零母线在配电盘上不得串接。零线端子板上分支路的排列需与相应的熔断器对应,面对配电盘从左到右编排 1、2、3、…。

5.3.2 照明灯具的选择

1. 照明灯具选择

1)灯具的种类

灯具的种类繁多,通常以灯具光通量、结构特点、安装方式三种方法进行分类,灯具按安装方式分类的方法及使用场所如表 5-4 所列。

表 5-4 灯具按安装方式分类及使用场所

灯具名称	安装方式	使用场所
壁灯	墙壁、庭柱	用于局部照明、装饰照明或没有顶棚的场所
吸顶灯	顶棚	主要用于没有吊顶的房间。吸顶式的光带适用于计算机房、变电站等
嵌入式	嵌入在吊顶内	适用于吊顶的房间,与吊顶结合能形成美观的装饰艺术效果
半嵌入式	一半或部分嵌入顶棚	适用于顶棚吊顶深度不够的场所,在走廊处应用较多
吊灯	吊杆(管)、吊链(线)	普通房间
地脚灯	走廊地脚	应用在医院病房、公共走廊、宾馆客房、卧房等,便于人员行走

（续）

灯具名称	安装方式	使用场所
台灯	写字台、工作台	作为书写阅读使用
落地灯		主要用于高级客房、宾馆、带茶几沙发的房间以及家庭的床头或书房旁
庭院灯	庭、院地坪	适用于公园、街心花园、宾馆及机关学校的庭院照明
道路广场灯	道路旁、广场	用于车站广场、机场前广场、港口、码头、公共汽车站广场、立交桥、停车场、室外体育场等
移动式灯		用于室内、外移动件的工作场所以及室外电视、电影的摄影等场所
应急照明灯	随照明灯具布置	适用于公共场所的应急照明、紧急疏散照明、安全防火照明等

2）灯具选择

在规定的应用条件下，原则上应当选用利用系数高的灯具，而应用条件则与灯具配光、眩光的限制、室内外使用环境、安装盒维修的方便、外观与建筑物的协调以及价格有关，还应注意灯具必须与光源的类型、功率相配合。

（1）在工厂厂房中，普遍使用光效较高的开敞式直接配光灯具。例如在高大厂房（6m以上）使用探照型灯具，在不高的厂房使用余弦型或光照型灯具。而在办公室及公共建筑等处，由于天棚和墙面反射特性好，除采用开敞式灯具外，亦可使用漫射或间接配光灯具，从而获得舒适的视觉条件及良好的艺术效果。

（2）采用表面积大、符合亮度限制要求的照明器（例如格栅、漫射罩等）对限制眩光有益；而采用使视线方向的反射光通减小到最低限度的特殊配光（例如蝙蝠翼配光）照明器，可使光幕反射显著减弱。但均应对光的利用加以综合考虑。

（3）在特别潮湿的场所，宜采用防潮灯具；在有腐蚀性气体的场所，宜采用耐腐蚀材料制成的密闭灯具；而在有爆炸或火灾危险的场所，应根据爆炸或火灾危险的介质分类等级选择相应的灯具。

3)一般灯具安装配件选择(表5-5)。

表5-5　一般灯具安装配件选择表

<table>
<tr><td colspan="2">安装方式</td><td>吊线灯</td><td>吊链灯</td><td>吊杆灯</td><td>吸顶灯</td><td>壁灯</td></tr>
<tr><td colspan="2">设计图中标注符号</td><td>X</td><td>L</td><td>G</td><td></td><td></td></tr>
<tr><td colspan="2">导线</td><td>J(2)VV 2×0.5</td><td>RVS 2×0.5</td><td colspan="3">与线路相同</td></tr>
<tr><td colspan="2">吊盒或灯架</td><td>一般房间用胶质
潮湿房间用瓷质</td><td colspan="2">金属吊盒</td><td colspan="2">金属灯架</td></tr>
<tr><td colspan="2">灯口</td><td colspan="5">100W以下用胶质灯口,潮湿房间及封闭灯具用瓷质灯口</td></tr>
<tr><td rowspan="5">木台</td><td>厚度</td><td>20mm</td><td colspan="3">25mm</td><td>30mm</td></tr>
<tr><td>油漆</td><td colspan="5">四周先刷防水漆一道,外表面再刷白漆两遍</td></tr>
<tr><td>固定方式</td><td colspan="5">一般采用机螺丝固定,如用木螺丝时,应用塑料胀管或预埋木砖固定</td></tr>
<tr><td>材料</td><td colspan="5">用0.5mm铁板或1.0mm厚的铝板制造,超过100W时,应作通风孔</td></tr>
<tr><td>油漆</td><td colspan="5">内表面喷银粉,外表面烤漆</td></tr>
<tr><td colspan="7">注:①设计图中对吊线灯的标注符号:X为自在器式吊线灯;X1为固定式吊线灯;W为弯式;T为台上安装式;(2)R为墙壁嵌入式;J为支架安装式;Z为柱上安装式;X2为防潮、防水式吊线灯;X3为人字式吊线灯;(4)R为吸顶嵌入式;ZH为座装式。
②活动吊线灯的导线长度,应以垂直伸长时灯泡距地面不小于800mm为准</td></tr>
</table>

2. 灯具安装

(1)灯位固定方式如图5-5、图5-6所示。

(2)一般灯具安装方式如图5-7所示。

3. 灯具安装的技术要求

(1)灯具的各种金属构件应进行防腐处理,未做防腐处理的灯架(如路灯架等),须涂樟丹油一遍、油漆两遍。

(2)灯泡容量为1000W以下时,可用胶灯口;1000W以上及防潮封闭型灯具,应用瓷质灯口。

(3)根据使用情况及灯罩型号不同,灯具可采用卡口或螺口,采用螺口灯时,线路的相应接入螺口灯的中心弹簧片,零线接于螺口部分,采用吊线螺口灯时,应在灯盒盒灯头处分别将相线作出明显标志,以便识别,采用双芯棉织绝缘软线时,其中有色花线接相线,无花素线接零线。

(4)采用瓷质或塑料等自在器吊线灯时,一律采用卡口灯。

(5)软线吊灯的软线两端须按图挽好保险扣,吊链灯的软线应编叉在链环内。

(6)灯具内部的配线,应采用不下于0.4mm^2的导线,灯具的软线两端

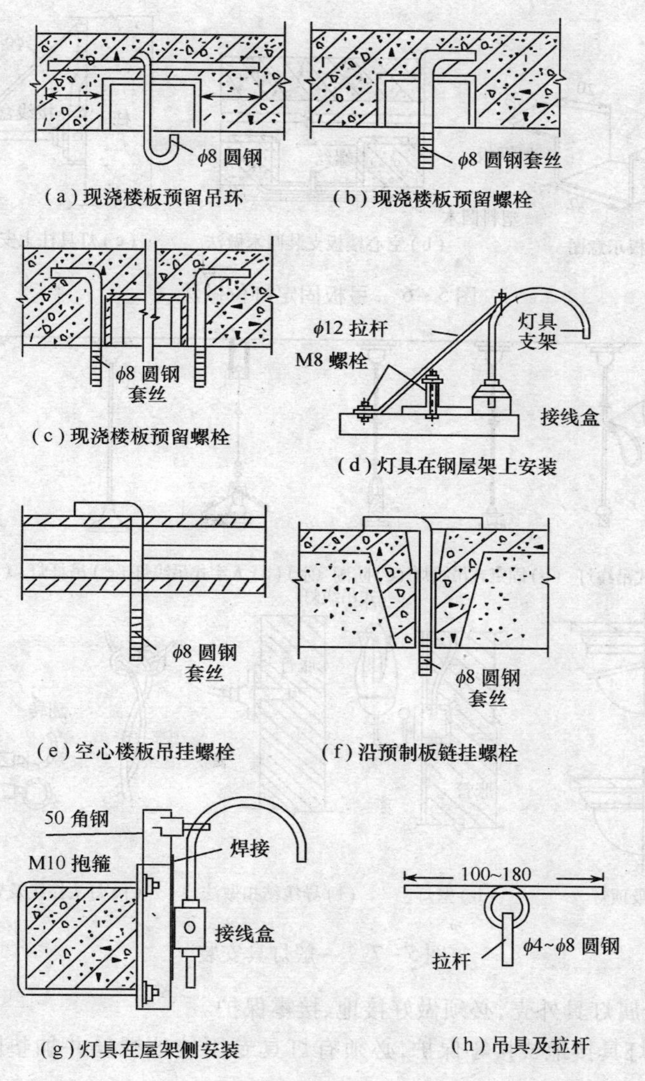

图 5－5　灯位固定法

在接入灯口之前，均应压扁并涂锡，使软线端与螺丝接触良好。

(7) 室外灯具的引入线需做防水弯，以免水流入灯具内；灯具内有可能积水的，需打好泄水眼。

(8) 在危险性较大的场所，灯具安装高度低于 2.4m 以下，电压在 36V

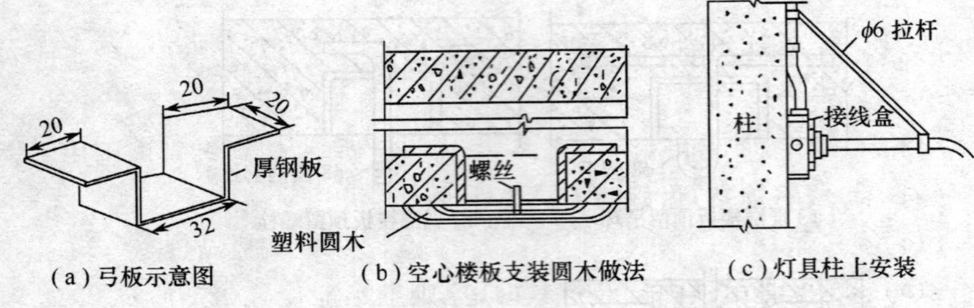

(a)弓板示意图 (b)空心楼板支装圆木做法 (c)灯具柱上安装

图 5-6 弓板固定灯位做法

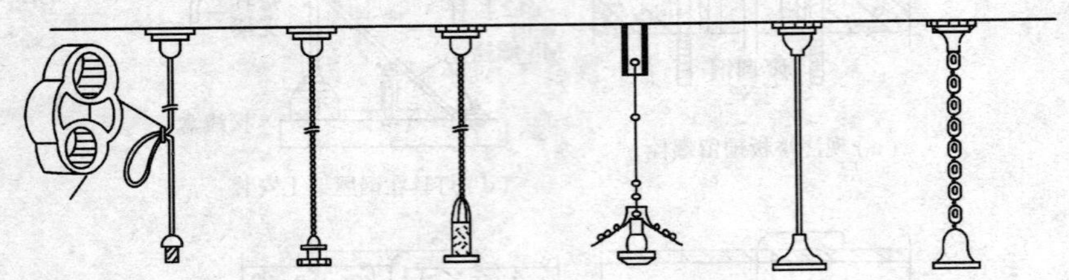

(a)自在器式吊线灯 (b)固定式吊线灯 (c)防潮(水)式吊线灯 (d)人字式吊线灯 (e)吊杆灯 (f)吊链灯

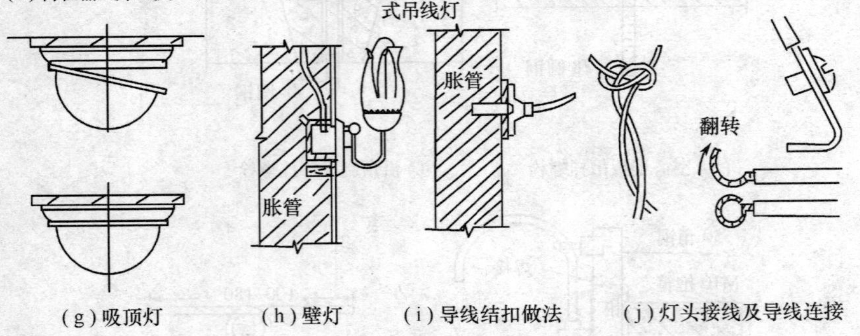

(g)吸顶灯 (h)壁灯 (i)导线结扣做法 (j)灯头接线及导线连接

图 5-7 一般灯具安装

以上的金属灯具外壳,必须做好接地、接零保护。

(9)灯具接地或接零保护,必须有灯具专用接地螺丝并加垫圈和弹簧垫圈压紧。

(10)吊灯灯具的质量超过 3kg 时,应预埋吊钩或螺栓;软吊灯限于 1kg 以下,超过的应加吊链。固定灯具的螺钉或螺栓应不少于两个;承台直径在 75mm 以下时,可以用一个螺栓或螺钉固定。在砖或混凝土结构上安装灯具时,应预埋吊钩、螺栓或采用膨胀螺栓、塑料胀管固定。

(11)采用梯形木砖固定壁灯灯具时,木砖须随墙砌入,禁止采用木楔代替。

(12)吸顶灯具采用木制底台时,应在灯具与底台中间铺垫石棉板或石棉布。

(13)木制吊顶内的暗装灯具及其发热的附件,均应在灯具周围用不燃材料(石棉板或石棉布)做好防火隔热处理。

(14)在木制荧光灯架上装设镇流器时,应垫以瓷夹板隔热。

(15)轻钢龙骨吊顶内安装灯具时,原则上不能使轻钢龙骨荷重,凡灯具质量在3kg以下者,必须在主龙骨上安装;3kg以上者(含3kg),必须预下铁件做固定(倒T型轻钢龙骨灯具及自重大的异型灯具由设计决定)。

(16)各式灯具的产品,均应符合下列质量要求:

①通风良好便于散热,结构轻巧、坚固;

②玻璃制品灯罩应厚薄均匀、透光率高,并经退火工艺使不易炸裂;

③灯具构造应易于穿通导线;穿线孔壁滑,不致磨损导线绝缘。

(17)采用钢管作灯具的吊杆时,管内径一般不小于10mm。

(18)每个照明回路的灯和插座数不宜超过25个(不包括花灯回路),且应有15A以下的熔丝保护。

(19)固定花灯的吊钩,其圆钢直径不应小于灯具灯具吊挂销钉直径,且不得小于6mm。

(20)安装在重要场所的大型灯具的玻璃罩,应有防止其碎裂后向下溅落的措施(除设计另有要求外,一般可用透明尼龙丝编织的保护网,网孔的规格应根据实际情况决定)。

(21)插座接线应符合下列要求:

①单相两孔插座:面对插座的右极接相线,左极接零线;

②单相三孔及三相四孔的接地或接零线均应在上方;

③交、直流或不同电压的插座安装在同一场所时,应有明显区别,且其插头与插座均不能互相插入。

第6章 防雷与接地工程

6.1 接地工程

6.1.1 挖接地体沟

1. 挖接地体沟要求

(1)根据设计要求标高,对接地装置的线路进行测量弹线。在弹线的线路上从自然地面往下挖出上地宽0.6m、下低宽0.4m、深0.9m的接地体沟。

(2)沟要挖得平直、深浅一致,沟底如有石子应清除干净。

(3)如线路经过有高温影响(如烟道等)地段,应远离,重新弹线。

(4)如线路附近有建(构)筑物,沟的中心线与建(构)筑物的基础外边缘距离不宜小于2m。

(5)独立避雷针的接地装置与重复接地的接地装置之间距离不应小于3m。

2. 降低跨步电压的措施

(1)防直击雷的人工接地装置距人行道或建筑物的出入口处的距离不应小于3m。

(2)当上述距离小于3m时,为降低跨步电压,水平接地体局部埋深不能小于1m。

(3)或将水平接地体局部包以绝缘物(例如包以50mm~80mm厚的沥青)。

(4)或采用沥青碎石地面或接地装置上面敷设50mm~80mm厚的沥青,其宽度应超过接地装置2m。

(5)或在接地体上部装设用圆钢或扁钢焊成的500mm×500mm的网格均压网,其边缘距接地体不得小于2.5m。

(6)或采用埋设两条与水平接地体相连的"帽檐式"均压带。

6.1.2 人工接地极制作安装

在基础土方开挖的同时，应配合土建工程挖好接地极沟并将制作好的人工接地极埋设好。

1. 垂直接地体

(1)截取长度不小于 2.5m 的数根(按设计要求)50×50×5 的角钢或 Φ20 圆钢或 Φ50 钢管。

(2)将角钢的一端(将被打入地下的一端)加工成尖头形状，尖点应保持在角钢的角脊线上并使两斜边对称，尖头长 120mm。圆钢或圆管材质的，可将一端锯成斜口或锻成锥形，长度也为 120mm。将接地体的另一端套一个制好的保护帽，以防打劈。

(3)将接地体放在挖好的接地沟的中心线上垂直打入地下，直到其顶部距地面不小于 0.6m 为止。在用大锤打击接地体时应一人扶着接地体，一人用大锤敲打套有保护帽的接地体顶部。

(4)使用大锤敲打接地体时要把握平稳，锤击保护帽正中，接地体与地面时刻保持垂直。接地体与土壤间不能产生缝隙，否则将增加接触电阻影响散流效果。

(5)垂直接地体的间距不小于两根接地体长度之和，即应大于 5m。当受地方限制时，可适当减少一些距离，但一般不应小于接地体的长度，如图 6－1 所示。

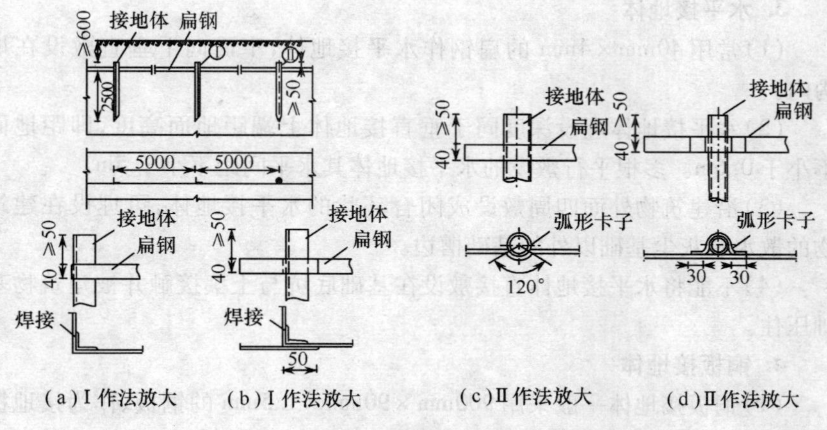

图 6－1　接地体与扁钢连接安装方法

(6)敷设在腐蚀性较强的场所或土壤电阻率大于100Ω·m的潮湿土壤中的接地极,应适当加大截面或热镀锌。

2. 接地母线敷设

(1)接地母线一般采用40mm×4mm的镀锌扁钢用于连接垂直接地体。将调直好的扁钢窄面向下垂直放置于地沟内,依次将扁钢在距垂直接地体顶端大于50mm处与接地体施行电(气)焊焊接。焊接时应注意将扁钢拉直。扁钢不能采用与角钢或圆钢、钢管对接焊接,而应采用搭接焊接法。

(2)焊接时,先将扁钢弯成弧形(或三角形)然后与接地钢管(或角钢)进行焊接,也可将扁钢在焊接过程中弯成弧形(三角形),如图6-1(a)、(b)、(c)所示。

(3)用扁钢另外煨制好弧形子或三角形卡子,先在扁钢与接地体相互接触部分表面两侧焊接,然后再将卡子与接地体及扁钢共同焊接在一起,从而增加接触面,如图6-1(d)所示。

(4)当接地母线的扁钢长度不足时,应进行搭接焊接,搭接长度不应小于扁钢宽度的2倍,并应最少在三个棱边处进行焊接。接地母线引出地面至引下线的断线卡或换线处应留有足够的连接长度以待使用,接地母线与接地极连接应采用搭接焊接。所有焊接处应使焊缝平整饱满并有足够的机械强度,不得有夹渣、咬肉、裂纹、虚焊、气孔等缺陷,焊好后应清理药皮,刷沥青进行防腐处理。接地母线引出线应作防腐处理。

3. 水平接地体

(1)常用40mm×4mm的扁钢作水平接地体,窄面向下垂直敷设在地沟内。

(2)水平接地体埋设深度同于垂直接地体上端距地面高度,即距地面不小于0.6m。多根平行敷设的水平接地体其水平间距不小于5m。

(3)沿建筑物外面四周敷设成闭合环状的水平接地体,可埋设在建筑物的散水及灰尘基础以外的基础槽边。

(4)不能将水平接地体直接敷设在基础底坑与土壤接触并被建筑物基础压住。

4. 铜板接地体

(1)铜板接地体一般采用900mm×90mm×1.5mm的铜板、作为接地极垂直埋敷在距地面不小于600mm的深处,相邻接地极间的距离为5000mm,如图6-2所示。接地引上线采用铜绞线或扁铜板。接地引上线与接地极的连接形有三种，如图 6－2(a)、(b)、(c)所示。

(2)在接地铜板上按图 6－2(c)所示位置分两处各打两个孔，用单股 $\phi1.3 \sim \phi2.5$ 铜线将铜接地绞线绑扎在铜板上，然后在铜绞线两侧用气焊焊接。

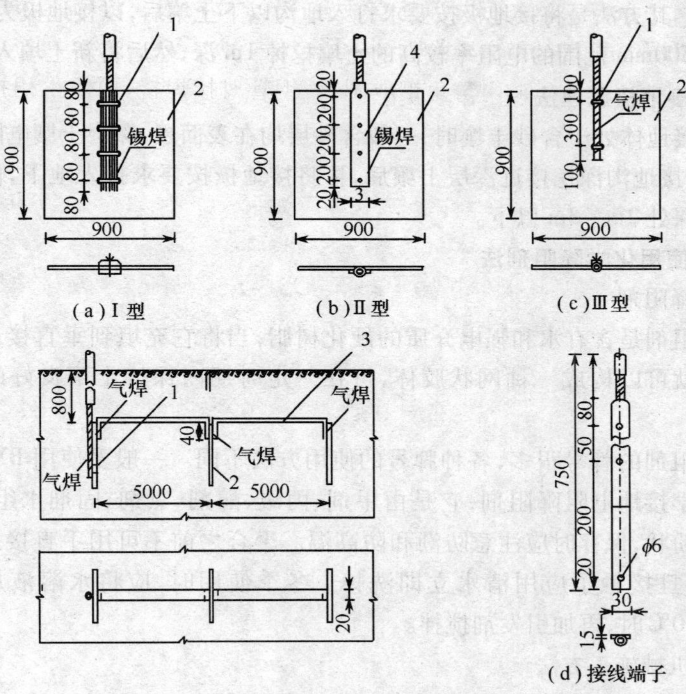

图 6－2　铜板接地体安装方法

1—绑扎线 $\phi1.3 \sim \phi2.5$；2—铜板接地体 900×900×15；
3—铜连接线 20×15；4—铜接线端子 750×30×15。

(3)在接地铜板上按图 6－2(a)所示位置分四处打孔，将分开拉直并搪锡的铜绞线用单股 $\phi1.3 \sim \phi2.5$ 铜线绑扎在铜板上，然后用锡逐根与铜板焊好。

(4)在接地铜板上按图 6－2(b)所示位置打四个孔，将铜绞线用铜端子固定紧后也打四个孔，接地线端部铜端子与铜接地板的接触面处均应搪锡，然后用 $\phi5\times6$mm 的铜铆钉将端子与铜板铆紧，并在接线端子周围锡焊。

6.1.3 降低接地电阻的措施

1. 换土法

用电阻率较低的土壤（如黏土、黑土等）换掉接地极附近的电阻率较高的土壤。其方法是将接地极按要求打入地沟以下土壤后，以接地极为中心，将前后500mm范围的电阻率较高的土壤挖掉1m深，然后将新土填入。

2. 接地极深埋法

当接地体处于含砂土壤时，一般含砂层均在表面层，深层土壤电阻率较低，应将接地沟深挖接近深层土壤后，再将接地极按要求打入地下，使其埋进地层深处2m～3m以下。

3. 使用化学降阻剂法

1）降阻剂

降阻剂是含有水和强电介质的硬化树脂，当将它充填到垂直接地体的周围后就可以构成一种网状胶体，可在一定时期内保持土壤良好的导电性能。

降阻剂的牌号很多，各种牌号的使用方法不同。一般多使用BXXA型长效化学接地电阻降阻剂，它是由甲剂、丙级、醇剂、氯剂、固剂水组成的。产品呈粉状，保存时应注意防潮和防高温。聚合之前不可用手直接接触水溶液，一旦接触了应用清水立即洗掉。冬季使用时，应将水溶液加温到20℃～30℃时，再加引发剂搅拌。

2）机械施工方法

用机械在挖好的接地沟中打孔，孔径在ϕ150mm～ϕ200mm左右，孔深按设计要求。孔打好后，把接地极放在孔的中心，然后注入按使用说明配制好的降阻剂，待凝固之后，填土夯实。

3）人工施工方法

无机械打孔时，用人工下挖接地极孔至设计深度，再用直径200mm、长2.5m的钢管作模，垂直放入坑内，周围回填湿土并夯实。拔出钢管后形成地孔，然后把接地极放入孔中心，注入配制好的降阻剂，待凝固后填土夯实。

4）水平接地体施工方法

在地面上挖出宽0.6m、深0.8m～1.2m、长2.5m～20m的接地体沟后，再在沟底挖一个0.2m×0.2m的小沟，把水平接地极架于小沟中央，然后灌入配制好的降阻剂，待凝固后填土夯实。

6.1.4 自然建筑物基础接地装置

1. 概述

高层建筑的接地装置大多以建筑物的深基础作为接地装置。在土壤较好的地区，当建筑物基础采用以硅酸盐为基料的水泥（如矿渣水泥、波特兰水泥）、当地历史上一年中最早发生雷闪时间以前的含水量不低于4%、以及基础的外表面无防腐层或有沥青质的防腐层时，钢筋混凝土基础内的钢筋都可以做为接地装置。

利用钢筋混凝土基础内的钢筋作为接地装置时，敷设在钢筋混凝土中的单根钢筋或圆钢，其直径不应小于10mm。被利用作为防雷装置的混凝土构件内用于箍筋连接的钢筋，其截面积总和不应小于一根直径10mm钢筋的截面积。

利用建筑物基础内的钢筋作为接地装置时，应在与防雷引下线相对应的室外埋深0.8m～1m处，由被利用作为引下线的钢筋上焊出一根ϕ12mm或40mm×4mm镀锌圆钢或扁钢，此时导体伸向室外，距外墙皮的距离不宜小于1m。此圆钢或扁钢能起到摇测接地电阻和当整个建筑物的接地电阻值达不到规定要求时，给补打人工接地体创造条件。

为了防止雷击，防雷接地装置宜和电气设备等接地装置共用。防雷接地装置宜与进出建筑物的埋地金属管道及不共用的电气设备的接地装置相连。

对于一些用防水水泥（铅酸盐水泥等）做成的钢筋混凝土基础，由于异电性能差，不宜独立做为接地装置。

2. 钢筋混凝土桩基础接地体安装

1）钢筋混凝土桩基础的特点

高层建筑的基础桩基，不论是挖孔桩、钻孔桩、还是冲击桩，都是将钢筋混凝土柱子伸入地中，桩基顶端设承台，承台用承台梁连接起来，形成一座大型框架地梁，承台顶端设置混凝土柱、梁、剪力墙及现浇楼板等，空间和地下构成一个整体，墙、柱内的钢筋均与承台梁内的钢筋互相绑扎固定，它们互相之间的电气导通是完全可靠的。

2）钢筋混凝土桩基础接地体的构成及安装

桩基础接地体一般设在作为防雷引下线的柱子（或者剪力墙内钢筋作引下线）处，其构成和安装方法如图6－3所示。

将桩基础的抛头钢筋与承台梁焊接，并与上面作为引下线的的柱（或

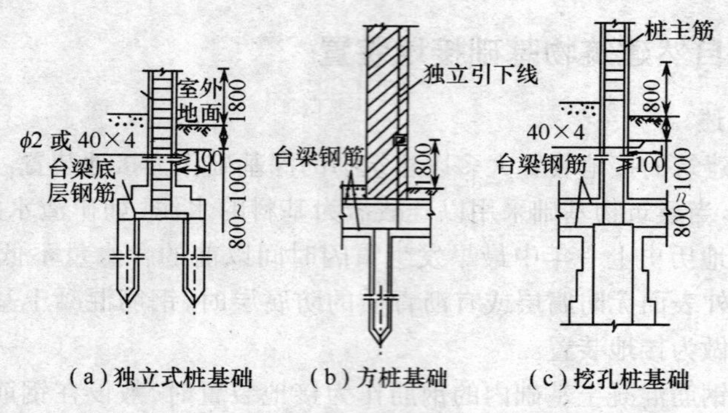

图 6-3　钢筋混凝土桩基础接地体构成及安装示意图

剪力墙)中的钢筋焊接。如果每一组桩基多于4根时,只需连接其四角桩基的钢筋作为防雷接地极。

3)独立基础、箱形基础接地体安装

(1)无防水油毡独立柱基础、箱形基础接地体安装。钢筋混凝土独立基础及钢筋混凝土箱形基础作为接地体时,应将用作防雷引下线的现浇钢筋混凝土柱内的符合要求的主筋与基础底层钢筋网做焊接连接,如图6-4所示。

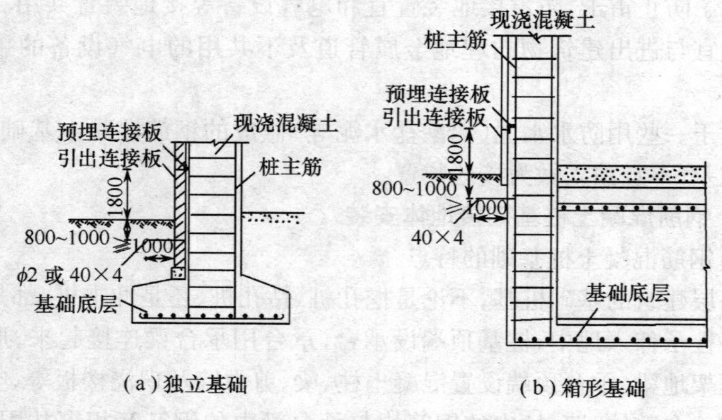

图 6-4　独立基础、箱形基础接地体安装图

(2)有防水油毡独立柱基础接地体安装。钢筋混凝土独立基础如有防水油毡及沥青包裹时,应通过预埋件和引下线,跨越防水油毡及沥青层,将柱内的引下线钢筋、垫层内的钢筋与接地柱相焊接,如图6-5所示。利用垫层钢筋和接地桩柱做接地装置。

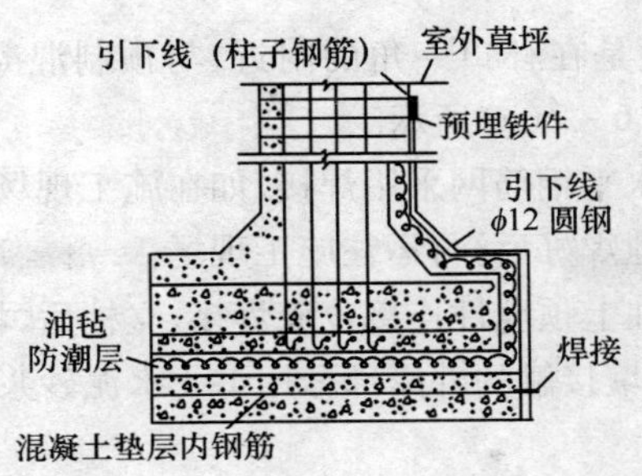

图 6－5　设有防潮层的基础接地体安装图

4）钢筋混凝土板式基础接地体安装

（1）无防水层底板：利用无防水层底板的钢筋混凝土板式基础作为接地体时，应将利用作为防雷引下线的符合规定的柱主筋与底板的钢筋进行焊接连接，如图 6－6（a）所示。

（2）有防水层底板：用有防水底板的钢筋混凝土板式基础做为接地体时，应将柱内的引下线钢筋，在室外地面以下用 ϕ12 或 40 × 4 镀锌圆钢或扁钢相焊接、跨过防水层外引与人工接地体进行连接，如图 6－6（b）所示。

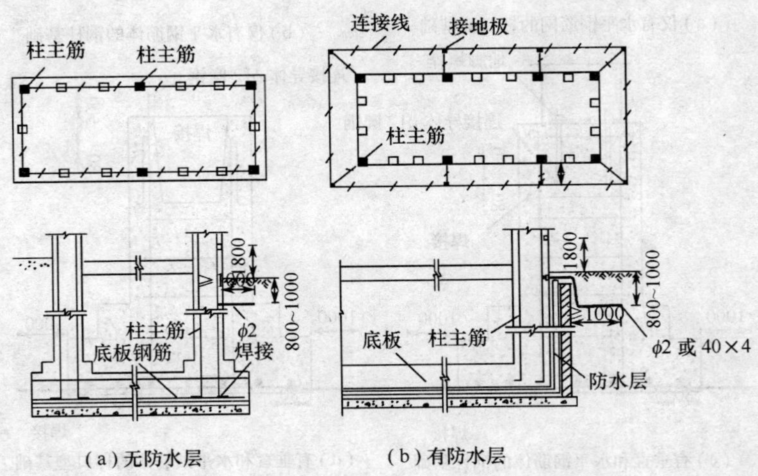

图 6－6　钢筋混凝土板式基础接地体安装图

5）钢筋混凝土基础预制柱接地体安装

（1）仅有水平钢筋网的杯型基础预制柱接地体安装。

①连接导体（即连接基础内水平钢筋网与预制混凝土预埋连接板的钢

筋或圆钢)引出位置是在杯口一角的附近,与预制混凝土柱上的预埋连接板位置相对应,如图 6-7(a)所示。

②连接导体与水平钢筋网采用焊接,如在施工现场无条件焊接时,应预先在钢筋网加工场地焊好后,再运往施工现场。

③连接导体与柱上预埋件连接也应焊接,立柱后,将连接导体与预埋件焊接后,再将其与土壤接触的外露部分用 1:3 水泥砂浆保护,保护层厚度不应小于 50mm。

(2)仅有水平钢筋网的钢柱钢筋混凝土基础。

①每个钢筋基础中应有一个地脚螺栓通过连接导体(≥ϕ10 的钢筋或圆钢)与水平钢筋网进行焊接连接,如图 6-7(b)所示。在施工现场没有条件进行焊接时,应预先在钢筋网加工场地焊好后运往现场。

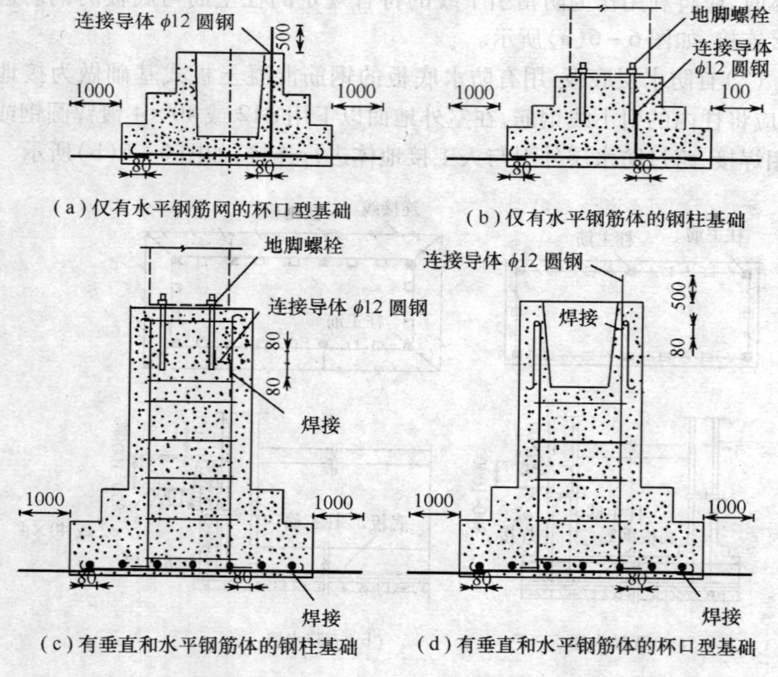

(a)仅有水平钢筋网的杯口型基础　　(b)仅有水平钢筋体的钢柱基础

(c)有垂直和水平钢筋体的钢柱基础　　(d)有垂直和水平钢筋体的杯口型基础

图 6-7　钢柱及杯口型混凝土基础钢筋连接做法

②地脚螺栓与连接导体及连接导体与水平钢筋网的搭接焊接长度不应小于 60mm。并应在钢柱就位后,将地脚螺栓及螺母和钢柱焊为一体。

③当无法利用钢柱的地脚螺栓时,应按钢筋混凝土杯型基础接地体的

施工方法，将连接导体引至钢柱就位的边线外，并在钢柱就位后，焊到钢柱的底板上。

（3）有垂直和水平钢筋网的钢筋混凝土基础：

①有垂直和水平钢筋网的基础，垂直和水平钢筋网的连接，应将与地脚螺栓相连接的一根垂直钢筋焊接到水平钢筋网上，如图6－7（c）所示。当不能直接焊接时，采用不小于$\phi10$的钢筋或圆钢跨接焊接。如果四根垂直主筋能接触到水平钢筋网时，可将垂直的四根钢筋与水平钢筋网进行绑扎连接。

②当无法利用钢柱的地脚螺栓时，也应按前述方法施工。

③当钢柱钢筋混凝土基础底部有柱基时，宜将每一桩基的一根主筋同承台钢筋焊接。

（4）有垂直和水平钢筋网的杯型基础预制柱接地体安装：

与连接导体相连接的垂直钢筋，应与水平钢筋相焊接，如不能直接焊接时，应采用一段不小于$\phi10$的钢筋或圆钢跨接焊接。如果四根垂直主筋都能接触到水平钢筋网时，应将四根垂直主筋均与水平钢筋网绑扎连接，如图6－7（d）所示。

6.2 室内接地干线安装

6.2.1 保护套管埋设与支持件固定

1. 保护套管埋设

（1）配合土建墙体及楼地面施工，在接地干线沿墙壁敷设所要穿过的墙体或楼板的设计要求的尺寸位置上埋保护套管或预留出接地干线保护套管的孔。

（2）用1mm厚钢板制作保护套管，其长度应比墙体或楼板的厚度长出40mm，其宽度应比接地干线扁钢大10mm，其厚度为15mm，如图6－8所示。

（3）在墙体拐角处设置保护套管时，套管距墙体表面应为15mm～20mm，以便敷设接地干线时整齐美观。

（4）可按比套管尺寸略大的木方预埋在墙壁或楼板内的方法来设置预留孔。当混凝土初凝时活动木方，以便待混凝土凝固后易于抽出木方，并设置保护套管。接地干线保护套管的安装方式，如图6－8所示。穿过外墙的保护套管，应向外倾斜，内外高低差为10mm。穿过楼（地）面板的套管的纵向缝隙应焊接。

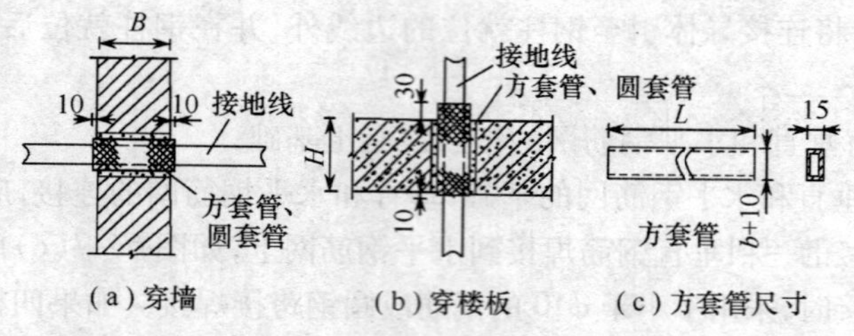

图6-8　接地干线保护套管的安装方式

2. 支持件固定

(1)明敷设在室内墙体上的接地线应分段敷设,固定的方法是墙体上先安装支持件,将接地扁钢固定在支持件上。常用的支持件,如图6-9所示。图中的固定钩应随土建施工预埋。而使用卡板固定接地线时,应使用9mm×60mm的塑料胀管和8mm×70mm沉头木螺丝固定卡板。当用S形卡子固定接地线时,应用M8×35mm射钉螺栓固定S形卡子。

(2)支持件间的距离,在水平直线部分宜为0.5m~1.5m,垂直部分宜为1.5m~3m,转弯部分宜为0.3m~0.5m。

(3)预埋固定钩时,应在土建施工前先用25mm×4mm扁钢按图6-9所示尺寸将固定钩加工好。为了将固定钩预埋整齐,应在墙体施工时,按设计要求或规范规定的位置先拉线或划线埋设好木方,木方的深度和宽度各为50mm。待墙体施工后剔木方洒水湿润孔洞,然后在孔洞处用水泥砂浆埋设固定钩,待凝固后使用。

(4)用螺丝及螺钉固定的支持件(卡板、S形卡子)应在土建室内装饰工程完成后,在墙体上先确定好坐标轴线位置,弹线定位,钻孔(或射钉)固定好支持件,如图6-9所示。

(5)接地体在砖木结构上安装方法可参照以上方法进行,如图6-10所示。

6.2.2　接地线的敷设和涂色

1. 接地线的敷设和外观检查

(1)室内接地线应水平或垂直敷设,当建筑物表面为倾斜形状时,也应沿其表面平行敷设。接地干线距地面高度应为250mm~300mm。

(2)接地扁钢应事先调直、打眼、煨弯加工,将扁钢沿墙吊起,在支持件一端将扁钢固定住,接地线距墙面间隙为10mm~15mm,过墙时穿过保护套

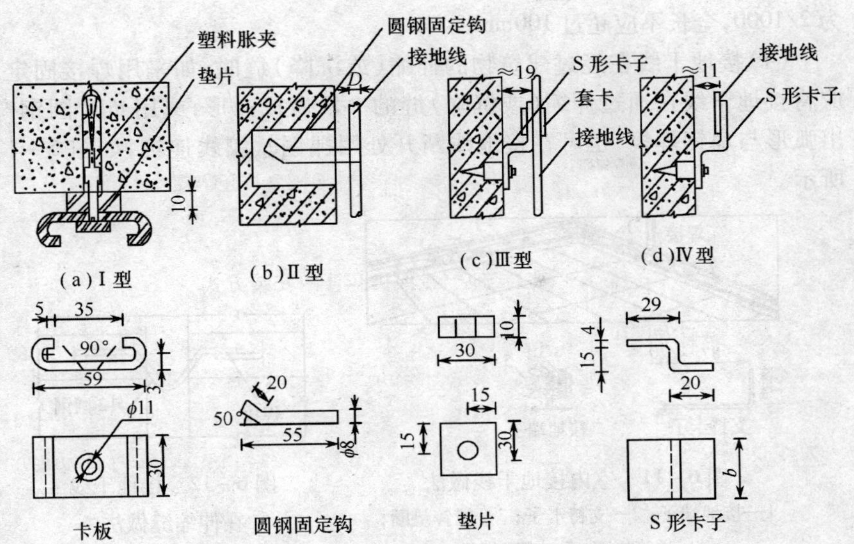

图6-9 接地干线保护套管的安装方式

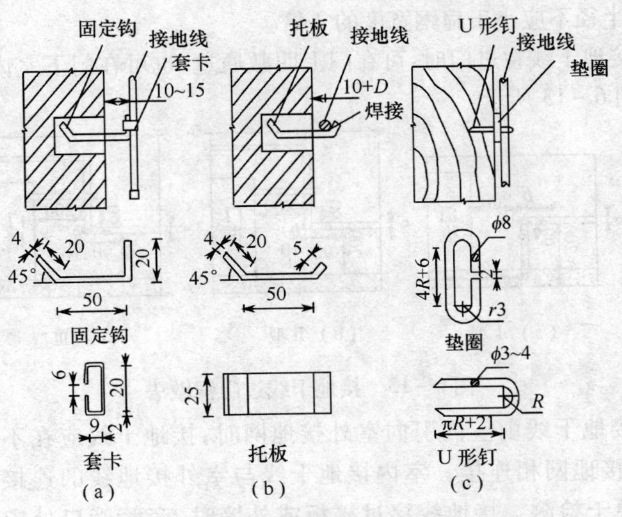

图6-10 接地线在砖木结构上安装

管,接地干线的连接进行焊接,末端预留或连接应符合设计规定。接地干线敷设,如图6-11所示。

(3)接地干线不应有高低起伏及弯曲现象,水平度及垂直度允许偏差为 2/1000，全长不应超过 100mm。

（4）接地干线在经过建筑物的伸缩（或沉降）缝时，如采用焊接固定，应将接地干线在通过伸缩（或沉降）缝的一段做成弧形，或用 $\phi12$ 圆钢弯出弧形与扁钢焊接，也可在接地线断开处用裸铜软绞线连接，如图 6－12 所示。

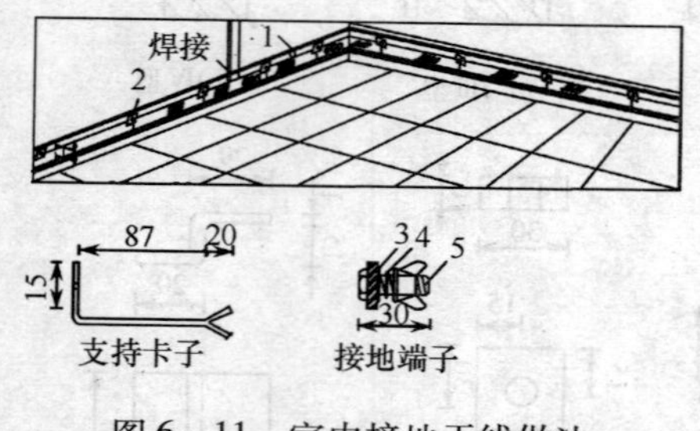

图 6－11　室内接地干线做法

1—接地端子；2—支持卡子；3—镀锌垫圈；4—弹簧垫圈；5—蝶形螺母。

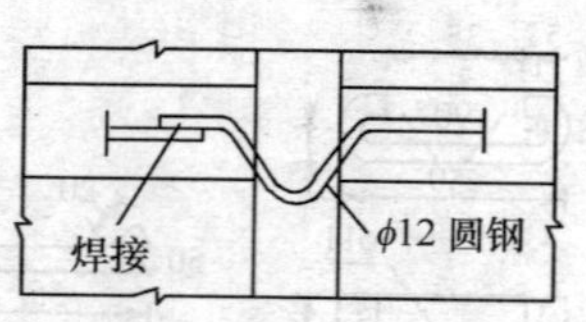

图 6－12　接地干线在伸缩缝做法

（5）接地干线在室内水平或垂直敷设，应在转角处需弯曲时应弯曲 90°，弯曲半径不应小于扁钢宽度的 2 倍。

（6）接地干线在过门时，可在门上明敷通过，也可在门下室内地面内暗敷设，如图 6－13 所示。

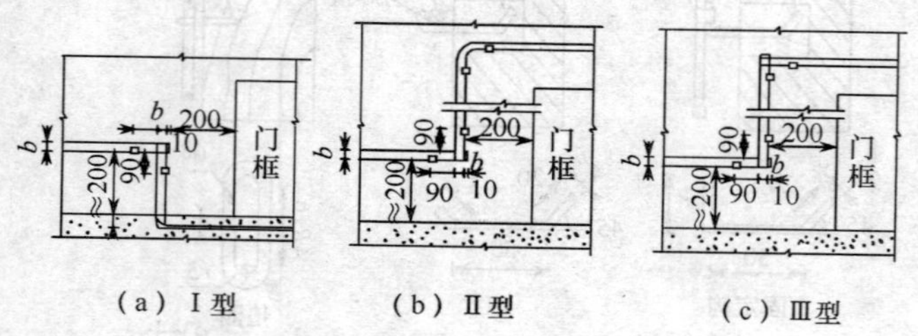

图 6－13　接地干线过门框做法

（7）接地干线由室内引向室外接地网时，接地干线应在不同的两点及以上与接地网相连接。室内接地干线与室外接地线的连接应使用螺栓连接，便于检测。接地线穿过楼板或外墙时，套管管口处应用沥青丝麻或建筑物封膏堵死。接地干线与室外接地线连接做法，如图 6－14 所示。

（8）由接地干线向需要接地的设备引接地支线的做法，如图 6－15 所示。

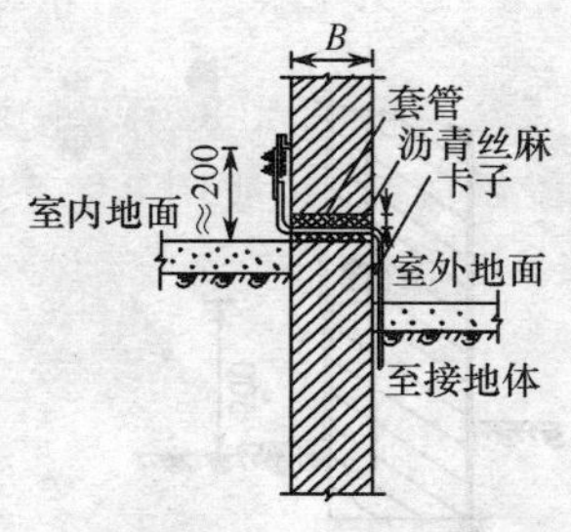

图 6－14　接地干线与室外接地引上线连接

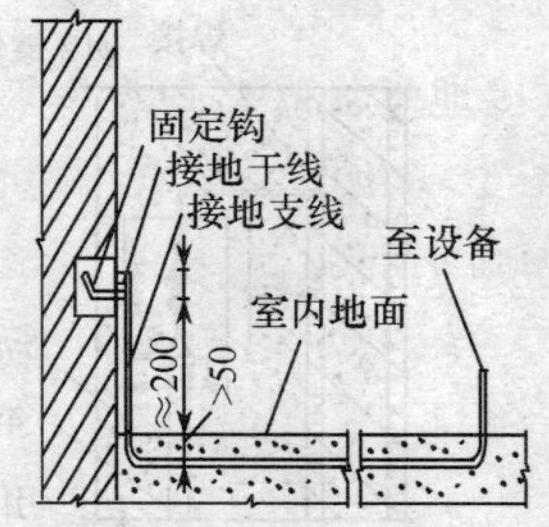

图 6－15　由接地干线象需接地设备引接地支线作法

（9）明敷设接地线安装后，应对各接地干线和接地支线的外露部分以及电气设备的接地部分进行外观检查，检查电气设备是否按接地的要求接有接地线，各接地线的螺栓连接是否接妥，螺栓连接处是否使用了弹簧垫圈。

2. 接地线涂色

（1）明敷接地线的表面应涂应以用 15mm ~ 100mm 宽度相等的绿色和黄色相间的条纹。在每个导体的全部长度上或只在每个区间或每个可接触到的部位上宜作出标志。当使用胶带时应使用双色胶带。

（2）在接地线引向建筑物的入口处和在检修用临时接地点处，均应刷白色底底漆并标以黑色记号，其符号为“⏚”。

6.3 引下线工程

6.3.1 引下线断接卡子安装与保护管敷设

1. 引下线断接卡子制作安装

（1）为了检测接地电阻以及下线、接地线的连接质量，应在室外距护坡 1.5m ~ 1.8m 处，设置断接卡子。断接卡子有明设和暗设两种，如图 6－16 所示。

（2）避雷引下线断接卡子可利用不小于 40mm × 4mm 的镀锌扁钢制作，断接卡子应用两根镀锌螺栓拧紧。引下线的圆钢与断接卡子的扁钢应采用搭接焊接，搭接长度不应小于圆钢直径的 6 倍，且应在两面焊接。

2. 避雷引下线保护管敷设

（1）明设引下线在断接卡子下部，应外套竹管、硬塑料管、角铁或开口

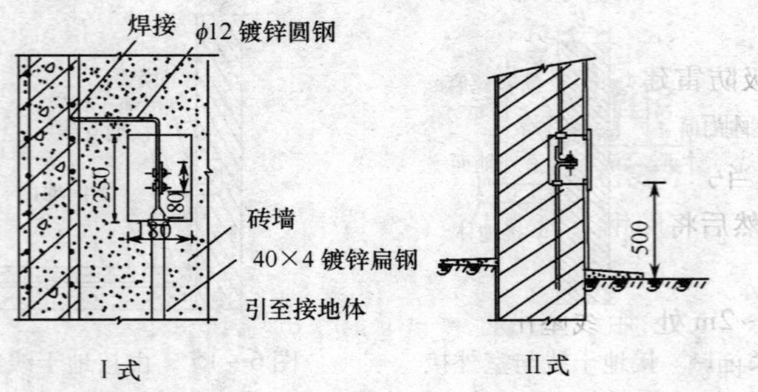

图 6－16　暗装断线卡子做法

钢管保护，保护管深入地下部分不应小于 300mm，如图 6－17 所示。

（2）如外套钢管保护时，必须在钢管上、下侧焊以跨接线与引下线连接成一导电体。

（3）为避免接触电压，游人众多的建筑物的明装引下线的外围要加装饰护栏。

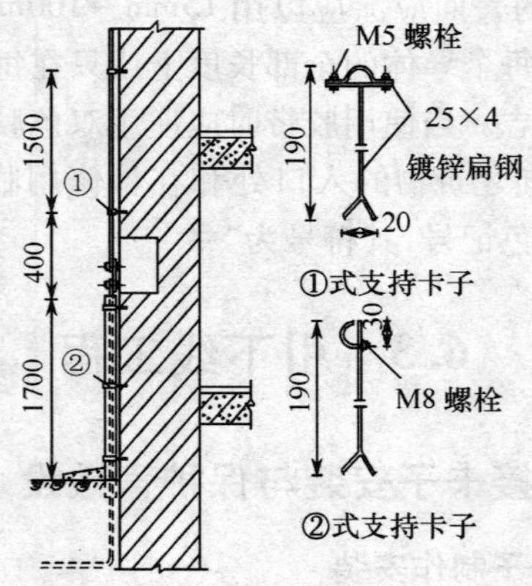

图 6－17　防雷装置引下线支持及保护管做法

6.3.2　明设引下线敷设

1. 明设引下线支持卡子预埋方法

（1）确定引下线敷设部分。引下线应沿建筑物外墙敷设，并经最近的路径接地。引下线不宜敷设在阳台附近及建筑物的出入口和人员较易接触到的地点。一级防雷建筑物专设引下线时，其根数不应少于两根，间距不应大于18m;二级防雷建筑物引下线的数量不应少于两根,间距不应大于20m;三级防雷建筑物,为防雷装置专设引下线时,其引下线的数量不宜少于两根,间距不应大于25m。

(2)当引下线位置确定后,明装引下线应随着建筑物主体施工预埋支持卡子,然后将圆钢或扁钢固定在支持卡子上,做为引下线。一般在距室外护坡2m高处,预埋第一个支持卡子,随着主体施工,在距第一个卡子正上方1.5m~2m处,用线坠吊直第一个卡子的中心点,埋设第二个卡子,依此向上逐个埋设,其间距应均匀相等,支持卡子应突出建筑外墙装饰面15mm以上,露出长度应一致。

2. 引下线明敷设方法

(1)明敷设引下线必须调直后方可进行敷设。引下线材料如为扁钢时,可放在平板上用手锤调直。引下线如为圆钢时,可将圆钢一端固定在牢固地锤锚的机具上,另一端固定在绞磨或倒链的夹具上冷拉调直。也可以用钢筋调直机进行调直。

(2)建筑物外墙装饰工程完成后,将调直的引下线材料运到安装地点,用绳子提拉到建筑物的最高点,由上而下逐点使其与埋设在墙体内的支持卡子进行卡固在焊接固定,如图6-18所示,直至断接卡子为止。

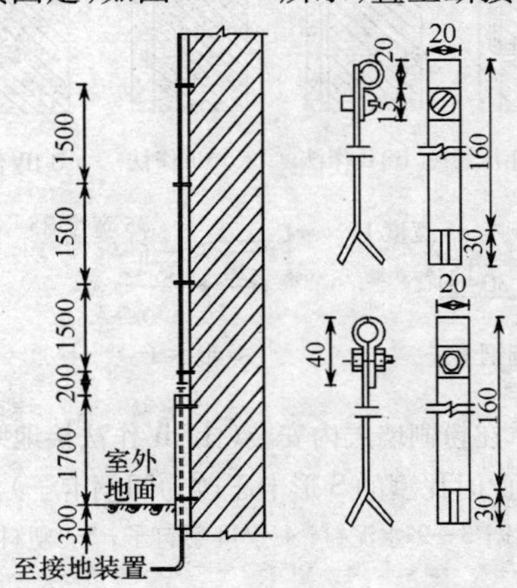

图6-18　引下线沿墙明敷设做法

(3)引下线路径尽可能短而直。当通过屋面挑檐板等处,在不能直线引下而拐弯时,不应构成锐角转折,应做成曲径较大的慢弯,弯曲部分线段的总长度,应小于拐弯开口处距离的10倍。

6.3.3 暗设引下线敷设

1. 引下线沿墙或混凝土构造柱暗敷设

(1)暗设引下线应使用截面不小于 $\phi12$mm 镀锌圆钢或 25×4 镀锌扁钢。

(2)暗设引下线的数量应与明设引下线相同。

(3)引下线沿砖墙或混凝土构造柱内暗设,应配合土建主体外墙(或构造柱)施工。将钢筋调直后先与接地体(或断接卡子)连接好,由下至上展放(或一段段连接)钢筋,敷设路径应尽量短而直,可直接通过挑檐板或女儿墙与避雷带焊接。

2. 暗设引下线在外墙抹灰层内敷设工艺

暗设引下线在外墙抹灰层内敷设工艺,如图 6-19 所示。

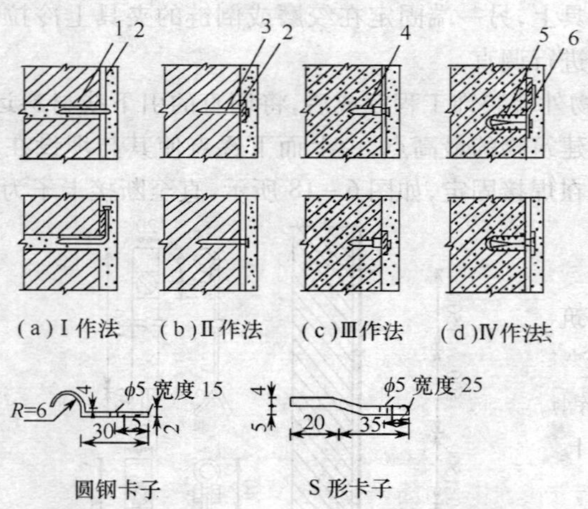

图 6-19 接地体在粉刷墙层内安装(Ⅰ、Ⅳ作法接地线亦可采用圆钢,此时Ⅳ型的 S 形卡子改为圆钢卡子)

1—8″圆钉;2—接地线;3—9″水泥钉;4—M8 射钉子;5—塑料涨夹;6—S 形卡子。

3. 引下线的连接工艺

(1)当引下线长度不足,需要在中间连接时,引下线应进行搭接焊接,扁钢引下线搭接长度不应小于宽度的 2 倍,最少在三个棱边处焊接;引下线为圆钢时,搭接长度不应小于圆钢直径的 6 倍,且应在两面焊接。

(2)引下线的接头处应错开支持卡子,引下线的焊接缝应饱满并有足够的机械强度，不得有夹渣、咬肉、裂纹、虚焊、气孔等缺陷，焊接处的药皮敲静后，应刷红丹防锈漆和银粉做防腐处理。

6.3.4 利用建筑物钢筋作防雷引下线

1. 利用建筑物钢筋混凝土中的钢筋作为防雷引下线

(1)引下线的上部(屋顶上)应与接闪器焊接，下部在室外地坪下0.8m～1m处焊出一根ϕ12mm或40mm×4mm镀锌导体，伸向室外距外墙皮的距离宜不小于1m。

(2)当钢筋直径为16mm及以上时，应利用两根钢筋(绑扎或焊接)作为一组引下线；当钢筋直径为10mm及以上时，应利用四根钢筋(绑扎或焊接)作为一组引下线。

(3)引下线的数量不作具体规定。但一级防雷建筑物引下线间距不应大于18m，但建筑外廓各个角上的柱筋应被利用；二级防雷建筑物引下线间距不应大于20m，但建筑物外廓各个角上的柱筋应被利用；三级防雷建筑物引下线间距不应大于25m，建筑物外廓易受雷击的几个角上的柱子钢筋宜被利用。

(4)建筑物内钢筋做为引下线时，如果结构内钢筋因钢种含碳量或含锰量高，焊接易使钢筋变脆或强度降低时，可绑扎连接，也可改用不小于ϕ16mm的副筋，或不受力的构造筋，或者单独另设钢筋。

(5)利用建筑物钢筋做引下线时，应配合土建施工按设计要求找出全部钢筋位置，用油漆做好标记，保证每层钢筋上、下进行贯通性连接(绑扎或焊接)。随着钢筋专业施工逐层串联焊接(或绑扎)至顶层。建筑物内做为引下线时，其上部(屋顶上)与应在两面进行焊接。

2. 利用建筑物基础内钢筋网作接地体对引下线的要求

(1)当利用建筑物基础内钢筋网作为接地体时，每根引下线在距地面0.5m以下的钢筋表面积总和，对第一级防雷建筑物不应少于4.24$K\Delta$(m^2)，对第二、三级防雷建筑物不应少于1.89 $K\Delta$(m^2)。

(2)当建筑物为单根引下线，$K\Delta=1$；两根引下线及接闪器不成闭合环的多根引下线，$K\Delta=0.66$；接闪器成闭合环路或网状的多根引下线$K\Delta=0.44$。

(3)利用建筑物钢筋混凝土基础内的钢筋作为接地体时，应在与防雷引下线相对应的室外埋深0.8m～1m处，由被利用作为引下线的钢筋上焊出一根ϕ12mm或40mm×4mm镀锌圆钢或扁钢，并伸向室外，距外墙皮的距离不宜小于1m。

3. 接地电阻测试点的设置

由于利用建筑物钢筋做引下线，是从上而下连接一体，因此不能设置断接卡子测试接地电阻值，需在柱（或剪力墙）内做为引下线的钢筋上，另焊一根圆钢引至柱（或墙）外侧的墙体上，在距护坡1.8m处，设置接地电阻测试箱。也可在距护坡1.8m处的柱（或墙）的外侧，将用角钢或扁钢制作的预埋连接板与柱（或墙）的主筋进行焊接，再用引出连接板与预埋连接板相焊接，引至墙体的外表面，作为接地电阻测试点，预埋连接板和引出连接板的做法如图6－20所示。

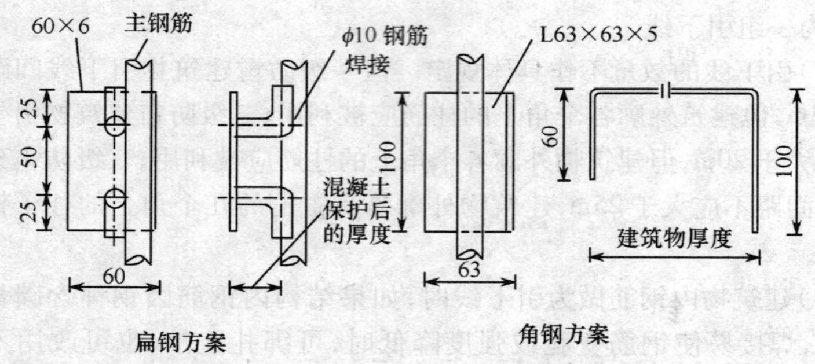

图6－20　预埋连接板做法

利用建筑物钢筋混凝土基础内的钢筋作为接地装置，每根引下线处的冲击接地电阻不宜大于5Ω。

在建筑结构完成后，必须通过测试接地电阻，若达不到设计要求，可在室外距柱（或墙）0.8m～1m处，从预留导体处加接外附人工接地体。

6.3.5　重复接地引下线安装

架空线路在每个建筑物的进线处，PEN线均须重复接地（如无特殊要求，对小型单层建筑，距接地点不超过50m可除外）。

架空线路接户线重复接地可按图6－21所示方法施工，也可按图6－22所示的方法施工。对电缆进户应按图6－22所示的施工做法，利用总电源箱进行N线与PE线的连接，重复接地连接线与箱体相连接，中间可不设断线测试卡。

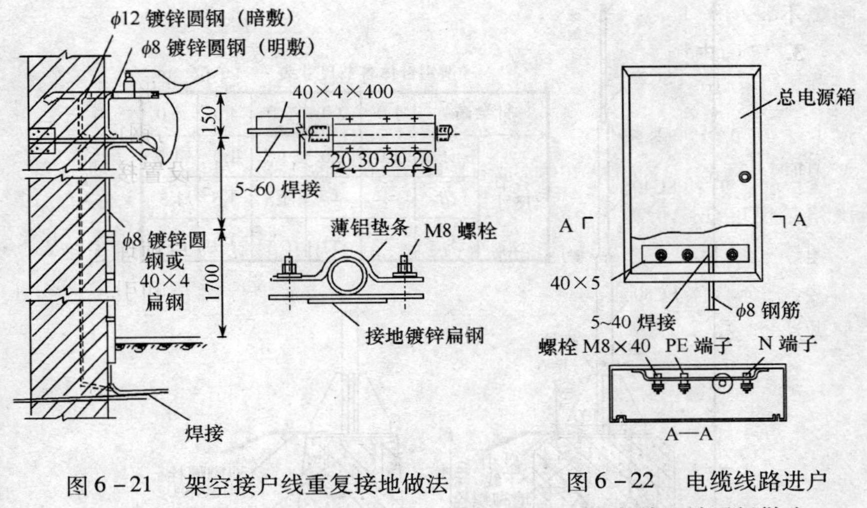

图 6－21　架空接户线重复接地做法　　图 6－22　电缆线路进户重复接地端子板做法

6.4　防雷装置安装

6.4.1　避雷针在平屋顶上安装

(1)避雷针在屋面上安装,电气专业应向土建专业提供底脚螺栓和混凝土支座的资料,在屋面施工中由土建人员浇灌好混凝土支座,与屋面成一体,并预留好地脚螺栓。地脚螺栓预留在支座内,最少有 2 根与屋面、墙体或梁内钢筋焊接。待混凝土强度符合要求后,再安装避雷针,连接引下线。

(2)避雷针在屋面安装时,可先组装好避雷针,然后在避雷针支座底板相应的位置上焊上一块肋板,再将避雷针立起,找直、找正后进行点焊,然后加以校正,焊上其他三块肋板。

(3)避雷针安装要牢固,并与引下线焊接牢固,屋面上若有避雷带(网)还要与其焊成一个整体,如图 6－23 所示。

(4)避雷针安装后针体应垂直,其允许偏差不应大于顶端针杆的直径。设有标志灯的避雷针,灯具应完整,显示清晰。

6.4.2　明装避雷带(网)的支座、支架安装

1. 屋面预制混凝土支座安装

(1)避雷带(网)沿屋面安装时,应沿混凝土支座固定。如图 6－24 所

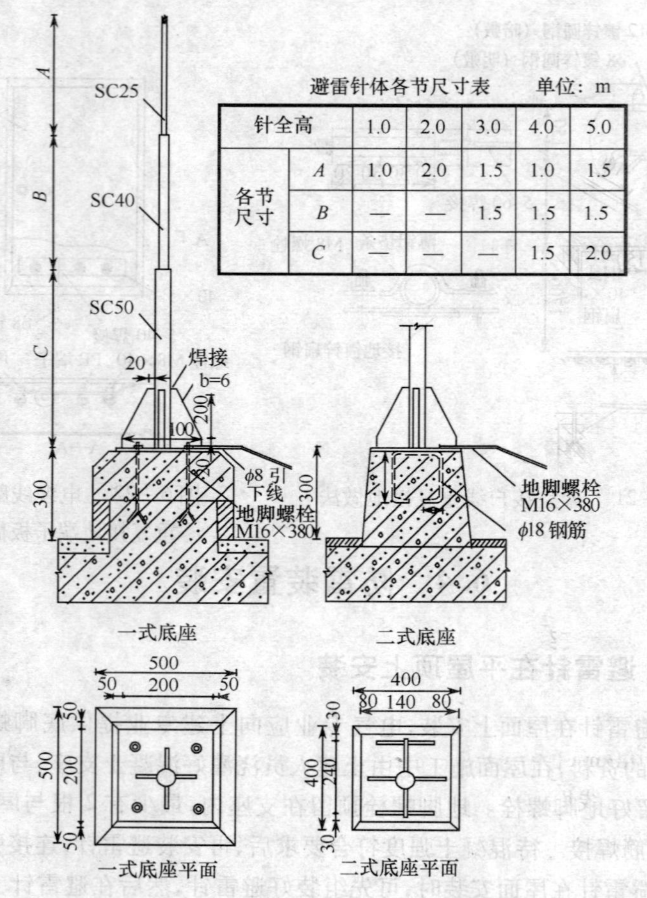

避雷针体各节尺寸表　　单位：m

针全高		1.0	2.0	3.0	4.0	5.0
各节尺寸	*A*	1.0	2.0	1.5	1.0	1.5
	B	—	—	1.5	1.5	1.5
	C	—	—	—	1.5	2.0

图 6－23　避雷针在平屋顶安装方法

示为预制混凝土支座的有关尺寸。

（2）当屋面防水工程结束后，将混凝土支座分档摆好，在直线段两端支座间拉通线，确定好中间支座位置，摆放支座距离为 1m～1.5m，在转弯处距离转弯中点 0.25m～0.5m，支座间距应相等。

（3）避雷带（网）距屋面的边缘距离不应大于 500mm。在避雷带（网）转角中心严禁设置避雷带（网）支座。

（4）当支座位置确定后，在支座位置上烫好沥青，将支座与屋面固定牢固，等待安装避雷带（网）。

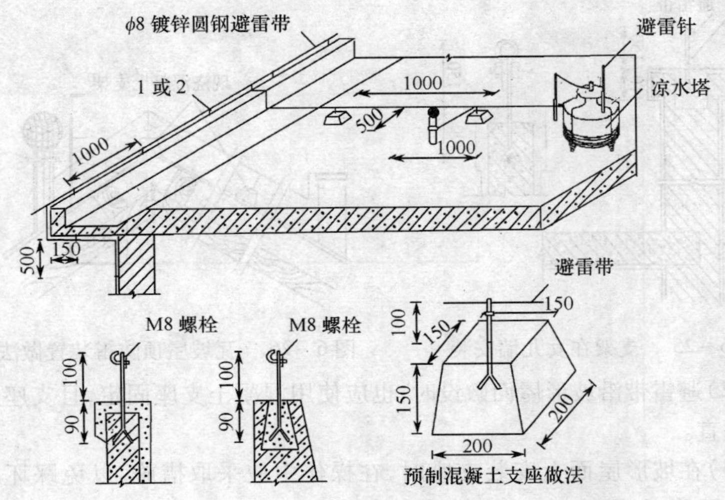

图 6－24　建筑物屋顶防雷装置做法

1—现浇檐口支座做法；2—预制檐口支座做法。

2. 女儿墙支架安装

（1）避雷带（网）沿女儿墙安装时，应使用支架固定。并应尽量随结构施工预埋支架，当条件受限制时，应在墙体施工时预留不小于 100mm × 100mm × 100mm 的孔洞，洞口的大小应里外一致，首先埋设直线段两端的支架，然后拉通线埋设中间支架，其转弯处支架应距转弯中点 0.25m ~ 0.5m，直线段支架水平间距为 1m ~ 1.5m，垂直间距为 1.5m ~ 2m，且支架间距应平均分布。

（2）女儿墙上设置的支架应与墙顶面垂直。

（3）在预留孔洞内埋设支架前，应先用素水泥浆湿润，放置好支架时，用水泥砂浆注牢，支架的支起高度不应小于 150mm，待达到强度后再敷设避雷带网，如图 6－25 所示。

3. 屋脊上支座、支架安装

（1）避雷带在建筑物屋脊上安装，可使用混凝土支座或支架固定。使用支座固定避雷带时，应配合土建施工，现场浇制支座。浇制时，先将脊瓦敲去一角，使支座与脊瓦内的砂浆连成一体。如使用支架固定避雷带时，需用电钻将脊瓦钻孔，再将支架插入孔内，用水泥砂浆填塞牢固，如图6－26 所示。

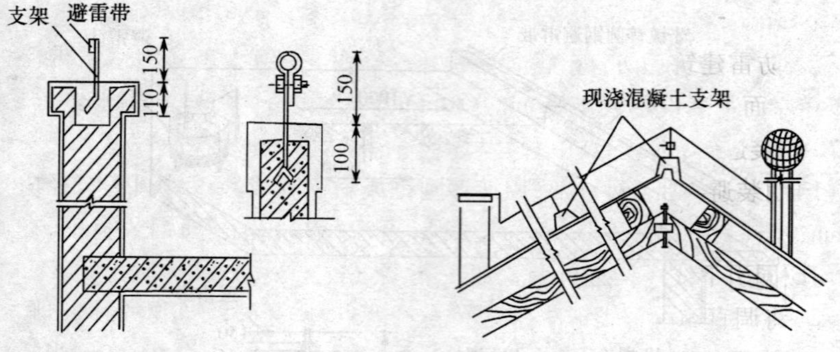

图 6－25　支架在女儿墙安装　　图 6－26　瓦坡屋顶防雷装置做法

（2）避雷带沿坡形屋面敷设时，也应使用混凝土支座固定，且支座应与屋面垂直。

（3）在坡形屋面上安装支座时，在操作中应采取措施，以免踩坏屋面瓦。在屋脊上固定支座和支架，水平间距为 1m ~ 1.5m，转弯处为 0.25m ~ 0.5m。

6.4.3　明装避雷带（网）的安装

1. 避雷带和避雷网的适用范围

避雷带适于在建筑物的屋脊、屋檐（坡屋顶）或屋顶边缘及女儿墙（平屋顶）上敷设，对建筑物的易受雷击部分进行重点保护，如图 6－27 所示。

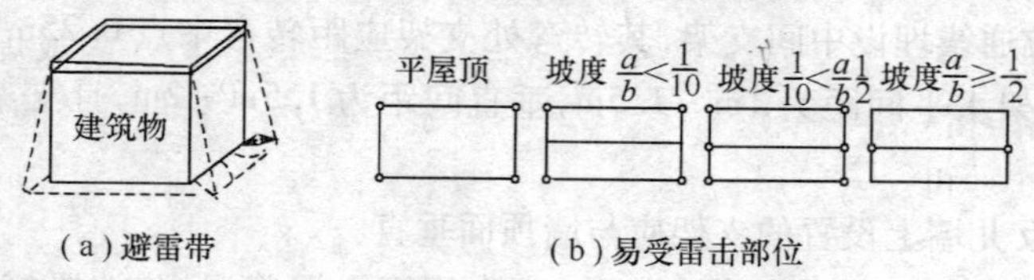

（a）避雷带　　（b）易受雷击部位

图 6－27　建筑物屋顶避雷带及易受雷击部位示意图

避雷网则是适用于较重要的防雷保护。明装避雷网是在屋顶上部以较疏的明装金属网格作为接闪器，沿外墙引下线，接到接地装置上。

一级防雷建筑物，防直击雷的接闪器，应采用装设避雷带，并在屋面上装设不大于 10mm × 10m 的避雷网。突出屋面的物体应沿其顶部四周装设避雷带，在屋面接闪器保护范围之外的物体应另装接闪器，并和屋面防雷装置相连。

二级防雷建筑物防直击雷宜采用装设避雷带，并在屋面上装设不大于

15mm×15m 的网格;突出屋面的物体,应沿其顶部四周装设避雷带。

三级防雷建筑物防直击雷宜装设避雷带或避雷针,当采用避雷带保护时,应在屋面上装设不大于 20mm×20m 的网格。

2. 明装避雷带(网)的制作与安装

(1)明装避雷带(网)应采用镀锌圆钢或扁钢制成。镀锌圆钢直径应为 ϕ12mm,镀锌扁钢为 25mm×4mm 或 40mm×4mm。对于圆钢或扁钢,在使用前均应同引下线一样进行调直加工。

(2)将调直后的圆钢或扁钢运到安装地点,提升到建筑物的顶部,顺直沿支座或支架的路径进行敷设,避雷带在转弯处不应弯成直角,弯曲半径一般不小于圆钢直径的 10 倍或扁钢宽度的 6 倍,如图 6-28 所示。

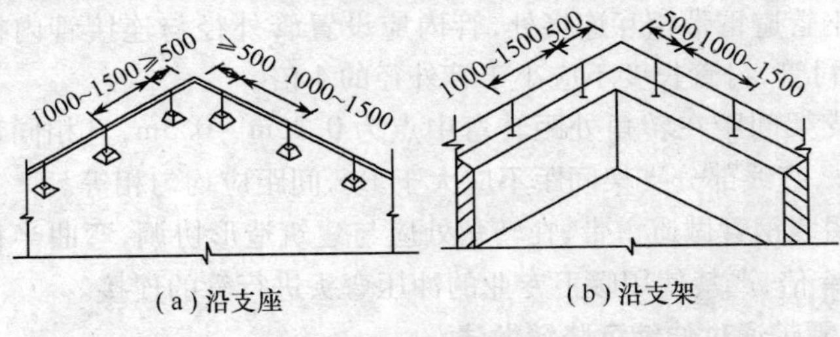

图 6-28　避雷带在转弯处敷设示意图

(3)避雷带(网)沿坡形屋面敷设时,应与屋面平行布置,如图 6-26 所示。

(4)在避雷带(网)敷设的同时,应与支座或支架进行卡固或焊接连成一体,并同防雷引下线焊接好。其引下线的上端与避雷带(网)的交接处,应弯曲成弧形再与避雷带(网)并齐进行搭接焊接。

(5)如避雷带沿女儿墙及电梯机房或水池顶部四周敷设时,不同平面的避雷带(网)应至少有两处互相连接,连接应采用焊接。

(6)建筑物屋顶上的突出金属物体,如旗杆、透气管、铁栏杆、爬梯、冷却水塔、电视天线杆等,这些部位的金属导体都必须与避雷带(网)焊接成一体。

(7)避雷带(网)的各部焊接要求与前述这方面的内容相同,焊接好后的药皮应敲掉,并再次进行局部调直。

(8)安装好的避雷带(网)应平直、牢固。不应有高低起伏和弯曲现象,平直度每 2m 检查段允许偏差不宜大于 3/1000,全长不宜超过 100mm。

(9)避雷带(网)在转角处应随建筑物造型弯曲,一般不宜小于 90°,

弯曲半径不宜小于圆钢直径的10倍或扁钢宽度的6倍，绝对不能弯成直角。

3. 用钢管作明装避雷带做法

（1）利用建筑物金属栏杆和另外敷设镀锌钢管作明装避雷带时，用做支持支架的钢管管径不应大于避雷带钢管的直径，其埋入混凝土或砌体内的下端应焊短圆钢做加强筋，埋设深度不应小于150mm，支架应固定牢固。

（2）避雷带与支架的固定方式应采用焊接连接。钢管避雷带的焊接处，应打磨光滑，无凸起高度，焊接连接处经处理后应涂刷红丹防锈漆和银粉防腐。

（3）钢管避雷带相互连接处，管内应设置管外径与连接管内径相吻合的钢管做衬管，衬管长度不应小于管外径的4倍。

（4）支架间距在转角处距转弯中点为0.25m～0.5m，且相同弯曲处应距离一致。直线部分支架间距不应大于1m，间距应均匀相等。

（5）明装钢管做避雷带，在转角处应与建筑造形协调，弯曲半径不宜小于管径的4倍，严禁使用暖卫专业的冲压弯头进行管的连接。

4. 避雷带通过伸缩沉降缝做法

避雷带通过建筑物伸缩沉降缝处，应将避雷带向侧面弯成半径为100mm的弧型，且支持卡子中心距建筑物边缘距离减至400mm，如图6－29所示。也可以将避雷带向下部弯曲。

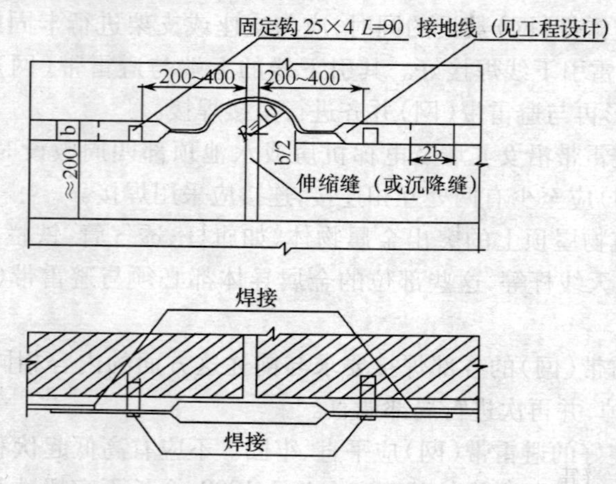

图6－29　避雷带通过伸缩沉降缝做法示意图

6.4.4 暗装避雷带(网)的安装

1. V形折板内钢筋作防雷保护

建筑物有防雷要求时,可利用V形折板内钢筋作为暗装避雷网,如图6-30所示。折板插筋与吊环和网筋绑扎,通长筋应和插筋、吊环绑扎。折板接头部位的通长筋在端部预留钢筋头100mm长,以便于引下线连接。等高多搭接处通长筋与通长筋应绑扎。不等高多跨交接处,通长筋之间应用ϕ8圆钢连接焊牢,绑扎或连接的间距为9m。

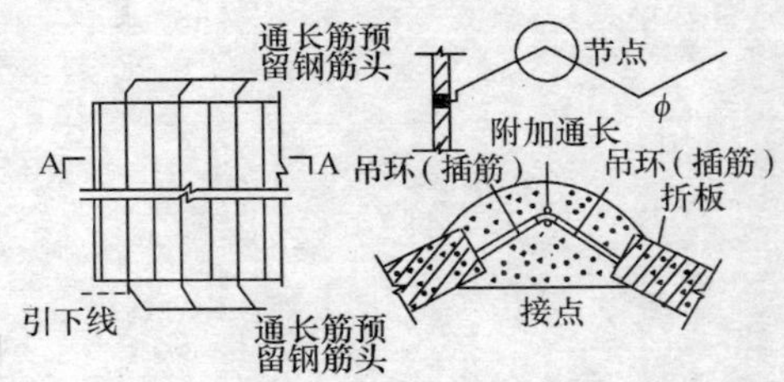

图6-30 V形折板内钢筋作暗装避雷网做法

2. 女儿墙顶钢筋作暗装避雷带

(1)女儿墙压顶内通长钢筋可被利用做为暗装避雷带,其引下线可以采用ϕ12圆钢或利用女儿墙中两根相距500mm直径不小于ϕ10的主筋,如图6-31所示。

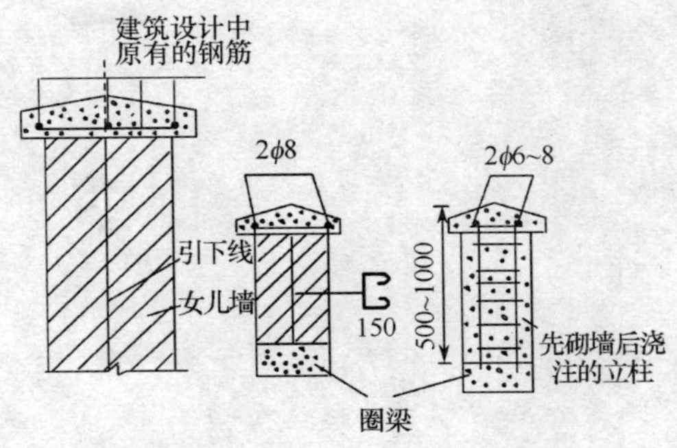

图6-31 女儿墙暗装避雷带做法

(2)引下线与女儿墙压顶内通长钢筋的连接应进行焊接连接,当女儿墙设有明装避雷带或铁栏杆时,要将引下线沿长至女儿墙顶,与明装避雷带或铁栏杆进行焊接连接。

(3) 土建设有抗震圈梁，且圈梁与压顶之间设有立筋时，可用立筋做引下线，被利用的立筋上端应与压顶内钢筋焊接连接，下端应与圈梁内主筋焊接。

(4) 当建筑物圈梁主筋能和柱主筋做引下线，则不必再专设引下线。当女儿墙内所有立筋上端均能与压顶钢筋网绑扎连接，下端能与圈梁钢筋绑扎连接，女儿墙内可不必再设专用引下线。

参 考 文 献

[1] 黄海平、高慧瑾. 新建筑电工实用技术一点通[M]. 河南:河南科技出版社,2008.
[2] 中国航空工业规划设计院. 工业与民用配电设计手册[M]. 北京:中国电力出版社,2001.
[3] 王政,严培齐,郑春华. 工业与民用配电安装手册[M]. 北京:中国电力出版社,2003.
[4] 郑凤翼. 怎样看电气控制电路图[M]. 北京:人民邮电出版社,2008.
[5] 柳涌. 建筑安装工程施工图集(电气工程)[M]. 北京:中国建筑出版社,2003.
[6] 室内管线安装(2002 合订本)[M]. 北京:中国建筑标准设计研究院,2010.